植物茎叶
化学成分的
提取分离及活性研究

卫 强◎著

Study on Extraction, Isolation and Activities of
Chemical Components from
Plant Stem and Leaf

北京师范大学出版集团
BEIJING NORMAL UNIVERSITY PUBLISHING GROUP
安徽大学出版社

图书在版编目(CIP)数据

植物茎叶化学成分的提取分离及活性研究/卫强著. —合肥:安徽大学出版社,2018.9
ISBN 978-7-5664-1689-6

Ⅰ.①植… Ⅱ.①卫… Ⅲ.①茎-生物活性-化学成分-研究②叶-生物活性-化学成分-研究 Ⅳ.①Q944.55 ②Q944.56

中国版本图书馆 CIP 数据核字(2018)第 176631 号

植物茎叶化学成分的提取分离及活性研究　　卫　强　著

出版发行：北京师范大学出版集团
　　　　　安　徽　大　学　出　版　社
　　　　　（安徽省合肥市肥西路3号 邮编230039）
　　　　　www.bnupg.com.cn
　　　　　www.ahupress.com.cn
印　　刷：安徽昶颉包装印务有限责任公司
经　　销：全国新华书店
开　　本：170mm×240mm
印　　张：16.5
字　　数：287千字
版　　次：2018年9月第1版
印　　次：2018年9月第1次印刷
定　　价：49.00元
ISBN 978-7-5664-1689-6

策划编辑：刘中飞　武溪溪　　　装帧设计：李伯骥　孟献辉
责任编辑：刘　贝　武溪溪　　　美术编辑：李　军
责任印制：赵明炎

版权所有　侵权必究
反盗版、侵权举报电话：0551-65106311
外埠邮购电话：0551-65107716
本书如有印装质量问题，请与印制管理部联系调换。
印制管理部电话：0551-65106311

前　言

　　植物化学成分的制备过程主要包括提取、分离两部分,制备的有效化学成分可广泛地应用于医药、化工等领域。随着植物资源的开发与研究,人们已逐渐将目光从根转向茎叶。一方面,茎叶作为根的替代品,从中可提取与根相似的活性成分,或者发现新的活性成分;另一方面,茎叶作为植物重要的营养或支持器官,具有可再生的特点,有利于实现资源开发与环境保护的双重效益。近年来,对植物茎叶有效成分或有效部位的研究报道日益增多(包括我们最熟悉的植物,如萝卜、玉米和火龙果等),为寻找新的药物、化工产品提供了更广阔的思路。

　　随着植物茎叶化学成分的研究,新理论和新技术不断涌现,新的活性单体和活性部位不断被发现。然而,目前对植物茎叶化学成分的研究还是不够全面,提取、分离前沿技术和活性研究新方法的报道相对较少且分散,仅能从相关的著作、期刊、杂志中看到一些零散的记录。为此,本书根据国内外文献报道,对植物茎叶中多糖、苯丙素、黄酮、挥发油、萜类、皂苷、生物碱、其他成分和提取物的研究进行分类总结，希望从中整理得到植物茎叶活性成分制备与研究的方法和途径，为进一步开发植物茎叶资源提供参考。

本书以植物茎叶化学成分的制备与活性研究为主要内容。第1章总论主要介绍目前植物茎叶资源开发的基本状况和市场前景。第2～8章分别阐述不同植物茎叶中多糖、苯丙素、黄酮、挥发油、萜类、皂苷、生物碱、其他成分和提取物的提取及分离工艺，每章按照不同活性成分进行分类介绍。本书引用近10年国内外文献近400篇，列举主要植物200多种；简要介绍计算机虚拟筛选技术及酶提取、双水相提取、混合溶解提取、高速捣碎提取及碱降解等新技术，并对部分药物的药效作用进行介绍；对200多种植物有效成分的药物作用机制进行梳理，通过与对照品比较，说明其作用强度。书中主要化学单体成分附有化学结构，非常见植物附有图片。

本书由安徽省高校学科（专业）拔尖人才学术资助项目（2018gxbjZD55）资助出版。由于编者水平有限，时间仓促，书中错漏和不妥之处在所难免，敬请广大读者批评指正。

卫　强

2018年7月

目 录

第 1 章　总　论 …………………………………… 1

第 2 章　植物茎叶多糖的提取分离及
活性研究 ………………………………… 7

2.1　多糖的提取分离与增强免疫、抗疲劳
作用 ………………………………………… 7
2.2　多糖的提取分离与抗氧化作用 ……… 12
2.3　多糖的提取分离与抗肿瘤作用 ……… 22
2.4　多糖的提取分离与降血糖作用 ……… 23
2.5　多糖的提取分离与保肝作用 ………… 25
2.6　多糖的提取分离与抗菌、抗病毒作用
………………………………………………… 26

第 3 章　植物茎叶苯丙素的提取分离及
活性研究 ………………………………… 31

3.1　苯丙素的提取分离与杀虫作用 ……… 31
3.2　苯丙素的提取分离与抗癌作用 ……… 32
3.3　苯丙素的提取分离与抗艾滋病毒作用
………………………………………………… 36
3.4　苯丙素的提取分离与抗抑郁作用 …… 38

3.5 苯丙素的提取分离与抗氧化作用 ………………………………… 41
3.6 苯丙素的提取分离与神经保护作用 ……………………………… 42
3.7 苯丙素的提取分离与保肝作用 …………………………………… 43

第4章 植物茎叶黄酮的提取分离及活性研究 ……………………… 46

4.1 黄酮的提取分离与抗氧化作用 …………………………………… 46
4.2 黄酮的提取分离与抑菌、杀虫作用 ……………………………… 76
4.3 黄酮的提取分离与抗癌作用 ……………………………………… 82
4.4 黄酮的提取分离与抗炎、免疫调节作用 ………………………… 86
4.5 黄酮的提取分离与抑制关键酶作用 ……………………………… 90
4.6 黄酮的提取分离与降血糖作用 …………………………………… 93
4.7 黄酮的提取分离与降压、心肌保护作用 ………………………… 95
4.8 黄酮的提取分离与升高人脐静脉内皮细胞钙离子浓度作用 …… 95
4.9 黄酮的提取分离与抗雌激素样作用 ……………………………… 96
4.10 黄酮的提取分离与促进成骨细胞增殖作用 …………………… 99

第5章 植物茎叶挥发油的提取分离及活性研究 …………………… 107

5.1 挥发油的提取分离与抗菌、抗病毒、杀虫作用 ………………… 107
5.2 挥发油的提取分离与抗氧化作用 ………………………………… 123
5.3 挥发油的提取分离与抗肿瘤作用 ………………………………… 125
5.4 挥发油的提取分离与抗炎、止血作用 …………………………… 126

第6章 植物茎叶萜类、皂苷的提取分离及活性研究 ……………… 133

6.1 皂苷的提取分离与抗氧化作用 …………………………………… 133
6.2 皂苷的提取分离与抑制α-葡萄糖苷酶、醛糖还原酶作用 …… 136
6.3 皂苷元的提取分离与抗脂肪沉积作用 …………………………… 138
6.4 二萜/三萜的提取分离与镇痛、抗炎、免疫抑制作用 ………… 139
6.5 皂苷(元)的提取分离与抗菌作用 ………………………………… 142
6.6 萜类、皂苷的提取分离与抗癌作用 ……………………………… 146
6.7 皂苷的提取分离与保护心脑作用 ………………………………… 158
6.8 皂苷元的提取分离与壮阳作用 …………………………………… 161
6.9 皂苷的提取分离与抗血栓作用 …………………………………… 164

第7章 植物茎叶生物碱的提取分离及活性研究 …… 168

7.1 生物碱的提取分离与神经保护、保肝作用 …… 168
7.2 生物碱的提取分离与抗氧化作用 …… 169
7.3 生物碱的提取分离与促进骨质细胞增殖作用 …… 170

第8章 植物茎叶其他成分的提取分离及活性研究 …… 171

8.1 其他成分的提取分离与抗菌、杀虫作用 …… 171
8.2 其他成分的提取分离与抗阿尔茨海默病作用 …… 175
8.3 其他成分的提取分离与神经保护作用 …… 176
8.4 其他成分的提取分离与抗氧化作用 …… 177
8.5 其他成分的提取分离与抗肿瘤作用 …… 178

第9章 植物茎叶提取物的提取分离及活性研究 …… 183

9.1 提取物的提取分离与抗氧化作用 …… 183
9.2 提取物的提取分离与抗癌作用 …… 195
9.3 提取物的提取分离与降糖作用 …… 201
9.4 提取物的提取分离与抑菌、杀虫、抗病毒作用 …… 210
9.5 提取物的提取分离与增强免疫作用 …… 224
9.6 提取物的提取分离与保肝作用 …… 226
9.7 提取物的提取分离与抗炎、镇痛、解热、降低尿酸作用 …… 229
9.8 提取物的提取分离与抗腹泻作用 …… 234
9.9 提取物的提取分离与抗抑郁、焦虑、癫痫作用 …… 235
9.10 提取物的提取分离与降脂、减肥作用 …… 236
9.11 提取物的提取分离与抗突变作用 …… 237
9.12 提取物的提取分离与促进伤口愈合作用 …… 237
9.13 提取物的提取分离与抑制酪氨酸酶作用 …… 239
9.14 提取物的提取分离与对脑缺血的保护作用 …… 239

主要缩略语 …… 251

第1章
总　论

　　叶是植物的营养器官之一,其功能是进行光合作用,合成有机物。叶具有蒸腾作用,提供根系从外界吸收水分和矿质营养的动力。有叶片、叶柄和托叶三部分的叶称为完全叶,缺少叶柄或托叶的叶称为不完全叶;叶又分为单叶和复叶。叶片是叶的主体,多呈片状,有较大的表面积以接受光照和与外界进行气体交换及水分蒸散。富含叶绿体的叶肉组织是植物进行光合作用的场所。表皮起保护作用,气孔是表皮特有的结构,植物通过气孔从外界获取二氧化碳而向外界放出氧气和水蒸气。叶内分布的维管束称为叶脉,它保证叶内的物质输导。叶的形状和结构因环境和功能的不同而不同。

　　茎是植物的中轴部分,呈直立状或匍匐状,茎上有分枝,分枝顶端具有分生细胞,茎进行顶端生长。茎一般分化成短的节和长的节,具有输导营养物质和水分以及支持叶、花和果实的作用。有的茎还具有光合作用、贮藏营养物质和繁殖的功能。

　　随着植物资源的开发与研究,人们已逐渐将目光从根转向茎叶。茎叶化学成分的提取是采用一定的溶剂提取粗提取物的过程,分离是采用一定的分离手段对粗提取物进行分离、纯化的过程。现代研究表明,植物茎叶中含有多糖、苯丙素、醌类、黄酮、挥发油、萜类、皂苷及生物碱等成分,具有广泛性、多样性等特点。此外,茎叶作为可再生资源,有利于平衡药物开发,实现可持续利用。例如,菊叶的资源蕴藏量十分丰富,贡菊和杭菊的年产量在5000吨左右[1],采收菊花时丢弃菊叶会造成很大的浪费。生长二年后的甘草一般可产鲜茎叶(530±140)kg,风干后每亩可获干草(188.3±68.6)kg。如果年生长期刈割甘草两次,则每亩可获得鲜草760~900 kg[2]。

目前,植物茎叶资源的开发已得到相当程度的关注和重视。例如,将山楂叶中黄酮提取物制成益心酮片,汉桃叶提取物制成汉桃叶片,灯台叶制成灯台叶颗粒,枇杷叶制成枇杷叶膏,荷叶制成荷叶丸,银杏叶提取物制成银杏叶片(滴丸、胶囊),人参茎叶制成人参茎叶总皂苷,以上7种药物均被收入2015年版《中国药典》[3]。另外,黄芩茎叶解毒胶囊、山蜡梅叶片、罗布麻叶片、七叶神安片(分散片),含三七叶总皂苷的复方七叶皂苷钠凝胶、注射用七叶皂苷钠,含枇杷叶的良园枇杷叶膏和芦根枇杷叶颗粒,含木芙蓉叶的复方芙蓉叶酊及含三七叶茎的田七花叶颗粒均为上市药物。

随着现代研究方法和技术的进步,植物茎叶中多糖、苯丙素、黄酮、挥发油、萜类、皂苷、生物碱、其他成分和提取物等化学成分的提取分离或活性部位的发现有多种方式,如表1-1所示。在传统煎煮提取、索氏提取、回流提取、渗漉提取、水蒸气蒸馏提取的基础上,闪式提取、超声提取、超高压提取、超临界提取、亚临界提取、酶提取、双水相提取、混合溶剂提取、高速捣碎提取及碱降解等为化学成分的制备和研究提供了新的方法。

表1-1 植物茎叶化学成分的现代提取方法

序号	植物	成分及活性	提取方法	文献
1	细柱五加	多糖,增强免疫	闪式提取	第2章[10]
2	狗枣猕猴桃	多糖,抗氧化	超声提取	第2章[12]
3	花生	多糖,抗氧化	碱提取,钴60辐射,超高压处理	第2章[15]
4	火龙果	多糖,抗氧化	超高压(300 Mpa)提取或亚临界提取	第2章[18][19]
5	栝楼藤	多糖,抗氧化	微波提取	第2章[20]
6	淫羊藿	多糖,抗氧化	复合酶提取	第2章[30]

续表

序号	植物	成分及活性	提取方法	文献
7	沙棘	黄酮,抗氧化	蔗糖酯与5%乙醇混合提取	第4章[3]
8	国槐	黄酮,抗氧化	30%乙醇和20%硫酸铵双水相提取	第4章[13]
9	红枫	挥发油,抗病毒	超临界二氧化碳提取	第5章[8]
10	人参	皂苷,抗癌	发酵提取	第6章[23]
11	西洋参	皂苷,壮阳	皂苷高温高压碱降解	第6章[39]
12	亮叶杨桐	提取物,抗癌	高速捣碎	第9章[35]
13	番木瓜	提取物,抗癌	体外消化	第9章[44]
14	西兰花	蛋白质提取物,增强免疫	压榨	第9章[98]
15	树参	提取物,增强免疫	机械搅拌	第9章[99]
16	调料九里香	提取物,抗炎	石油醚、乙酸乙酯和甲醇等比例混合	第9章[111]

近10年对国内外植物茎叶的研究报道表明,科学工作者陆续发现一些活性较强的化学成分,如表1-2所示。例如,青钱柳叶多糖CP50、准噶尔山楂叶乙酸乙酯部位、枇杷叶三萜、沙枣叶乙酸乙酯提取物、树葡萄叶70%乙醇提取物、桑叶71%乙醇提取后纯化物对α-葡萄糖苷酶的抑制作用强于阿卡波糖。忍冬叶黄酮对特定细菌的抑制作用强于银黄颗粒,依兰叶甲醇提取物、石油醚提取物、氯仿提取物的抑菌作用与氨苄青霉素相近。马甲子叶中多个三萜单体对人肝癌细胞BEL7404、QGY7703的抑制作用强于5-氟尿嘧啶。黄芩茎叶总黄酮的抗炎、免疫调节作用与雷公藤多苷片相近。

表1-2 植物茎叶化学成分

序号	成分	活性及剂量	阳性对照	文献
1	青钱柳叶多糖CP50	显著抑制α-葡萄糖苷酶活性(IC_{50}为3.3 μg/mL)	强于阿卡波糖	第2章[47]

续表

序号	成分	活性及剂量	阳性对照	文献
2	葎草茎叶中 N-p-香豆酰酪胺	清除 DPPH 自由基(IC_{50} 为 0.01 μg/mL)	强于 VC	第 3 章[9]
3	滁菊叶中槲皮素	清除 DPPH 自由基(IC_{50} 为 9.37 μmol/L)	强于 VC	第 4 章[2]
4	阔苞菊叶总黄酮	清除亚硝酸盐、羟自由基、超氧离子自由基、DPPH 自由基(浓度为 20～100 μg/mL)	强于 VC	第 4 章[23]
5	杜仲叶中槲皮素-3-O-β-D-葡萄糖	清除 DPPH 自由基(IC_{50} 为13.7 μmol/L)	强于 VC	第 4 章[56]
6	忍冬叶黄酮	杀灭鼠伤寒沙门氏菌、肺炎链球菌、大肠埃希菌、化脓性链球菌、金黄色葡萄球菌、鸡大肠埃希菌和鸡金黄色葡萄球菌、鸡白痢沙门氏菌和牛无乳链球菌	强于银黄颗粒	第 4 章[60]
7	明日叶查尔酮	降低小鼠 H22 肝癌组织 MVD,降低肝癌细胞增殖活性和吸光度(灌胃剂量为 50 mg/kg)	强于恩度	第 4 章[70]
8	黄芩茎叶总黄酮	抗炎、免疫调节作用(灌胃剂量为 200 mg/kg)	与雷公藤多苷片治疗作用相同或相近	第 4 章[74]
9	竹叶总黄酮	黄酮部位 1 组抑制小鼠耳郭肿胀;黄酮部位 5 组抑制小鼠气囊滑膜炎、棉球肉芽肿	强于地塞米松	第 4 章[75]
10	山楂叶总黄酮	显著降低 2 型糖尿病大鼠的空腹血糖水平,改善体质量并显著降低肾脏指数(灌胃剂量为 50～200 mg/kg)	高剂量组活性强于或接近二甲双胍	第 4 章[85]
11	准噶尔山楂叶乙酸乙酯部位	抑制 α-葡萄糖苷酶活性(IC_{50} 为 191.71 μg/mL)	强于阿卡波糖	第 4 章[86]
12	山楂叶总黄酮	降低高血压大鼠血压(灌胃剂量为 50～200 mg/kg)	强于或接近卡托普利	第 4 章[88]

续表

序号	成分	活性及剂量	阳性对照	文献
13	枇杷叶三萜	落叶生品(IC$_{50}$为64.17 μg/mL)中三萜成分抑制α-葡萄糖苷酶活性	强于阿卡波糖	第6章[9]
14	人参茎叶皂苷	30%、50%、80%乙醇洗脱物对醛糖还原酶的抑制率分别为25.79%、34.23%、69.28%	强于依帕司他	第6章[12]
15	牛白藤藤茎三萜	抑制体外淋巴细胞转化(浓度为40~160 mg/L)	与地塞米松作用相当	第6章[15]
16	马甲子叶中三萜	抑制人肝癌细胞BEL7404、QGY7703(IC$_{50}$为2.50~13.88 μmol/L)	强于5-氟尿嘧啶	第6章[29]
17	竹节参茎叶总皂苷	对血栓溶解率分别为56.59%、57.30%、59.08%、64.58%(浓度为0.005~50 mg/mL)	强于尿激酶	第6章[40]
18	桑叶71%乙醇提取后纯化物	抑制α-葡萄糖苷酶活性(IC$_{50}$为0.350 mg/mL)	强于阿卡波糖	第9章[52]
19	沙枣叶乙酸乙酯提取物	对α-葡萄糖苷酶的抑制率为76.62%(IC$_{50}$为9.28 mg/L)	强于阿卡波糖	第9章[50]
20	树葡萄叶70%乙醇提取物	抑制α-葡萄糖苷酶活性(IC$_{50}$为1.99~38.71 mg/L)	远高于阿卡波糖	第9章[67]
21	依兰叶甲醇提取物、石油醚提取物、氯仿提取物	抑制金黄色葡萄球菌、沙门氏菌、大肠杆菌、霍乱弧菌、絮状表皮癣菌、石膏样小孢子菌、须毛癣菌生长,抑菌圈直径范围为3.2~21.4 mm(浓度为2 mg/mL)	接近氢苄青霉素、制霉菌素	第9章[79]
22	含 Ficus exasperata 叶5%提取物的软膏	对大鼠伤口产生收缩作用。氯仿洗脱液对伤口的收缩作用强于其他提取物,低于水提取物	强于Cicatrin	第9章[131]

从天然活性成分发现的规律来看,对植物茎叶化学成分或有效部位的发现犹如一颗种子,一方面,点燃人类研发新药或化工产品的希望,为更多的科学工作者提供重要的参考和思路;另一方面,也需要更多的研究者参与,通过大量的重复性实验和科学统计来证明其活性,或通过对先导化合物的改造使

之进入应用阶段,从而服务于人类医疗健康。因此,可以预测,当前的研究必将为药物和化工产品的研开与应用奠定良好的理论和实验基础。

参考文献

[1]王德群,刘守金,梁益敏.中国药用菊花的产地考察[J].中国中药杂志,1999,24(9):522—525.

[2]薛正芬,张文举,谭守仁,等.甘草茎叶饲料资源的开发利用[J].草食家畜,2004(2):51—53.

[3]国家药典委员会.中国药典[M].北京:中国医药科技出版社,2015.

第 2 章
植物茎叶多糖的提取分离及活性研究

2.1 多糖的提取分离与增强免疫、抗疲劳作用

脾脏和胸腺是机体重要的免疫器官,是免疫细胞生长和增殖的场所。免疫器官的发育状况直接影响机体的免疫功能和抵抗疾病的能力,免疫器官指数反映脾脏和胸腺等免疫器官的发育和免疫功能。淋巴细胞和巨噬细胞是机体免疫系统的重要免疫细胞,淋巴细胞的增殖程度可以反映机体的细胞免疫水平[1]。NO 是一种参与多种生理、病理活动的信号分子,能调节细胞的多种功能[2];适宜浓度的 NO 可激活免疫细胞以及促进释放细胞因子,作为反映巨噬细胞活化程度的量化指标。

自由基又称为游离基,是指在光、热等外界条件下,化合物分子的共价键发生均裂而形成的带有不成对电子的原子、原子团。自由基具有强氧化性,极易与体内糖类、脂类、蛋白质和核酸等发生反应,不同程度地损伤和破坏细胞的结构与功能。抗氧化酶是存在于机体内可消除自由基、减轻其危害的天然屏障,是一类酶如 GSH-Px、SOD 和 CAT 等的总称。剧烈运动或者大量运动导致机体内自由基的数量增加,当自由基攻击生物膜中不饱和脂肪酸时,引发脂质过氧化,丙二醛(MDA)就是脂质过氧化的产物之一。MDA 作为脂质过氧化

的代表性产物,其含量高低可客观地反映自由基代谢水平,是衡量机体自由基代谢的重要指标。另外,机体中蛋白质代谢的产物有很多,其中血尿素氮(BUN)是其代谢的主要终末产物。BUN 的含量与运动负荷成正相关,可反映机体的疲劳程度。

太子参[*Pseudostellaria heterophylla*（ Miq. ）Pax]（见图 2-1）是石竹科孩儿参的一种,为多年生草本植物。太子参茎叶多糖可使小鼠脾脏指数极显著降低,胸腺指数、吞噬指数 α、脾细胞增殖指数（SI）以及 IgA、IgG、IgM、补体（C3、C4）和细胞因子（IL-2、IL-4、IL-6、IFN-γ）含量均升高[3]。蔡旭滨等[4] 研究发现,太子参茎叶多糖可增强断奶仔猪的免疫功能,促进蛋白质的合成,表现为在一定程度上提

图 2-1 太子参

高断奶仔猪的平均日增重量,降低其腹泻率,升高血清 SOD、IgA、补体（C3、C4）、IgM、IgG 和 ALB 含量,降低血清 TG 和 BUN 含量。

人参（*Panaxginseng* C. A. Mey.）（见图 2-2）又名亚洲参,具有肉质的根,为多年生草本植物。其茎叶多糖的提取工艺如下:叶经沸水提取、醇沉得多糖。人参茎叶多糖可有效延长大鼠一次性游泳至力竭的时间,减少机体在剧烈运动过程中产生的自由基,提高机体的 SOD 和 CAT 活性及抗氧化能力,减少 BUN 的生成,说明人参茎

图 2-2 人 参

叶多糖可减缓机体运动过程中对蛋白质的过度利用;可显著地增强机体抗氧化酶的活性,减少 MDA 的生成,从而降低机体运动过程中造成的脂质过氧化损伤[5]。

地黄［*Rehmannia glutinosa*（ Gaetn.）Libosch. ex Fisch. et mey.］（见图 2-3）为玄参科地黄属多年生草本植物。其叶多糖的提取分离工艺如下:使用粉碎机将叶粉碎,以 95% 乙醇脱脂,药渣用 80 ℃蒸馏水提取 2 h,料液比为 1:10（*m*/*V*）,提取液以 3000 r/min 的转速离心

图 2-3 地 黄

30 min,沉淀物按照上法再提取两次,合并上清液;使用旋转蒸发仪将上清液减压浓缩,然后加入95%乙醇调节溶液浓度为80%,4 ℃静置24 h;收集沉淀,并用蒸馏水溶解,透析(截留的分子量为1000 Da),冻干后得粗多糖(RGLP);把粗多糖溶解于蒸馏水中,3000 r/min离心10 min,取上清液过DEAE柱(5 cm×50 cm),将3000 mL蒸馏水以0.5 mL/min溶液冲洗柱子,再用0.1 mol/L、0.2 mol/L NaCl冲洗,使用硫酸-苯酚法显色;水洗的多糖(RGLPW)和NaCl冲洗的多糖(RGLPS)分别过葡聚糖凝胶柱,经过透析、冻干得到纯多糖(RGLPW、RGLPS2)。经结构分析确认,RGLPW单糖组成主要是葡萄糖和阿拉伯糖,RGLPS2单糖组成主要是半乳糖醛酸和鼠李糖、葡萄糖、半乳糖、阿拉伯糖。RGLPS2为酸性多糖,其中酸性多糖为半乳糖醛酸,两种多糖均含有鼠李糖残基。多糖RGLPW和RGLPS2可促进刀豆球蛋白A(ConA)诱导的T淋巴细胞增殖活性,RGLPS2促进加LPS诱导的B淋巴细胞增殖活性[6]。

黄蜀葵(*Abelmoschus manihot* L.)(见图2-4)为锦葵科秋葵属植物。其茎叶多糖的提取分离工艺如下:茎叶粗粉加入30倍体积的水,100 ℃水浴回流提取3次,每次1 h;过滤,合并滤液,减压浓缩;Sevage法除蛋白,离心(4000 r/min,10 min),取上清液,加入4倍体积的无水乙醇,

图2-4 黄蜀葵

醇沉过夜后抽滤,沉淀依次用无水乙醇、丙酮、乙醚洗涤3次,50 ℃烘干,得粗多糖(SLAMP);加适量蒸馏水溶解粗多糖,配制成多糖溶液,过DEAE-52层析柱,用0 mol/L、0.1 mol/L、0.3 mol/L、0.5 mol/L NaCl溶液梯度洗脱,流速为1.0 mL/min,采用苯酚-硫酸法检测,收集不同的洗脱液,然后减压浓缩,透析,最后将透析液真空冷冻干燥,获得多糖SLAMP-a。SLAMP-a经乙酰化修饰,得到SLAMP-a1,该多糖衍生物可促进脾淋巴细胞增殖,对巨噬细胞RAW 264.7释放NO具有较强的刺激作用[7]。

黑果枸杞(*Lycium ruthenicum* Murray)(见图2-5)为茄科枸杞属植物。其叶多糖的提取分离工艺如下:将叶阴干,粉碎过筛后,用80 ℃热水提取、浓缩、经醇沉、Sevage法脱蛋白、透析(透析袋截留的分子量为3000 Da)、冻干,得粗多糖;粗多糖经DEAE-52离子交换柱和Sephadex G-100凝胶过滤色谱柱分离纯化后得到多糖组分LRLP3。通过酸水解、甲基化分析、ESI-MS分

析和NMR分析,确定其结构单元为1→3-linked β-Galp的阿拉伯半乳聚糖。当LRLP3浓度为 50~800 μg/mL时,能够刺激小鼠脾细胞增殖。 当T细胞有丝分裂原ConA存在时,LRLP3可 促进小鼠脾细胞增殖。当B细胞有丝分裂原 LPS存在时,LRLP3对小鼠脾细胞增殖同样具 有促进作用[8]。

图 2-5　黑果枸杞

莴苣(*Lactuca sativa* Linn.)(见图 2-6)是菊 科莴苣属植物。其茎多糖的提取工艺如下:将新 鲜苔干莴苣茎洗净,切碎,于55 ℃烘干并研磨粉 碎;茎粉末以1∶10(m/V)的料液比用75%乙醇 在70 ℃条件下回流提取2次,每次1.5 h;离心, 料渣于60 ℃条件下烘干至恒重,经粉碎得到茎 干粉;

图 2-6　莴苣

茎干粉按照料液比 1∶30(m/V)用去离子水于 85 ℃提取 2 h;离心 (5000 r/min,15 min)取上清液后,将料渣按照同样的方法再重复提取 2 次; 将 3 次提取的上清液合并,在 55 ℃条件下旋转蒸发浓缩至原体积的 1/8;向 浓缩液中加入 3 倍体积的无水乙醇(乙醇终浓度为 75%),并置于 4 ℃冷藏过 夜以沉淀多糖,离心(5000 r/min,15 min)后取沉淀多糖,加水溶解并旋转蒸 发除去残余的乙醇,冷冻干燥后复溶;以 S-8 大孔吸附树脂脱色、脱蛋白,处 理后的溶液浓缩后冷冻干燥,得到水溶性多糖。莴苣茎水溶性多糖主要由半 乳糖醛酸、半乳糖和阿拉伯糖组成,其摩尔比为 22.60∶30.42∶17.88。当莴 苣茎水溶性多糖浓度大于 50 μg/mL 时,小鼠 RAW 264.7 巨噬细胞活力和 吞噬能力显著提高,并刺激小鼠巨噬细胞产生 NO,表明莴苣茎水溶性多糖 具有免疫调节活性[9]。

细柱五加(*Acanthopanax gracilistylus* W. W. Smith)(见图 2-7)是五加科五加属植 物,其根皮为常用中药。其茎多糖的提取工艺 如下:取茎粗粉(过 24 目筛),按液料比 1∶13.2 加入蒸馏水,80 ℃闪式提取 2 次,每次 420 s,离 心,得上清液,浓缩成浸膏;浸膏加水充分溶解,

图 2-7　细柱五加

离心除去不溶物,上清液加乙醇至乙醇体积分数为80%,静置24 h,离心分离;醇沉物加水复溶,加入等体积的Sevage试剂(氯仿-正丁醇的体积比为3∶1)除去蛋白;向除去蛋白的溶液中加入质量浓度为3%的H_2O_2(比例为4∶1)脱色,然后将溶液装入透析袋中流水透析除去小分子物质;最后醇沉得到醇沉物,用无水乙醇、丙酮、乙醚依次洗涤,低温真空干燥得多糖。当多糖浓度为10~20 μg/mL时,多糖对RAW 264.7细胞无明显毒性;当多糖浓度为10~40 μg/mL时,多糖能促进RAW 264.7巨噬细胞分泌NO,具有一定的体外免疫活性。但需要注意,当多糖浓度为40 μg/mL时,具有一定的细胞毒性[10]。

对上述植物茎叶多糖增强免疫、抗疲劳作用的文献调研,如表2-1所示。

表2-1 植物茎叶多糖增强免疫、抗疲劳作用

序号	植物部位	活性及剂量	阳性对照	文献
1	太子参茎叶	提高环磷酰胺所致免疫抑制小鼠的免疫功能(灌服,使用量为50 mg/kg、100 mg/kg、200 mg/kg)	无	[3]
		提高断奶仔猪的平均日增重量,降低腹泻率,提高免疫功能,改善机体的抗氧化性能和血清生化指标(添加量为1000 mg/kg基础饲料)	无	[4]
2	人参茎叶	提高大鼠的运动能力,提高抗疲劳性(灌服,浓度为1200 mg/kg、1600 mg/kg)	无	[5]
3	地黄叶	多糖RGLPW和RGLPS2可促进ConA诱导的T淋巴细胞增殖,RGLPS2可促进LPS诱导的B淋巴细胞增殖(浓度为100 μg/mL、200 μg/mL)	无	[6]
4	黄蜀葵茎叶	SLAMP-a经乙酰化修饰后得到SLAMP-a1,可显著刺激脾细胞增殖(浓度为50 μg/mL),激活RAW 264.7产生NO(浓度为50~200 μg/mL)	Con A(10 μg/mL);LPS(10 μg/mL)	[7]
5	黑果枸杞叶	LRLP3对小鼠脾细胞增殖有促进作用(浓度为50~800 μg/mL)	无	[8]
6	莴苣茎	提高巨噬细胞的活力和吞噬能力,激活RAW 264.7巨噬细胞,刺激其产生NO(浓度为5~200 μg/mL)	LPS(2 μg/mL)	[9]
7	细柱五加茎	促进RAW 264.7巨噬细胞产生NO(10~20 μg/mL)	LPS(0.5 μg/mL)	[10]

2.2 多糖的提取分离与抗氧化作用

狗枣猕猴桃［*Actinidia kolomikta*（Rupr. et Maxim）Planch.］（见图2-8）为猕猴桃科猕猴桃属落叶藤本植物，别名为狗枣子、深山木天蓼。其叶多糖的提取工艺如下：叶粉末经石油醚脱脂后，按液料比（20 mL/g）加入蒸馏水，在设定提取转速及温度下提取一定时间，离心，取上层清液，浓缩，加入3倍无水乙醇，于4 ℃醇沉24 h，离心得沉淀，脱水干燥得粗多糖。粗多糖清除羟自由基、超氧阴离子自由基、DPPH自由基的IC_{50}值分别为4.03 mg/mL、3.15 mg/mL、4.76 mg/mL[11]。狗枣猕猴桃叶多糖

图 2-8 狗枣猕猴桃

的另一种提取工艺：取100 g叶，加入3000 mL蒸馏水，利用超声波辅助技术提取；提取温度为60 ℃，提取功率为900 W，提取时间为30 min，提取液减压浓缩至一定体积，加入4倍无水乙醇并置于冰箱中醇沉24 h，离心得沉淀，分别用无水乙醇、乙酸乙酯和丙酮等溶剂洗涤沉淀，干燥得粗多糖；粗多糖加蒸馏水溶解，利用Sevage法除蛋白及利用H_2O_2法脱色后，将所得多糖溶液装入透析袋（截留的分子量为3500 Da），用自来水、蒸馏水透析24 h，透析液浓缩、冻干得多糖粉末（APs）。取500 mg多糖，加入约10 mL Tris-HCl缓冲溶液溶解，经0.45 μm滤膜过滤，将滤液加入DEAE-Sepharose Fast Flow离子交换层析柱，并将层析柱与快速制备色谱仪连接，分别用蒸馏水和0.1 mol/L、0.2 mol/L NaCl溶液洗脱，收集洗脱分离的样品，冷冻干燥，得APs-1～APs-5共5个部分。取APs-2、APs-3加蒸馏水溶解，放入已准备好的Sephadex G-200层析柱，并将层析柱与快速制备色谱仪连接，用蒸馏水洗脱，收集洗脱分离的样品，冷冻干燥，得APs-2-1、APs-3-1、APs-3-2共3种多糖。经红外光谱测定，为均一糖。三种多糖及狗枣猕猴桃叶多糖均具有一定的抗氧化能力，但是抗氧化能力均低于VC[12]。

辣木（*Moringa oleifera* Lam.）（见图2-9）为白花菜目辣木科，又称鼓槌树、牛奶树、洋椿树、马萝卜和噻啰豆等，是多年生热带落叶乔木。2014年，习近平访问古巴，将辣木种子作为"国礼"赠送给古巴革命领导人菲德尔·卡斯特罗。菲德尔·卡斯特罗在古巴大力推广种植辣木，就连古巴国宾馆也用各色辣木菜款待外宾，辣木开始从古巴"国宴"迅速向各地走红。其叶多糖的

第 2 章 植物茎叶多糖的提取分离及活性研究

提取工艺如下：辣木叶粉加入一定蒸馏水，水浴浸提，过滤、浓缩、离心（10000 r/min，14 ℃，10 min）后取上清液，加入 5 倍体积的 95% 乙醇，静置 48 h，离心，取沉淀，沉淀用无水乙醇洗涤 2 次，50 ℃低温干燥得粗多糖；经三氯乙酸脱蛋白，得纯多糖。当多糖浓度为 1~12 mg/mL 时，多糖对羟自由基清除作用明显[13]。

图 2-9 辣 木

红毛五加为五加科五加属植物，别名为五加皮（*Acanthopanax giraldii* Harms）（见图 2-10）、刺五加［Acanthopanax senticosus（Rupr. et Maxim）Harms］。其叶多糖的提取工艺如下：取嫩叶烘干品、茶制品、叶柄等样品的干燥粉末，分别置于圆底烧瓶中，加入 10 倍量石油醚（沸程为 60~90 ℃），回流提取 6 h，过滤，弃滤液；用石油醚洗涤

图 2-10 红毛五加

滤渣，待石油醚挥发后，滤渣加入 10 倍量的 95% 乙醇，回流提取 4 h，过滤，弃滤液；用乙醇洗涤滤渣，待乙醇挥发后，滤渣第一次加入 14 倍量的水，回流提取 2 h，第二次加入 12 倍量的水，回流提取 2 h，合并两次水提液，用 Sevage 法除去蛋白质；水提液旋转蒸发浓缩至黏稠状时，向浓缩液中加入无水乙醇使其体积分数为 80%，静置 16 h，抽滤，随后用无水乙醇、丙酮、乙醚多次洗涤除杂，置于 50 ℃真空干燥至恒重，即得红毛五加粗多糖。多糖对 DPPH 自由基清除率最高达 89.8%，对 ABTS 自由基清除率最高达 100%；在还原性测定中，当多糖质量浓度为 1 g/L 时，其还原性最强[14]。

辐照处理秸秆，能有效地破坏纤维的组织结构，显著提高多糖的提取率。花生（*Arachis hypogaea* L.）（见图 2-11）为豆科落花生属的一年生草本植物。花生茎叶多糖的最优碱提工艺为：NaOH 溶液浓度为 0.75 mol/L，液料比为 12 mL/g，反应 3 h，碱提后继续以钴 60 辐射源（50 kGy）剂量辐照、350 MPa 超高压处理。当多糖添加量为 0.50 mg/mL 时，多糖对羟自由基的

图 2-11 花 生

清除率为 91.88%±5.12%,对 DPPH 自由基的清除率为 82.75%±0.54%,具有较高的抗氧化活性[15]。

超高压下,细胞快速破裂,释放多糖。压力越大,细胞越容易被破坏,但当压力达到 300 MPa 时,细胞已被完全破坏,因此,继续增加压力,细胞将不再破裂,导致得率不再增加[16-17]。火龙果(*Hylocereus undatus* Foo-Lon)(见图 2-12)为仙人掌科量天尺属植物。其茎多糖的提取工艺如下:取火龙果茎,切碎,按液料比 10:1 (V/m)加入纯水,装入聚乙烯塑料袋中,混合均

图 2-12 火龙果

匀后真空封口,将包装后的塑料袋放入超高压装置的工作介质中,300 MPa 超高压处理 4 min,取出提取液,4000 r/min 离心 20 min,上清液真空浓缩后,加入无水乙醇,使乙醇浓度达到 85%,置于 4 ℃的冰箱中过夜,然后弃去上清液,下层沉淀冷冻干燥,得粗多糖。火龙果茎多糖对 ABTS 自由基、DPPH 自由基具有清除作用,其 IC_{50} 值分别为 4.3 mg/mL、5.5 mg/mL[18]。火龙果茎多糖的另一种提取工艺如下:取 2.0 g 茎冻干粉,置于亚临界水反应釜中,按料液比 1:50 加入水,140 ℃亚临界水提取 25 min,提取完成后于 8000 r/min 离心 10 min,取上清液旋蒸浓缩并加入无水乙醇至乙醇体积分数为 80%,4 ℃静置沉淀 12 h,然后 6000 r/min 离心 5 min,保留沉淀并冷冻干燥得火龙果茎粗多糖。当多糖浓度为 0.1~2.0 mg/mL 时,多糖具有清除 DPPH 自由基和羟自由基作用[19]。

栝楼(*Triehosan heskirilowii* M.)(见图 2-13),又称瓜蒌、药瓜、栝楼蛋和果裸等,为葫芦科栝楼属多年生攀缘草本植物,其部位可分为根(天花粉)、种皮(瓜蒌皮)、种子(瓜蒌子)、茎和叶,均可供药用。微波辅助提取栝楼藤茎多糖的最佳工艺条件为:料液比为 1:15(m/V),微波处理时间为 4 min,微波功率为 700 W。抗氧化试验结果显示,多糖清除 DPPH 自由基和羟自由

图 2-13 栝 楼

基的 IC_{50} 值分别为 1.83 mg/mL、0.52 mg/mL。当多糖浓度为 2.5 mg/mL 时,其还原能力较强[20]。

毛苕子(*Iicia villosa* R.)(见图2-14)又名长柔毛野豌豆,为一年生或越年生野生豌豆科草本植物。其茎叶多糖的提取工艺如下:取干燥粉碎的茎叶粉末100 g,置于索氏提取器中,用无水乙醚恒温加热提取至提取液呈无色,以除去毛苕子茎叶中的色素及脂溶性物质;回收提取液中的无水乙醚并干燥,将残渣挥干;残渣在45 ℃、pH为7、料液比为1∶20(m/V)条件下微波处理

图2-14 毛苕子

6 min;脱色、抽滤并将滤液减压浓缩至原体积的1/4,用Sevage法除去蛋白,然后用无水乙醇沉淀多糖溶液(至乙醇体积分数约为80%),抽滤,即可获得毛苕子茎叶多糖固体,再分别用无水乙醚、无水乙醇、无水丙酮对多糖固体进行多次洗涤,并将多糖固体在低温条件下干燥,即得到纯度较高的多糖。当多糖浓度为1.2~7.2 μg/mL时,多糖具有清除羟自由基的作用[21]。

南瓜[*Cucurbita moschata*(Duch ex Lam.) Duch ex Poiret](见图2-15)又称番瓜、金瓜,为葫芦科南瓜属一年生草本植物。其叶多糖的提取工艺如下:叶粉末以石油醚回流脱脂,晾干;按料液比1∶30加水混合,超声波浸提25 min(温度为65 ℃,超声波功率为160 W),离心,上清液浓缩至原体积的1/3,Sevage法除蛋白,活性炭脱色,加入3倍体积乙醇进行醇沉,洗涤沉淀,冷冻干燥,

图2-15 南 瓜

得南瓜叶粗多糖。南瓜叶多糖清除DPPH自由基的IC_{50}值为3.20 mg/mL,清除羟自由基的IC_{50}值为2.63 mg/mL,FRAP值为75.18 μmol TE/g[FRAP还原力测定按照以1 g粗多糖达到Trolox的抗氧化能力表示(μmoL TE/g)][22]。

牛蒡(*Arctium lappa* L.)(见图2-16)又名白肌人参,为菊科植物。其叶多糖的提取工艺如下:叶用食用酒精浸泡,过滤,收集滤渣,粉碎,经石油醚脱色脱脂后置于圆底烧瓶中,按料液比1∶30加水,预浸一定时间后,75 ℃加热回流2 h,抽

图2-16 牛 蒡

滤，滤液于旋转蒸发仪中浓缩得到多糖。当多糖浓度为 20~140 μg/mL 时，多糖对 DPPH 自由基的清除能力逐步增强，最大清除率约 60%[23]。

枇杷 [*Eriobotrya japonica* (Thunb.) Lindl.]（见图 2-17）是蔷薇科植物。其叶多糖的提取工艺如下：取脱脂后的叶干粉，水煎煮 2 次，每次 2 h，料液比分别为 1:8 和 1:6，合并滤液，减压浓缩至适当浓度，加入体积分数为 95% 乙醇至乙醇终浓度为 85%，静置过夜，抽滤，将所得滤饼置于 60 ℃ 烘箱中干燥 24 h，研磨得到粗多糖粉。粗多糖用 ADS-7 树脂纯化，最佳工艺为：

图 2-17　枇杷

上样流速为 1.2 BV/h，pH 为 13，多糖浓度为 24.59 mg/mL，上样量为 5 BV，回收流出液，并以体积分数为 10% 乙醇洗脱回收多糖。粗多糖清除 DPPH 自由基的 IC_{50} 值为 4.21 mg/g，总抗氧化活性 FRAP 值为 168.68 μmol/g。纯化后的多糖纯度提高，酚类杂质减少，总还原能力显著下降，而清除 DPPH 自由基的 EC_{50} 由原来的 4.21 mg/g 降至 1.64 mg/g。一般认为，酚类物质具有较强的还原能力，是一种抗氧化物质，而多糖与自由基清除能力有关[24]。

青钱柳 [*Cyclocarya paliurus* (Batal.) lljinskaja]（见图 2-18），别名为青钱李、摇钱树等，是胡桃科青钱柳属植物。其叶多糖的提取工艺如下：叶→80% 乙醇浸泡除杂→热水浸提→乙醇沉淀→粗多糖→Sevage 法脱蛋白→有机溶剂洗涤→精制多糖→50%、60%、70%、80% 乙醇分级醇沉→叶多糖不同醇沉组分。当多糖浓度为 0.1~0.8 mg/mL 时，50% 醇沉组分多糖的

图 2-18　青钱柳

总抗氧化能力最强；当多糖浓度为 0.125~0.250 mg/mL 时，80% 醇沉组分多糖对羟自由基的清除作用最强；当多糖浓度达到 1.0 mg/mL 时，分级醇沉组分对羟自由基的清除率无显著差异，说明多糖浓度较高时，分级醇沉组分能达到相同的清除效果；当多糖浓度为 0.0125~0.1000 mg/mL 时，50% 醇沉组分多糖和 60% 醇沉组分多糖对 DPPH 自由基的清除率较高。推测多糖能够通过螯合金属离子如 Fe^{2+} 等来降低机体产生羟自由基的速度[25]。

石榴（*Punica granatum* L.）（见图 2-19）是石榴科植物。其叶多糖的提

取工艺如下:将石榴叶粉末置于亚临界水萃取仪反应釜中,按料液比1∶27加入蒸馏水,氮气加压,设置磁力搅拌速度为180 r/min,155 ℃提取11 min;提取液在3000 r/min的转速下离心15 min,取上清液抽滤并适当浓缩,加入无水乙醇至体积分数为80%,充分搅拌后,静置过夜;倾出上清液,下层混悬液抽滤,滤饼依次用无水乙醇、丙酮洗涤,抽滤,固体物质用水复溶,加入

图2-19 石榴

三氯甲烷和正丁醇,搅拌20 min,3000 r/min离心15 min,除去水层与三氯甲烷层交界处的变性蛋白,再加入2 g活性炭,充分搅拌15 min,抽滤,将滤液浓缩得到粗多糖。当粗多糖浓度为0.02～0.10 mg/mL时,其对羟自由基、超氧阴离子自由基和DPPH自由基均具有较强的清除能力,并呈一定量效关系。当粗多糖浓度为0.04 mg/mL时,其清除超氧阴离子作用超过VC;当粗多糖浓度为0.1 mg/mL时,其对DPPH自由基和羟自由基的清除率分别达到58.02%、57.36%[26]。

文冠果(*Xanthoceras sorbifolia* B.)(见图2-20)是无患子科文冠果属木本油料植物,该植物较特殊,是一属一种,为中国特有的民间植物。其叶多糖的提取工艺如下:取干燥、粉碎的叶5 g,加入石油醚脱脂,加入95%乙醇脱色素,加入相应比例的纯净水[料液比为1∶20,提取30 min(90 ℃、90 W)],抽滤,滤液浓缩至原液体积的1/5,加入4倍体积无水乙醇,4 ℃静置过夜,抽滤,滤渣醇洗,冷冻干燥得多糖。当多糖浓度为0.2 mg/mL时,其对DPPH自由基的清除率高达90.78%[27]。

图2-20 文冠果

银杏(*Ginkgo biloba* L.)(见图2-21)是裸子植物门银杏科银杏属单种植物,有近2亿年的历史,被称为"活化石"。其叶多糖的提取分离工艺如下:叶经60 ℃烘干后粉碎,用石油醚(沸程为60～90 ℃)加热回流2次,每次2.5 h,滤渣置于托盘中挥发石油醚后备用;取1 kg脱脂处理的叶粉,按料液比为1∶50加水,80 ℃、400 W超声提取10 min,提取3次,合并提取液,提取液离心15 min(6000 r/min),90 ℃减压浓缩至4 L,加入4倍体积的无水乙醇,静置过

夜沉淀多糖,多糖沉淀离心 10 min(10000 r/min)得粗多糖。取适量粗多糖加蒸馏水复溶,采用 Sevage 试剂法清除多糖溶液中的蛋白质和核酸等杂质。除杂多糖溶液按 5∶1(mL/g)同 D101 大孔树脂混合,搅拌均匀,静态吸附色素 4～5 h 后,多糖溶液连同柱料一起装柱,收集流出液,即为脱色多糖溶液。脱色多糖溶液再经透析(透析袋截留的分子量为 8000～14000 Da)去除小分子化合物,袋内溶液经真空冷冻干燥后得到精制多

图 2-21 银杏

糖(GBLP)。GBLP 再经阴离子交换柱 DEAE-Sepharose Fast Flow 分离,获得三个级分:GBLPⅠ、GBLPⅡ、GBLPⅢ,其相对分子质量(Mr)分别为 41861、361352、637533。GBLPⅠ由鼠李糖、阿拉伯糖、甘露糖、葡萄糖、半乳糖组成;GBLPⅡ和 GBLPⅢ由鼠李糖、阿拉伯糖、甘露糖、半乳糖组成,但其摩尔比不同。GBLPⅢ、GBLPⅡ、GBLPⅠ、GBLP 清除羟自由基的 IC_{50} 值分别为 0.96 mg/mL、2.10 mg/mL、3.23 mg/mL、3.67 mg/mL。当多糖浓度为 0.5～6 mg/mL 时,GBLPⅡ和 GBLPⅢ对超氧阴离子的清除活性较 GBLPⅠ和 GBLP 高[28]。

银杏叶多糖的另一种提取工艺如下:将银杏叶用稀乙醇提取,弃去提取液,残渣烘干后置于 250 mL 圆底烧瓶中,按料液比 1∶7 加水,回流提取 2 h,提取 2 次,加入 9 倍量无水乙醇醇沉 1 h,抽滤,减压干燥,得银杏叶多糖。当银杏叶多糖浓度为 0.2～0.6 mg/mL 时,随着银杏叶多糖浓度增加,银杏叶多糖对 DPPH 自由基的清除效果增加不显著,当浓度进一步增大时,银杏叶多糖的清除率显著增加,IC_{50} 值为 0.79 mg/mL[29]。

淫羊藿(*Epimedium brevicornu* Maxim.)(见图 2-22)为小檗科淫羊藿属植物。其叶多糖提取方法如下:干叶粉碎,依次用石油醚、95％乙醇溶液回流 2 次,脱色,脱脂,去低聚糖和小分子物质,挥干溶剂,得预处理样品;将 10 g 预处理样品置于烧瓶中,加入复合酶液(木瓜蛋白酶、果胶酶、纤维素酶和 α-淀粉酶的添加量分别为

图 2-22 淫羊藿

50 U/g、250 U/g、200 U/g、100 U/g)、蒸馏水,用醋酸调节溶液的 pH 值;样品在室温中浸泡 6 h,在功率为 311 W、温度为 46.8 ℃ 和溶液 pH 为 4.3 的条件下超声提取 42.3 min,提取液用 Sevage 法去除蛋白质,减压浓缩,加入乙醇至最终乙醇体积分数为 70%,4 ℃ 沉淀 24 h,离心,收集沉淀后用流水透析 48 h,冻干得到粗多糖。粗多糖通过琼脂糖离子交换和葡聚糖分子筛凝胶柱色谱分离纯化,得到 3 个主要多糖组分(EPs-1、EPs-2、EPs-3)。当多糖浓度为 0.5~5.0 mg/mL 时,EPs-3 清除 DPPH 自由基、超氧阴离子自由基的作用最强,EPs-2 对羟自由基的清除率最高[30]。

玉米(*Zea mays* L.)(见图 2-23)是禾本科玉蜀黍属一年生草本植物。其叶多糖的提取方法如下:将叶清洗干净后置于烘箱,于 40~45 ℃ 烘干至恒重,粉碎,过 40 目筛备用;取 100 g 放入 5 L 圆底烧瓶中,加入 10 倍量的蒸馏水浸泡过夜,次日按料液比为 1:30 补加 2 L 蒸馏水,于 80~85 ℃ 回流提取 2 h,提取 3 次,后两次提取溶剂减半,过滤后合并滤液;减压浓缩滤液至原

图 2-23 玉米

体积的 1/4~1/3,加入 95% 乙醇至终浓度为 65%,于 4 ℃ 静置过夜,离心 10 min(3000 r/min),真空干燥得粗多糖,粗多糖用三氯乙酸法脱蛋白。当多糖浓度为 0.2~2.6 mg/mL 时,对三价铁离子具有一定的还原能力;当多糖浓度为 1.2~6.0 mg/L 时,对羟自由基具有清除能力;当多糖浓度为 0.5~2.0 mg/mL 时,对 DPPH 自由基有清除能力[31]。

龙利叶(*Sauropus rostratus* Miq.)(见图 2-24)为大戟科守宫木属植物。其叶多糖的提取纯化方法如下:取 1 g 叶粉末,加蒸馏水 100 mL,180 W 超声提取 80 min,提取温度为 60 ℃,得多糖液;粗提液减压浓缩后离心,上清液加入 5 倍体积的无水乙醇,置于冰箱中 4 ℃ 过夜,收集沉淀,沉淀依次用 95% 乙醇、无水乙醇、丙酮、乙醚顺次洗涤 3 次,干燥得粗多糖;粗多糖用热蒸馏水复溶,按 Sevage

图 2-24 龙利叶

法多次脱蛋白,再加入活性炭粉末,回流 1 h,过滤,离心(4000 r/min,10 min),得上清液;将上清液浓缩,用无水乙醇调节滤液至乙醇质量分数为 80%,置于冰

箱中4℃过夜,过滤收集沉淀,沉淀用无水乙醇、丙酮、乙醚依次洗涤3次,干燥得精制多糖。当多糖浓度为0.1～0.3 mg/mL时,其清除DPPH自由基的IC_{50}值为0.2969 mg/mL;当多糖浓度为0.06 mg/mL时,其对超氧阴离子自由基的清除率达61.22%[32]。

牛膝(*Achyranthes bidentata* Blume.)(见图2-25)是苋科牛膝属植物。以蒸馏水为溶剂,采用微波辅助法提取牛膝叶多糖。多糖对超氧阴离子自由基的清除率为77.38%,对羟自由基的清除率为60.23%[33]。

对上述植物茎叶多糖抗氧化作用的文献调研,如表2-2所示。

图2-25 牛膝

表2-2 植物茎叶多糖的抗氧化作用

序号	植物部位	活性及剂量	阳性对照	文献
1	狗枣猕猴桃叶	清除羟自由基(IC_{50}为4.03 mg/mL)、超氧阴离子自由基(IC_{50}为3.15 mg/mL)、DPPH自由基(IC_{50}为4.76 mg/mL)	弱于VC	[11]
		有一定的总抗氧化活性(FRAP),可清除羟自由基、DPPH自由基(浓度为0.1～3.0 mg/mL)	弱于VC	[12]
2	辣木叶	清除羟自由基(浓度为1～12 mg/mL)	无	[13]
3	红毛五加嫩叶	清除DPPH自由基、ABTS自由基作用和还原性(浓度为0.032～0.384 g/L)	弱于VC	[14]
4	花生茎叶	清除羟自由基、DPPH自由基(浓度为0.05～0.50 mg/mL)	无	[15]
5	火龙果茎	清除ABTS自由基(IC_{50}为4.3 mg/mL)、DPPH自由基(IC_{50}为5.5 mg/mL)	弱于VC	[18]
		清除DPPH自由基和羟自由基(浓度为0.1～2.0 mg/mL)	弱于VC	[19]
6	栝楼藤茎	清除DPPH自由基(IC_{50}为1.83 mg/mL)和羟自由基(IC_{50}为0.52 mg/mL)	弱于VC	[20]
7	毛苕子茎叶	清除羟自由基(浓度为1.2～7.2 μg/mL)	无	[21]

续表

序号	植物部位	活性	阳性对照	文献
8	南瓜叶	清除DPPH自由基(IC_{50}为3.20 mg/mL)、羟自由基(IC_{50}为2.63 mg/mL)和总抗氧化活性(FRAP值为75.18 μmol TE/g)	无	[22]
9	牛蒡叶	清除DPPH自由基(浓度为20～140 μg/mL)	弱于VC	[23]
10	枇杷叶	清除DPPH自由基(EC_{50}为1.64 mg/g,纯化多糖)和总抗氧化活性(FRAP值为168.68 μmol/g,粗多糖)	无	[24]
11	青钱柳叶	清除羟自由基(浓度为0.125～1.000 mg/mL)、DPPH自由基(浓度为0.0125～0.2000 mg/mL)和Fe^{2+}螯合能力(浓度为0.2～1.6 mg/mL)	清除羟自由基能力强于VC,清除DPPH自由基能力弱于VC,Fe^{2+}螯合能力弱于EDTA	[25]
12	石榴叶	清除羟自由基、超氧阴离子自由基和DPPH自由基(浓度为0.02～0.10 mg/mL)	清除羟自由基能力接近VC,清除超氧阴离子强于VC,清除DPPH自由基作用接近VC(0.04 mg/mL)	[26]
13	文冠果叶	对DPPH自由基的清除率高达90.78%(浓度为0.2 mg/mL)	无	[27]
14	银杏叶	清除羟自由基、超氧阴离子自由基(0.5～6 mg/mL)	弱于VC	[28]
		清除DPPH自由基(IC_{50}=0.79 mg/mL)	无	[29]
15	淫羊藿叶	清除羟自由基、超氧阴离子自由基和DPPH自由基(浓度为0.5～5.0 mg/mL)	弱于VC	[30]
16	玉米苞叶	纯化多糖对Fe^{3+}还原能力不如粗多糖(浓度为.2～2.6 mg/mL),清除羟自由基的能力不如粗多糖(IC_{50}为1.424 mg/mL),清除DPPH自由基的能力不如粗多糖(IC_{50}为1.162 mg/mL)	弱于VC	[31]
17	龙利叶	清除DPPH自由基(IC_{50}为0.2969 mg/mL)、超氧阴离子自由基(浓度为0.06 mg/mL时清除率达61.22%)	无	[32]
18	牛膝叶	多糖对超氧阴离子自由基的清除率为77.38%,对羟自由基的清除率为60.23%	无	[33]

2.3 多糖的提取分离与抗肿瘤作用

细胞免疫是恶性肿瘤的主要免疫反应,参与该免疫的主要效应细胞有巨噬细胞、T淋巴细胞及中性粒细胞等[34]。脾脏指数(%)(脾脏质量/小鼠体重×100%)、胸腺指数(mg/g)(胸腺质量/小鼠体重×100%)可反映细胞免疫水平[35]。经过活化的T淋巴细胞可分泌大量的IFN-γ、IL-2和IL-6等细胞因子,此类因子水平可反映免疫调节中T淋巴细胞的功能作用[36]。有研究发现,IL-10是某些肿瘤细胞的生长因子,与肿瘤细胞的生长、增殖、转移有关[37-38]。

杜香(*Ledum palustre* L.)(见图2-26)为杜鹃花科杜香属常绿灌木,是大兴安岭林区的主要树种,其种植面积约占大兴安岭林地面积的70%。杜香叶多糖的提取工艺如下:取20 g干燥的叶粉末,加100 mL石油醚,80 ℃水浴回流1.5 h,收集沉淀,加水回流提取,收集提取液,离心,得上清液;将上清液浓缩后用Sevage法除去变性蛋白,得上清液;加入等体积乙醇,静置过夜后离心得沉淀,用丙酮、乙醚各洗涤3次,干燥得多糖。多糖对人肝癌细胞HepG2具有抗增殖作用,并且随着浓度增大,抗增殖作用增强。当多糖浓度为5 g/L时,对HepG2细胞的抑制率达57.41%[39]。

图2-26 杜香

箬竹为禾本科箬竹属植物[*Indocalamus tessellatus* (Munro) Keng f.](见图2-27),其叶称为箬叶。箬叶多糖的提取工艺如下:取箬叶400 g,乙酸乙酯浸泡去除表面脂质,洗净晾干,用热水浸提法提取多糖。箬叶多糖可降低乳腺癌荷瘤小鼠的瘤体质量,提高其脾脏指数、胸腺指数,改善小鼠的免疫水平;可提高小鼠IL-2、IL-6、IFN-γ水平及NK细胞活性,降低IL-10水平,并且血清细胞因子、NK细胞活性水平呈剂量依赖性[40]。

图2-27 箬竹

如前文献[27],当文冠果叶多糖浓度为2.5 mg/mL时,其对人肝癌细胞HepG2的抑制率为20.21%。

秋茄[*Kandelia candel* (Linn.) Druce/*Kandelia obovata*](见图 2-28)是红树科秋茄树属植物。其叶多糖的提取工艺如下:取叶粉末 30 g,按料液比为 1:25 加入蒸馏水,置于超声波清洗器中超声 90 min,超声温度为 68 ℃;先用三层纱布过滤除去秋茄叶残渣,再用新华一号定性滤纸过滤,用 Sevage 法除蛋白,用无水乙醇配置成 80% 乙醇溶液,4 ℃ 过夜,离心,收集沉淀,冷冻干燥得秋茄叶多糖。多糖可抑制 H22 小鼠肝癌细胞活性,其 IC_{50} 值为 1182.89 mg/mL[41]。

图 2-28 秋 茄

对上述植物茎叶多糖成分抗肿瘤作用的文献调研,如表 2-3 所示。

表 2-3 植物茎叶多糖的抗肿瘤作用

序号	植物部位	活性及剂量	阳性对照	文献
1	杜香叶	对 HepG2 细胞的抑制率达 57.41%(浓度为 5 g/L)	无	[39]
2	箬叶	抑制乳腺癌,提高小鼠脾脏指数、胸腺指数,提高分泌 IL-2、IL-6、IFN-γ 水平,降低 IL-10 水平,发挥抗肿瘤效应(灌胃剂量为 50 mg/kg、100 mg/kg、200 mg/kg)	与环磷酰胺联用后的抑瘤作用优于单用环磷酰胺(25 mg/kg)	[40]
3	文冠果叶	对人肝癌细胞 HepG2 的抑制率为 20.21%(浓度为 2.5 mg/mL)	无	[27]
4	秋茄叶	抑制 H22 小鼠肝癌细胞(IC_{50} = 1182.89 mg/mL)	无	[41]

2.4 多糖的提取分离与降血糖作用

α-葡萄糖苷酶是肠道吸收过程中的关键酶,饮食中的碳水化合物在 α-葡萄糖苷酶的作用下水解生成葡萄糖,经小肠吸收进入血液,从而使血糖升高。对于 Ⅱ 型糖尿病患者,可以通过口服 α-葡萄糖苷酶抑制剂,延缓糖类物质在小肠内的消化吸收,使血糖维持在正常水平[42]。

青钱柳叶的 50%、60%、70%、80% 醇沉多糖均有抑制 α-葡萄糖苷酶作用,其中 50% 醇沉多糖的抑制作用最强,其 IC_{50} 值为 2.54 μg/mL[25]。

青钱柳叶多糖的提取工艺如下:叶粉碎后过 40 目筛,按料液比为 1:10

加入蒸馏水,于 80 ℃ 提取 3 次,每次 2 h,离心(4500 r/min,10 min)合并收集上清液,50 ℃ 减压浓缩至 500 mL;加入 4 倍体积的无水乙醇,4 ℃ 静置 8 h,离心(10000 r/min,10 min),收集沉淀后于 50 ℃ 烘干,得粗多糖;经 732 阳离子交换树脂脱蛋白,50% 乙醇沉淀,得纯化多糖 CP50。利用高效凝胶渗透色谱与多角度激光光散射联用法(HPGPC-MALLS)测定 CP50 的相对分子质量,采用 PMP 柱前衍生高效液相色谱法(HPLC)测定单糖组成,采用甲基化分析、傅里叶变换红外光谱(FT-IR)、核磁共振氢谱(^{1}H-NMR)对 CP50 的结构进行表征。CP50 的相对分子质量为 59000,由半乳糖醛酸(GalA)、葡萄糖(Glc)、半乳糖(Gal)、阿拉伯糖(Ara)、甘露糖(Man)、木糖(Xyl)、鼠李糖(Rha)和葡萄糖醛酸(GlcA)8 种单糖组成,其摩尔比为 29.1∶25.6∶16.5∶9.3∶6.7∶6.1∶4.1∶2.6,分子中主要含有(→4) GalA (1→、→4) Glc (1→和 →4) Gal(1→糖苷键),在半乳糖的 C6 位存在分支结构。CP50 能显著抑制 α-葡萄糖苷酶活性,IC_{50} 值为 3.3 μg/mL,低于阿卡波糖(IC_{50} 值为 193.6 μg/mL),属于混合非竞争性抑制[43]。

药桑(*Morus nigra* L.)为桑科桑属黑桑种的一种树种(见图 2-29)。其叶多糖的提取工艺如下:叶粉过 60 目筛→热水浸渍提取[温度为 90 ℃、提取时间为 3 h、液料比为 25∶1(V/m)]→离心(5000 r/min,5 min)取上清液→浓缩提取液→体积分数为 80% 乙醇沉淀→离心(5000 r/min,5 min)取沉淀→无水乙醇、丙酮、乙醚洗涤→冷冻干燥→粗多糖。当多糖浓度为 0.25~2.00 mg/mL 时,对 α-葡萄糖苷酶的抑制作用与多糖浓度成正相关,其 IC_{50} 值为 0.96 mg/mL[44]。

图 2-29 药 桑

荷(*Nelumbo nucifera* Gaertn.)叶多糖的提取工艺如下:取干燥荷叶 500 g 切成碎片,用 95% 乙醇于 75 ℃ 回流提取 2 次,每次 2 h,脱去脂类成分和色素,过滤;残渣加入 10 倍体积的蒸馏水,100 ℃ 提取 3 次,用纱布过滤,取上清液置于旋转蒸发器中减压浓缩,按体积比为 1∶4(V/V)加入 95% 乙醇,于 4 ℃ 隔夜沉淀多糖,离心,得到沉淀;用 Savage 法除蛋白,冻干,得到粗多糖(LLCP)。LLCP 溶于蒸馏水中,通过 0.45 μm 微孔滤膜过滤,滤液过 DEAE

纤维素柱色谱(2.5 cm × 50 cm),蒸馏水洗脱得到中性部分(LLCP-W),再分别用 0.2 mol/L、0.4 mol/L 和 0.8 mol/L NaCl 溶液低速洗脱(2 mL/min)得到阴离子电荷部分(LLCP-A、LLCP-B、LLCP-C)。用苯酚-硫酸监测,LLCP-W 部分进一步过 Sepharose CL-6B Fast Flow 柱(2.5 cm × 100 cm),以 0.1 mol/L NaCl 溶液洗脱(流速 4 mL/min),得黄白色纯化多糖(LLP)。LLP 中的有机硒含量为 20.23 μg/g。当灌胃剂量为 50 mg/kg、100 mg/kg 时,LLP 可显著降低妊娠期糖尿病大鼠的体重、空腹血糖水平、空腹胰岛素水平以及 TC、TG、LDL 水平[45]。

对上述植物茎叶多糖降血糖作用的文献调研,如表 2-4 所示。

表 2-4 植物茎叶多糖的降血糖作用

序号	植物部位	活性及剂量	阳性对照	文献
1	青钱柳叶	50%醇沉多糖抑制 α-葡萄糖苷酶活性(IC$_{50}$ 为 2.54 μg/mL)	无	[25]
		纯比多糖 CP50 显著抑制 α-葡萄糖苷酶活性(IC$_{50}$ 为 3.3 μg/mL)	强于阿卡波糖	[43]
2	药桑叶	抑制 α-葡萄糖苷酶活性(IC$_{50}$ 为 0.96 mg/mL)	稍弱于阿卡波糖	[44]
3	荷叶	纯化多糖 LLP 可显著降低妊娠期糖尿病大鼠的体重、空腹血糖水平、空腹胰岛素水平以及 TC、TG、LDL 水平(灌胃剂量为 50 mg/kg、100 mg/kg)	无	[45]

2.5 多糖的提取分离与保肝作用

五味子[*Schisandra chinensis*(Turcz.)Baill.](见图 2-30)为木兰科植物,是长白山地道药材之一。其藤茎多糖的提取工艺如下:藤茎经 90%乙醇超声提取 2 次(超声条件:温度为 30 ℃,功率为 100 Hz,提取 30 min),过滤,待药渣挥发干乙醇,加入 30 倍体积的水超声提取 3 次,每次 30 min,超声频率为 100 Hz;离心,合并上清液,水浴浓缩至 100 mL,加入氯仿:正丁醇(比例为

图 2-30 五味子

4∶1)混合液,振摇 20 min,静置,弃去有机相,上清液离心 20 min(7000 r/min),上层水相重复上述操作 5 次,上清液浓缩后,加入适量无水乙醇,使最终乙醇溶液浓度大于 80%,于 4 ℃冰箱中静置 24 h,离心,弃去上清液,用无水乙醇反复清洗沉淀,低温烘干,得五味子藤茎粗多糖。当粗多糖浓度为 200 mg/kg、100 mg/kg、50 mg/kg 时,可在一定程度上降低四氯化碳和酒精诱导的肝损伤小鼠血清中升高的 ALT、AST 活性作用。粗多糖高剂量组(200 mg/kg)能显著增加四氯化碳和酒精诱导的肝损伤小鼠肝脏中 SOD 活性,降低 MDA 的含量。此外,多糖能减轻炎性细胞的浸润和肝细胞的紊乱程度,对受损的肝细胞具有修复和保护作用[46-47]。

对上述植物茎叶多糖保肝作用的文献调研,如见表 2-5 所示。

表 2-5 植物茎叶多糖的保肝作用

序号	植物部位	活性及剂量	阳性对照	文献
1	五味子藤茎	降低四氯化碳和酒精诱导的肝损伤小鼠血清中升高的 ALT、AST 活性,增加肝损伤小鼠肝脏中 SOD 活性,降低 MDA 含量(灌服剂量为200 mg/kg)	弱于联苯双酯	[46—47]

2.6 多糖的提取分离与抗菌、抗病毒作用

如前文献[23],当牛蒡叶多糖浓度为 0.625～10 mg/mL 时,随着牛蒡叶多糖浓度增加,其对大肠杆菌、金黄色葡萄球菌、枯草芽孢杆菌抑菌作用增强。

西洋参(*Panax quinquefolium* L.)为五加科人参属植物(见图 2-31),原产于美国北部、加拿大南部一带,17 世纪传入我国,古时太医常用其与党参合用治疗脾虚挟湿之患。其叶多糖的提取工艺如下:取叶粉末25 g,加入石油醚 125 mL,脱脂 30 min,重复 2 次,过滤,于阴凉处挥去石油醚。脱脂后的粉末于 100 ℃ 水浴回流 90 min,料液比为 1∶35,提取 2 次;过滤浓缩后加入乙醇至含醇量为 50%,静置 24 h,过滤后收集滤液,再加入乙醇至含醇量为 75%,静置 24 h,收集沉淀,得到粗多糖。多糖具有显著的抗呼吸道合胞病毒(RSV)活

图 2-31 西洋参

性,治疗指数(TI)为32.57[48]。

如前文献[33],以蒸馏水作为溶剂,采用微波辅助提取牛膝叶多糖。多糖对农杆菌及大肠杆菌的抑菌效果较好,抑菌圈直径分别为10 mm、11 mm。

对上述植物茎叶多糖抑菌作用的文献调研,如表2-6所示。

表2-6 植物茎叶多糖的抑菌作用

序号	植物部位	活性及剂量	阳性对照	文献
1	牛蒡叶	抑制大肠杆菌、金黄色葡萄球菌、枯草芽孢杆菌作用(浓度为0.63～10.00 mg/mL)	无	[23]
2	西洋参叶	抑制呼吸道合胞病毒(RSV)作用[治疗指数(TI)为32.57]	利巴韦林	[48]
3	牛膝叶	抑制农杆菌、大肠杆菌	无	[33]

参考文献

[1] Sun Y, Liang H, Zhang X, et al. Structural elucidation and immunological activity of a polysaccharide from the fruiting body of Armillaria mellea[J]. Bioresour Technology, 2009, 100(5):1860−1863.

[2] Wendehenne D, Pugin A, Klessig DF, et al. Nitric oxide: comparative synthesis and signaling in animal and plant cells[J]. Trends Plant Science, 2001, 6(4):177−183.

[3] 檀新珠,陈语嫣,陈赛红,等. 太子参茎叶多糖对免疫抑制小鼠免疫功能的影响[J]. 天然产物研究与开发,2017,29(12):2134−2140.

[4] 蔡旭滨,陈凌锋,檀新珠,等. 太子参茎叶多糖对断奶仔猪生长性能和血清抗氧化指标、免疫指标及生化指标的影响[J]. 动物营养学报,2016,28(12):3867−3874.

[5] 田明健. 不同剂量人参茎叶多糖对大鼠抗疲劳性的实验研究[D]. 大连:辽宁师范大学,2015.

[6] 曾敏,徐惠芳,余江琴. 地黄叶多糖的分离纯化、结构分析及免疫功能研究[J]. 现代中药研究与实践,2017,31(2):27−30.

[7] 潘欣欣,江曙,朱悦,等. 黄蜀葵茎叶多糖的乙酰化修饰及其免疫调节活性研究[J]. 南京中医药大学学报,2017,33(2):167−172.

[8] 刘洋,殷璐,龚桂萍,等. 黑果枸杞叶多糖LRLP3的结构、抗氧化活性及免疫活性[J]. 高等学校化学学报,2016,37(2):261−268.

[9] 汪名春,聂陈志鹏,朱培蕾,等. 莴苣茎水溶性多糖的单糖组成及免疫调节

活性研究[J].食品与机械,2016,32(5):148-151,219.

[10]谢霞,李芝,黄玮超,等.细柱五加茎多糖闪式提取工艺优化及其免疫活性研究[J].中草药,2013,44(20):2859-2863.

[11]常清泉,陆娟,谭莉,等.狗枣猕猴桃叶粗多糖闪式提取工艺及其体外抗氧化活性[J].北方园艺,2017(17):149-158.

[12]常清泉,杨宗毅,褚友情,等.狗枣猕猴桃叶多糖分离纯化及抗氧化活性研究[J].长春师范大学学报,2017,36(2):49-54.

[13]吴玲雪,施平伟,洪枫,等.海南产辣木叶粗多糖提取条件优化及其抗氧化活性研究[J].饲料工业,2017,38(2):59-61.

[14]赵薇,陈奕君,刘春林,等.红毛五加嫩叶多糖含量测定及其抗氧化活性研究[J].西南大学学报(自然科学版),2017,39(3):190-196.

[15]鈤晓艳,王玮琼,熊光权.花生茎叶多糖提取工艺优化及抗氧化性研究[J].粮食与油脂,2017,30(7):99-102.

[16]朱双杰,董丽丽,潘见,等.超高压提取蛹虫草鲜汁中虫草素工艺优化[J].食品与机械,2016,32(4):187-191,200.

[17]Corrales M,García AF,Butz P,et al. Extraction of anthocyanins from grape skins assisted by high hydrostatic pressure[J]. Journal of Food Engineering, 2009, 90(4):415-421.

[18]郭淼,宋江峰,王传凯.火龙果茎多糖的超高压提取及抗氧化活性研究[J].热带作物学报,2017,38(7):1371-1376.

[19]马若影,杨慧强,李国胜,等.亚临界水提取红心火龙果茎多糖及其抗氧化活性[J].食品工业科技,2017,38(10):286-290.

[20]蔡冬青,杨丽,陈艳丽,等.栝楼藤茎多糖的提取工艺及其抗氧化活性研究[J].食品科技,2016,41(8):174-179.

[21]葛亚龙,余凡,杨恒拓,等.毛苕子茎叶多糖的微波提取及其抗氧化活性研究[J].食品工业,2013,34(9):68-71.

[22]张强,王锐,张京芳.南瓜叶多糖提取工艺及抗氧化活性研究[J].西北林学院学报,2016,31(6):232-235.

[23]胡喜兰,许瑞波,陈宇.牛蒡叶多糖的提取及生物活性研究[J].食品科学,2013,34(2):78-82.

[24]黄素华,邱丰艳,戴婉妹,等.枇杷叶多糖纯化工艺及抗氧化活性研究[J].食品工业科技,2017,38(5):205-209.

[25]徐静珠,吴彩娥,应瑞峰,等.青钱柳叶多糖不同组分体外降血糖及抗氧化活性研究[J].南京林业大学学报(自然科学版),2017,41(4):6-12.

[26]王占一,孔德营,戴博,等.石榴叶多糖亚临界水提取工艺的优化及其体外抗氧化活性[J].中成药,2017,39(10):2039-2044.

[27]张严磊,施欢贤,雷莉妍,等.文冠果叶多糖超声辅助提取工艺及其药效学初步研究[J].中国现代中药,2016,18(12):1636-1640.

[28]何钢,刘嵬,李会萍,等.银杏叶多糖分离纯化、结构鉴定及抗氧化活性研究[J].食品工业科技,2015,36(22):81-86.

[29]吴巧攀,乔洪翔,何厚洪,等.银杏叶渣中多糖的提取及其抗氧化活性研究[J].中国现代应用药学,2014,31(1):9-13.

[30]谭莉,陈瑞战,常清泉,等.淫羊藿叶多糖工艺优化及抗氧化活性[J].食品科学,2017,38(2):255-263.

[31]张扬,刘欢,张艳,等.玉米苞叶多糖的体外抗氧化活性研究[J].河南工业大学学报(自然科学版),2016,37(6):85-89.

[32]陆秋娜,李兆叠,张航,等.正交设计优化龙利叶多糖的超声波提取及体外抗氧化研究[J].化学世界,2017,58(3):139-142.

[33]郭宁,郭婕.怀牛膝茎叶多糖提取及生物活性[J].周口师范学院学报,2017,34(2):120-122.

[34]郑少鸾,王本忠,朱立新,等.量子点-CK19抗体荧光探针对乳腺癌细胞免疫荧光标记及毒性研究[J].中华肿瘤防治杂志,2014,21(2):81-85.

[35]董义臣.乳腺癌前哨淋巴结不同检测方法效果研究[J].现代仪器与医疗,2014,20(3):8-10,35.

[36]陆宁,刘晓东,谢晓娟,等.ⅠA期乳腺癌临床病理特征、中医证型及预后相关因素分析[J].天津中医药大学学报,2016,35(4):225-229.

[37]吴先闯,杜钢军,郝海军,等.玉米须多糖对H22荷瘤小鼠的肿瘤抑制作用及其对小鼠免疫功能的影响[J].华西药学杂志,2015,30(1):26-29.

[38]王宽宇,陈静,赵可君,等.扶正消岩汤对EMT-6乳腺癌荷瘤裸鼠免疫功能的影响[J].中医药学报,2016,44(1):55-57.

[39]李雪,王宏伟,郑东然,等.杜香叶多糖的提取及抗氧化和抗肿瘤活性研究[J].林产化学与工业,2017,37(5):133-138.

[40]陈雪霏,王全玉.箬叶多糖对移植性乳腺癌荷瘤小鼠肿瘤的抑制作用及免疫调节机制研究[J].现代医学,2017,36(10):1485-1488.

[41]邱丹缨,罗彩林,温扬敏,等.响应面优化秋茄叶粗多糖提取及其抗肿瘤活性[J].泉州师范学院学报,2017,35(2):53-57.

[42]张红霞,杨丹丹,王凤,等.杜仲叶乙醇提取物的降糖作用机理[J].食品科学,2014,35(17):197-203.

[43]王小江,单鑫迪,胡明华,等.青钱柳叶多糖的结构表征及其抑制α-葡萄糖苷酶活性研究[J].中草药,2017,48(8):1524—1528.

[44]韩爱芝,王丽君,贾清华,等.药桑叶多糖提取工艺优化及其降血糖活性研究[J].中国酿造,2017,36(8):139—143.

[45]Zhaohui Zeng, Yun Xu, Bin Zhang. Antidiabetic activity of a lotus leaf Selenium (Se)-polysaccharide in rats with gestational diabetes mellitus[J]. Biological Trace Element Research, 2017, 176 (2):321—327.

[46]刘群.五味子藤茎木脂素和多糖的提取及对实验性肝损伤保护作用研究[D].长春:吉林农业大学,2013.

[47]丁传波,刘群,董岭,等.五味子藤茎中木脂素和多糖对小鼠急性肝损伤的保护作用[J].华西药学杂志,2014,29(6):648—650.

[48]冯坤苗,孟洪涛,张强,等.西洋参茎叶中多糖提取优化及其抗病毒活性研究[J].辽宁中医药大学学报,2017,19(4):52—55.

第 3 章
植物茎叶苯丙素的提取分离及活性研究

3.1 苯丙素的提取分离与杀虫作用

五味子为木兰科植物。其藤茎苯丙素的提取分离工艺如下：取干燥藤茎10 kg，粉碎，用90％乙醇回流提取3次，每次3 h，提取液经减压浓缩，得总浸膏（1765 g），将总浸膏加适量水溶解后，分别用石油醚、乙酸乙酯萃取3次，减压浓缩得石油醚部位浸膏（155 g）和乙酸乙酯部位浸膏（240 g）。石油醚萃取部分（110 g）用丙酮溶解后拌入适量硅胶，于通风橱中风干，以 1.0 kg 硅胶为吸附剂，石油醚湿法装柱（8 cm×1 m）、干法上样后过硅胶吸附色谱柱，用石油醚/乙酸乙酯溶剂系统进行梯度洗脱，过 Sephadex LH-20 柱色谱，用二氯甲烷/甲醇溶剂系统进行梯度洗脱，反复重结晶得五味子乙素（见图 3-1）。乙酸乙酯萃取部分（150 g）用二氯甲烷溶解后拌入适量硅胶，于通风橱中风干，以 1.5 kg 硅胶为吸附剂，二氯甲烷湿法装柱（8 cm×1 m）、干法上样后反复过硅胶吸附柱，用二氯甲烷/甲醇梯度洗脱；过 Sephadex LH-20 柱色谱，用氯仿/甲醇、甲醇、甲醇/水系统梯度洗脱；过聚酰胺柱色谱，用二氯甲烷/甲醇、甲醇、甲醇/水系统洗脱，反复重结晶得五味子醇甲（见图 3-2）。当五味子醇甲浓度为 2 g/L时，其对处理48 h桃蚜的杀虫效果达到82.10％，其对处理72 h桃蚜的LC_{50}值为295.62 mg/L。五味子乙素对处理72 h的小菜蛾的杀虫效果为100%，LC_{50}值为586.22 mg/L[1]。

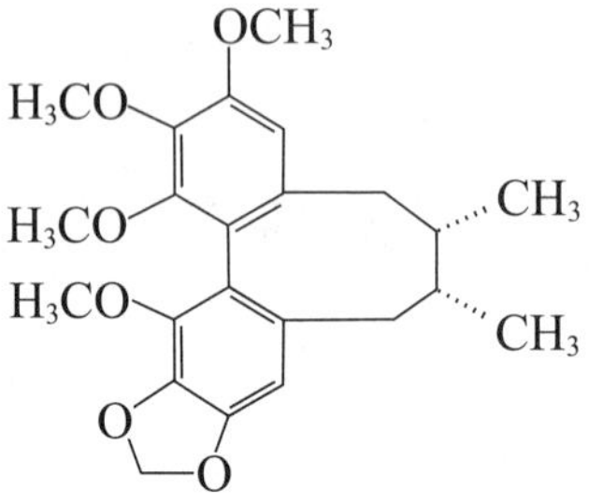

图 3-1　五味子乙素

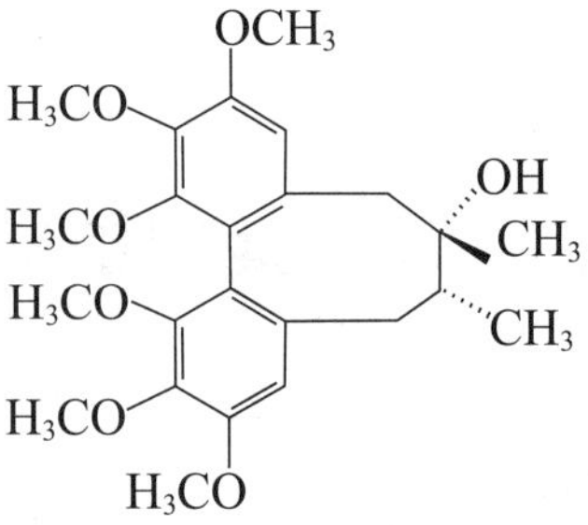

图 3-2　五味子醇甲

述植物茎叶苯丙素杀虫作用的文献调研，如见表3-1所示。

表 3-1　植物茎叶苯丙素的杀虫作用

序号	植物部位	活性及剂量	阳性对照	文献
1	五味子藤茎	五味子醇甲毒杀桃蚜(LC_{50}为295.62 mg/L)，五味子乙素毒杀小菜蛾(LC_{50}为586.22 mg/L)	分别弱于毒死蜱(211.16 mg/L)藜芦碱杀虫效果(LC_{50}为35.29 mg/L)	[1]

3.2　苯丙素的提取分离与抗癌作用

五味子茎藤苯丙素的提取分离工艺如下：取干燥茎藤1.5 kg，粉碎，加入95%乙醇，85 ℃水浴加热，回流提取4次，提取液浓缩，溶于水中，依次用石油醚、乙酸乙酯及正丁醇萃取。取石油醚萃取物30 g，反复过硅胶柱(石油醚-乙酸乙酯梯度洗脱)及多次重结晶得7个化合物，分别鉴定为五味子丙素(见图3-3)、十九醇、三十五醇、二十四醇、五味子乙素(见图3-1)、β-谷甾醇及五味子醇乙(见图3-4)。当五味子丙素、五味子乙素、五味子醇乙浓度为50 mg/L时，对H22小鼠肝癌细胞的抑制率分别为96.27%、97.11%、86.25%[2]。

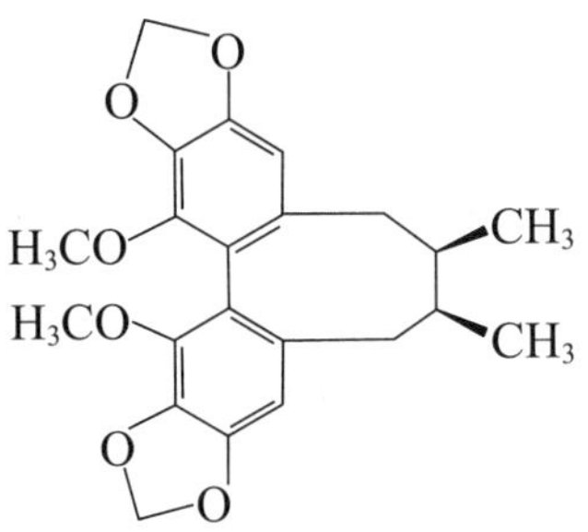

图 3-3　五味子丙素 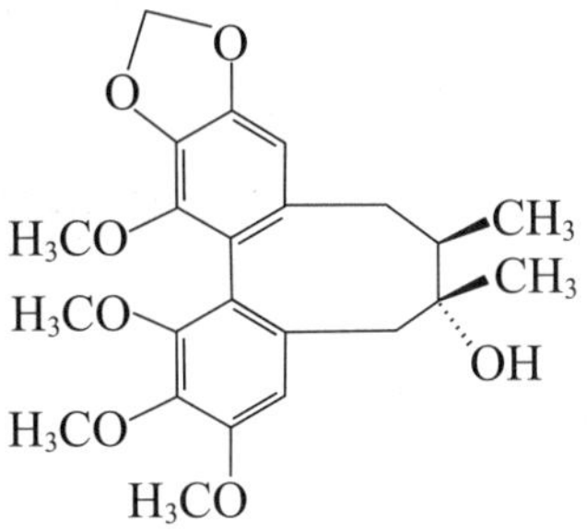　　　　　　图 3-4　五味子醇乙

荔枝(*Litchi chinensis* Sonn.)(见图 3-5)叶苯丙素的提取分离工艺如下：取叶粉末 8500 g,加入 95％乙醇,于 26～34 ℃提取 4 d,再用旋转蒸发仪(45 ℃)减压浓缩得提取物；取提取物 1500 g,溶于 1.2 L 水中,依次用石油醚、乙酸乙酯和正丁醇萃取,萃取液真空冷冻干燥得 3 个部位的萃取物。将 200 g 乙酸乙酯萃取物过硅胶柱,用三氯甲烷-甲醇洗脱得到 E1～E20 段样品,其中 E5(682 mg)段样品再

图 3-5　荔　枝

过硅胶柱,用三氯甲烷-甲醇洗脱得 E5-1～E5-6,其中,E5-3(214.1 mg)段样品过 Sephadex LH-20 柱,甲醇洗脱得 E5-3-1～E5-3-4；E5-3-2(80.3 mg)段样品用制备型液相色谱分离,甲醇-水洗脱得到 Ehletianol C(见图 3-6)、Sesquipinsapol B(见图 3-7)、Sesquimarocanol B(见图 3-8)和 Schizandriside(见图 3-9)。Sesquipinsapol B(EC_{50}＜2.0 μg/mL)和 Sesquimarocanol B(EC_{50}＜2.4 μg/mL)对鼻咽癌细胞 CNE1、CNE2 具有明显的细胞毒性。当 Ehletianol C、Sesquipinsapol B 和 Sesquimarocanol B 浓度达到 200 μg/mL 时,其对肝癌 HepG2 细胞和子宫颈癌 Hela 细胞具有较强的细胞毒性[3]。

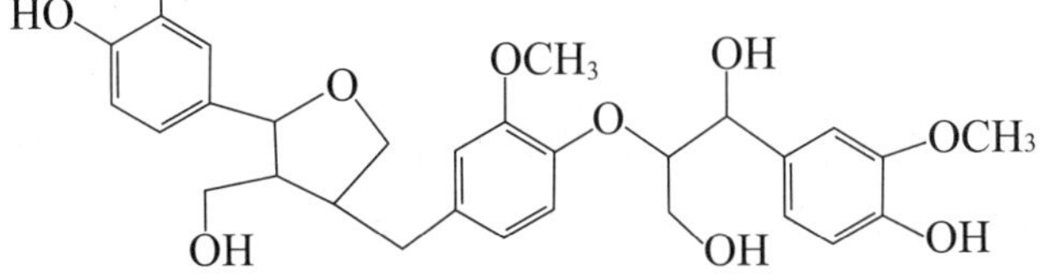

图 3-6　Ehletianol C

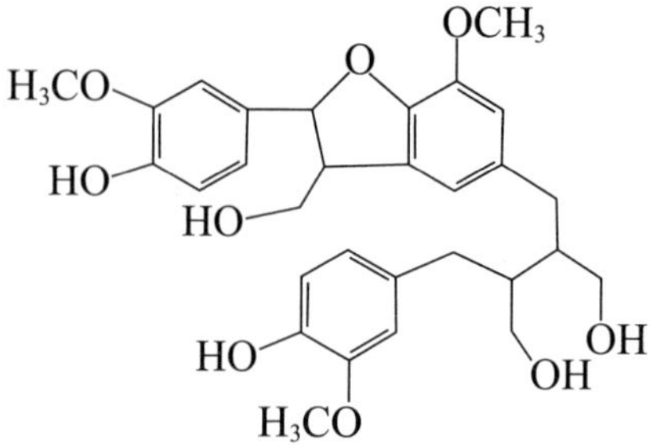

图 3-7 Sesquipinsapol B

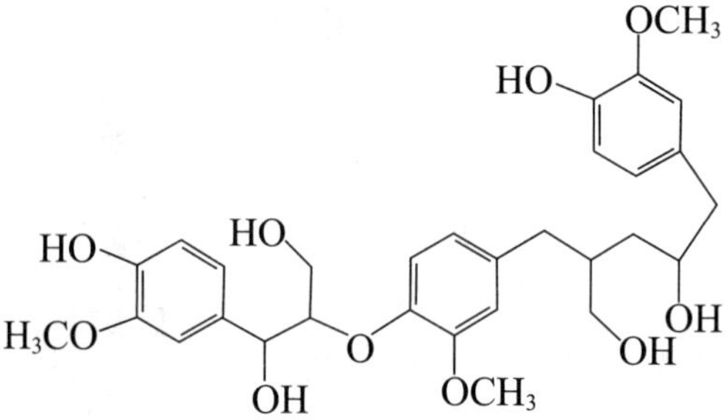

图 3-8 Sesquimarocanol B

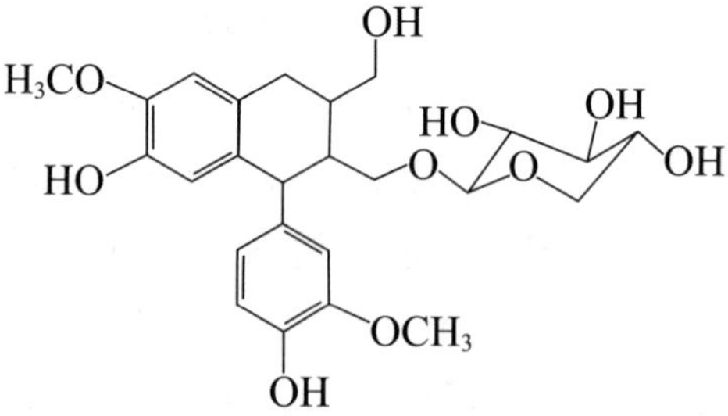

图 3-9 Schizandriside

香面叶[*Lindera caudata* (Nees) Hook. f.](见图 3-10),别名为毛叶三条筋、黄脉山胡椒、朴香果、芽三英(傣名),为樟科山胡椒属植物,是云南省西双版纳傣族自治州常用的植物药。其茎皮苯丙素的提取分离工艺如下:取茎皮干燥品 2.5 kg,粉碎,过 30 目筛,用 90% 乙醇超声提取 3 次(每次加入溶剂 5 L,提取 4 h),合并提取液并减压浓缩,浓缩液用乙酸乙酯萃取 2 次(每次用量为 2 L),回收溶剂得到 85.2 g 萃取物。萃取产物用微孔树脂(MCI)脱色,过硅胶柱,用氯仿-丙酮(1:0、9:1、8:2、7:3、6:4、1:1、4:6)洗脱分为 7 个部位。其中,三氯甲烷-丙酮(6:4)部分(11.2 g)过硅胶柱色谱,用石油醚-乙酸乙酯(5:1、2:1、1:1、1:2:1)梯度洗脱。石油醚-乙酸乙酯(1:2)洗脱部分(1.26 g),以 38%甲醇为流动相(体积流量 12 mL/min),用 Zorbax Prep HT GF 制备柱分离,收集 t_R=36.5 min 的组分,得到粗品;该粗品再次用甲醇溶解,经 Sephadex LH-20 凝胶柱色谱纯化(甲醇为流动相),得香面叶木脂素 A(见图3-11)。该化合物具有抑制急性早幼粒细胞白血病细胞(NB4)和人神经母细胞瘤细胞(SHSY5Y)的作用,IC_{50} 值分别为 4.2 μmol/L 和 5.0 μmol/L[4]。

图 3-10　香面叶

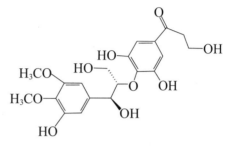

图 3-11　香面叶木脂素 A

枸杞(*Lycium barbarum* L.)(见图 3-12)茎苯丙素的提取分离工艺如下:将晾干的茎粉末(10.0 kg)用 85%乙醇回流提取 3 次,每次 3 h;真空挥发干溶剂,残渣(607 g)悬浮在水中,用乙酸乙酯萃取;乙酸乙酯层(224 g)过硅胶柱色谱,三氯甲烷-丙酮(1:0～0:1)洗脱

图 3-12　枸杞

得到 9 个组分(Ⅰ～Ⅸ),其中组分Ⅶ(62 g)过 MCI 柱,用甲醇-水(10:1～5:1)洗脱得到 7 个组分Ⅶ-1～Ⅶ-7。其中,组分Ⅶ-4 过聚酰胺柱,用甲醇-水(45:100～60:100)洗脱,得到 4-hydroxylgrossamide(图 3-13A)和 1 个混合物。混合物进一步用硅胶柱分离,三氯甲烷-甲醇洗脱(9:1～20:1)得 4-O-methylgrossamide(图 3-13B)。4-O-methylgrossamide 和 4-hydroxylgrossamide 对人脑胶质母细胞瘤细胞 GSC-3 和 GSC-12 呈现中等强度的抑制作用,对 GSC-3 的 IC_{50} 值分别为 28.51 μg/mL、6.40 μg/mL,对 GSC-12 的 IC_{50} 值分别为 19.67 μg/mL、5.85 μg/mL[5]。

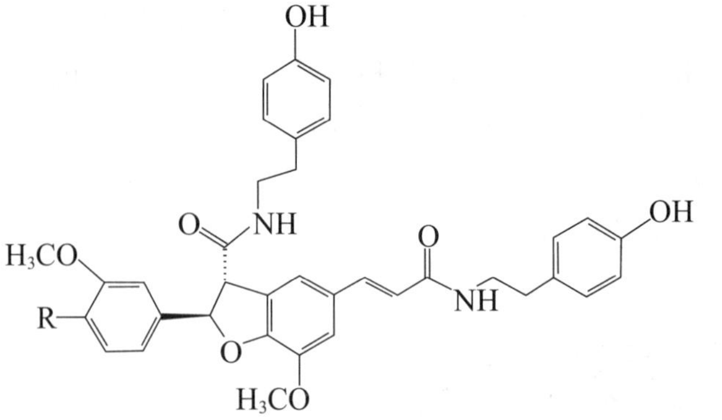

图 3-13 A:4-hydroxylgrossamide(R=OH) B:4-O-methylgrossamide(R=OCH$_3$)

对上述植物茎叶苯丙素抗癌作用的文献调研，如见表 3-2 所示。

表 3-2 植物茎叶苯丙素的抗癌作用

序号	植物部位	活性及剂量	阳性对照	文献
1	五味子茎藤	五味子丙素、五味子乙素、五味子醇乙对 H22 小鼠肝癌细胞的抑制率分别为96.27%、97.11%、86.25%（浓度为 50 mg/L）	无	[2]
2	荔枝叶	Sesquipinsapol B(EC_{50}< 2.0 μg/mL)和 Sesquimarocanol B(EC_{50}< 2.4 μg/mL)对鼻咽癌细胞 CNE1、CNE2 具有明显的细胞毒性。Ehletianol C、Sesquipinsapol B 和 Esquimarocanol B 对肝癌 HepG2 细胞和子宫颈癌 Hela 细胞具有较强的细胞毒性（浓度为 200 μg/mL）	无	[3]
3	香面叶	香面叶木脂素 A 具有抑制急性早幼粒细胞白血病细胞(NB4)(IC_{50}=4.2 μmol/L)和人神经母细胞瘤细胞(SHSY5Y)的作用(IC_{50}=5.0 μmol/L)	紫杉醇	[4]
4	枸杞茎	4-O-methylgrossamide 具有抑制两种人脑胶质母细胞瘤细胞 GSC-3 和 GSC-12 作用(IC_{50}分别为 28.51 μg/mL、19.67 μg/mL)	无	[5]

3.3 苯丙素的提取分离与抗艾滋病病毒作用

五味子茎叶苯丙素的提取分离工艺如下：取茎叶(10 kg)晾干、粉碎，室温下用 70% 丙酮提取，减压浓缩得到粗提取物(1.6 kg)；粗提取物用水和乙酸乙酯萃取，乙酸乙酯部分(438 g)过硅胶柱色谱，三氯甲烷-丙酮(1:0、9:1、8:2、7:3、6:4、1:1、0:1)梯度洗脱得到 7 个流分 A～G，每个流分过 MCI 柱后用90%甲醇-水洗脱脱色,流分 D(19 g)过反相 Rp-18 色谱柱后用甲醇-水梯度洗脱(3∶7,4∶6,5∶5,6∶4,7∶3,8∶2,1∶0),得到 7 个流分 D1~D7。其中,流分 D4(2.6 g)再过 Sephadex LH-20 色谱柱,用三氯甲烷-甲醇(1∶1)洗脱,得 3 个流分 D41~D43。流分 D43 (163 mg)用硅胶柱色谱分离,用三氯甲烷-丙酮梯度洗脱(15∶1,10∶1,5∶1,1∶1,0∶1)得 5 个流分 D431~D435。流分 D431 (46 mg)用半制备高效液相色谱纯化(3 mL/min,检测器 UV λ_{max} 210 nm,甲醇-水 = 50∶50)得 Nicotinoylgomisin Q(Ⅰ)(见图 3-14)和 17-Hydroxyangeloylgomisin Q(Ⅱ)(见图 3-15);流分 D432 (21 mg)用半制备高效液相色谱纯化(3 mL/min,检测器 UV λ_{max} 210 nm,乙腈-水=28∶72)得 $(7R,7'S,8R,8'S)$-3,3'-Dimethoxy-7,7'-epoxylignan-4,4',9-triol(Ⅲ)(见图 3-16A);流分 D433 (69 mg)过硅胶柱色谱,用三氯甲烷-异丙醇梯度洗脱(90∶1,80∶1,70∶1),得三个流分 D4331~D4333,其中流分 D4332 (58 mg)用半制备高效液相色谱纯化(3 mL/min,检测器 UVλ_{max} 210 nm,乙腈-水 = 22∶78),得 $7R,7'S,8S,8'R$-3,3'-Dimethoxy-7,7'-epoxylignan-4,4',9-triol(见图 3-16B)(Ⅳ)和 3,3'-Dimethoxy-8,9-epoxylignan-4,4',9'-triol(Ⅴ)(见图 3-17);流分 D434 (26 mg)用半制备高效液相色谱纯化(3 mL/min,检测器 UV λ_{max} 210 nm,乙腈-水=50∶50),得到化合物和 $(7''S,8''R)$-4'',5,5'-Trihydroxy-3,3',3'',4-tetramethoxy-4',8'-oxy-8,8'-sesquineolignan-7'-ol(见图 3-18)(Ⅵ)。化合物Ⅰ~Ⅵ在人 T 细胞白血病 C8166 细胞中对 HIV-1 抑制的 EC_{50} 值分别为 17.89 μg/mL、93.43 μg/mL、116.48 μg/mL、23.81 μg/mL、117.02 μg/mL、138.23 μg/mL,其中,化合物Ⅰ的理想治疗指数(TI)超过11.18[6]。

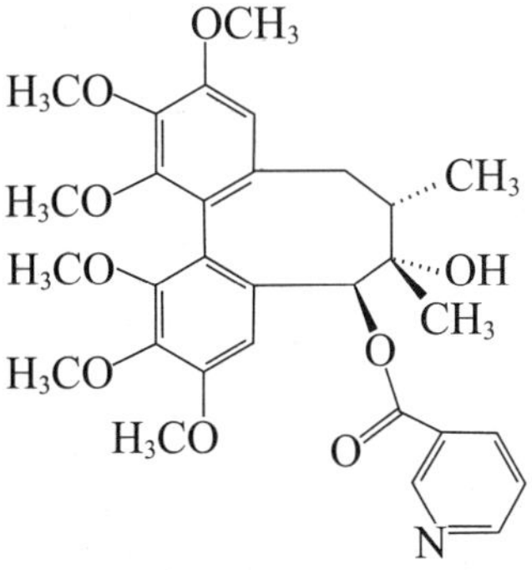

图 3-14　Nicotinoylgomisin Q

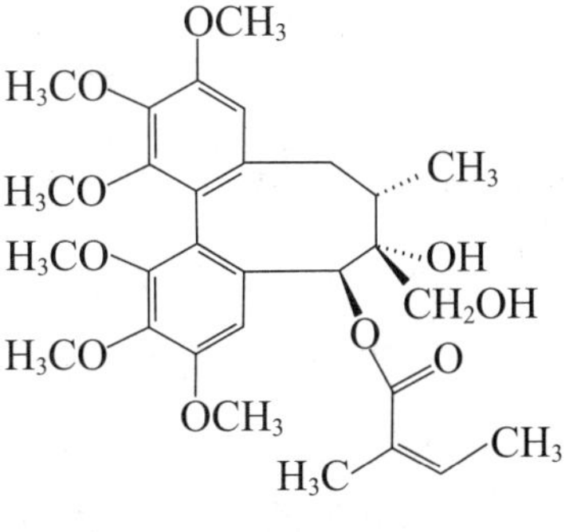

图 3-15　17-Hydroxyangeloylgomisin Q

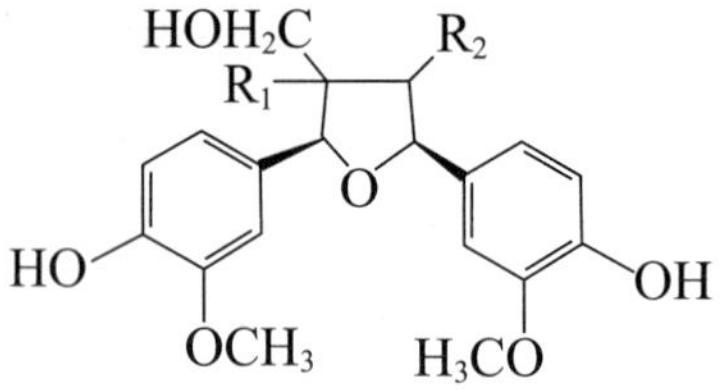

图 3-16　A: $R_1 = \alpha$-H, $R_2 = \alpha$-CH$_3$ [(7R,7′S,8R,8′S)-3,3′-Dimethoxy-7,7′-epoxylignan-4,4′,9-triol]
　　　　B: $R_1 = \beta$-H, $R_2 = \beta$-CH$_3$ [(7R,7′S,8S,8′R)-3,3′-Dimethoxy-7,7′-epoxylignan-4,4′,9-triol]

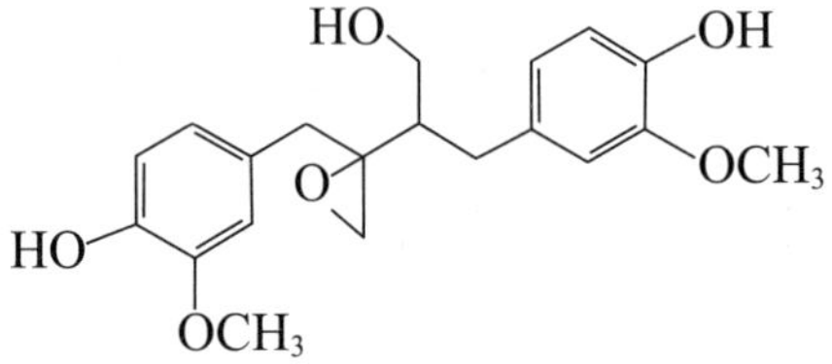

图 3-17　3,3′-Dimethoxy-8,9-epoxylignan-4,4′,9′-triol

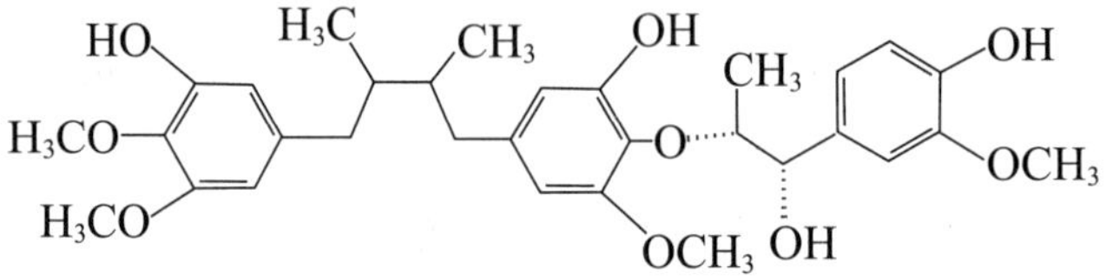

图 3-18　(7″S,8″R)-4″,5,5′-Trihydroxy-3,3′,3′,4-tetramethoxy-4′,8′-oxy-8,8′-sesquineolignan-7′-ol

对植物茎叶苯丙素抗艾滋病病毒作用的文献调研，如表 3-3 所示。

表 3-3　植物茎叶苯丙素的抗艾滋病病毒作用

序号	植物部位	活性及剂量	阳性对照	文献
1	五味子茎叶	Nicotinoylgomisin Q 具有抗 HIV-1 病毒活性作用（EC$_{50}$ 为 17.89 mg/L）	弱于齐多夫定	[6]

3.4　苯丙素的提取分离与抗抑郁作用

MAO-A 能够消耗脑内多种化学物质，如血清素（维持健康情绪的一种化学物质）等，从而导致抑郁症的发生。

55 个银杏（$Ginkgo\ biloba$ L.）叶化学成分经过计算机虚拟筛选，发现其成分（+）-Catechin（见图 3-19）、Sesamin（见图 3-20）和 Dibutyl phthalate（见图 3-21）与抗抑郁相关靶点 MAO-A 和组胺 H1 受体结合的活性较高（见图

3-22)。(+)-Catechin 与单胺氧化酶之间的相互作用包括氨基酸残基 THR205 形成分子间氢键,(+)-Catechin 的苯基与单胺氧化酶氨基酸残基 THR205、PHE112 形成 π-π 重叠、溶剂化效应(见图 3-22A)。图 3-22B 中 Sesamin 与 THR205 形成氢键,HIS488、PHE112 与 Sesamin 的苯基形成 π-π 重叠、分子间范德华力。图 3-22C 中 Dibutyl phthalate 与 PHE208 形成氢键、溶剂化效应及分子间范德华力。图 3-22D 中 Sesamin 与 ARG176 形成氢键和 π-π 重叠、溶剂化效应及分子间范德华力[7]。(+)-Catechin 对单胺氧化酶有抑制作用,且与 Gibb. C[8] 报道一致,如表 3-4 所示。

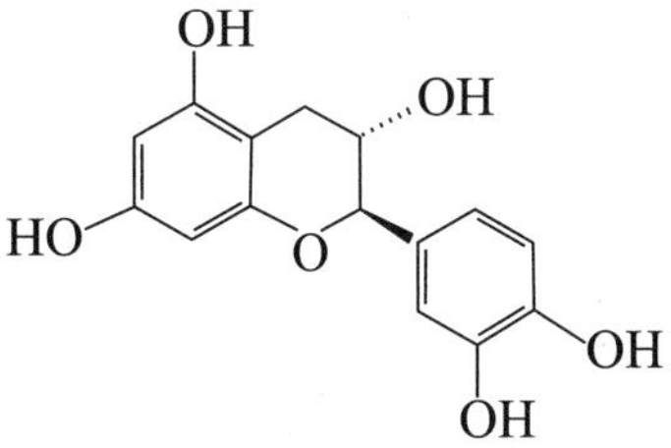

图 3-19 (+)-Catechin 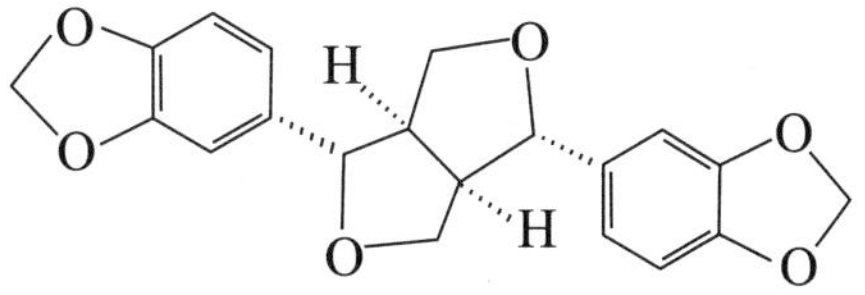　　　　图 3-20 Sesamin

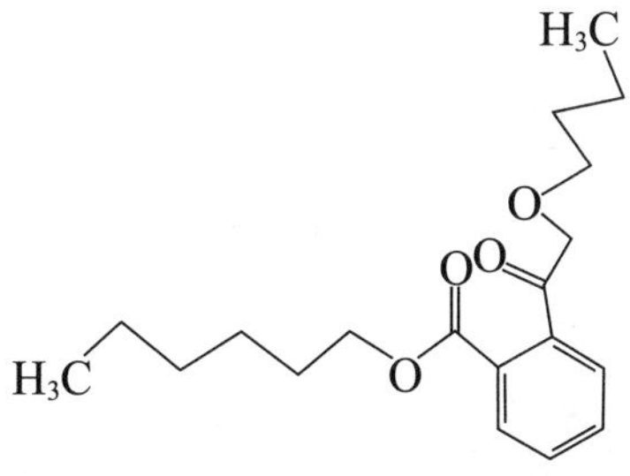

图 3-21 Dibutyl phthalate

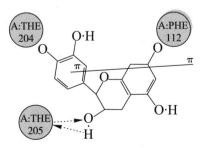

A:(+)-Catechin 与 MAO-A 相互作用

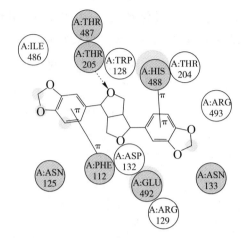

B: Sesamin 与 MAO-A 相互作用

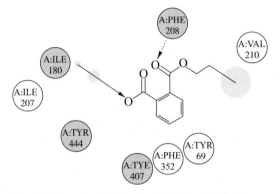

C: Dibutyl phthalate 与 MAO-A 相互作用

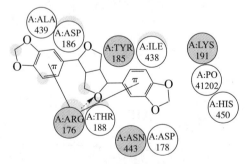

D: Sesamin 与组胺 H1 受体相互作用

图 3-22　小分子与抗抑郁靶点相互作用的 2D 平面图[7]

黑色圆圈表示参与氢键、静电或极性相互作用的氨基酸；带阴影表示氨基酸的溶剂可及表面以灰色的中空圆覆盖在该氨基酸上；圆的半径大小与溶剂可及表面的大小成正比；虚线表示与氨基酸侧链形成的氢键；箭头指向电子供体；实线表示 π-π 相互作用

表3-4 植物茎叶苯丙素成分的抗抑郁作用

序号	植物部位	活性及剂量	阳性对照	文献
1	银杏叶	计算机虚拟筛选出（＋）-Catechin、Sesamin和Dibutyl phthalate,它们与抗抑郁相关靶点MAO-A和组胺H1受体结合的活性较高	无	[7]

3.5 苯丙素的提取分离与抗氧化作用

葎草[Humulus scandens(Lour.)Merr.]（见图3-23）为桑科葎草属植物,别名为蛇割藤、割人藤、拉拉秧、拉拉藤、五爪龙、勒草和葛葎蔓等。其茎叶苯丙素的提取分离工艺如下:取干燥茎叶4.0 kg,粉碎,加入95%甲醇浸泡1 d,室温超声提取3次,每次超声0.5 h,提取液用旋转蒸发仪减压浓缩,将所得固体悬浮于1 L水中,依次用石油酸、乙酸乙酯、正丁醇萃取,每种溶剂均萃取3次,每次1 L,分别在每种萃取液中加入无水硫酸钠以除去萃取液中多余的水分,减压浓缩。乙酸乙酯萃取物过硅胶柱色谱,用石油醚-乙酸乙酯-甲醇梯度洗脱(90∶10∶0～0∶90∶10),得到10个组分(Fr.1～Fr.10)。Fr.5过ODS-A柱色谱,用水-甲醇梯度洗脱(10∶1～1∶2),得到Fr.5.1～Fr.5.8。Fr.5.4过ODS-A反相色谱柱,用水-甲醇洗脱（2∶1～1∶1～1∶2）,得到Fr.5.4.1～Fr.5.4.5,而Fr.5.4.4经半制备高效液相色谱纯化,用50%水-50%甲醇洗脱,得到N-p-香豆酰酪胺（图3-24）。N-p-香豆酰酪胺清除DPPH自由基的IC_{50}值为0.01 μg/mL,强于VC(IC_{50}值为2.78 μg/mL)[9]。

图3-24 N-p-香豆酰酪胺

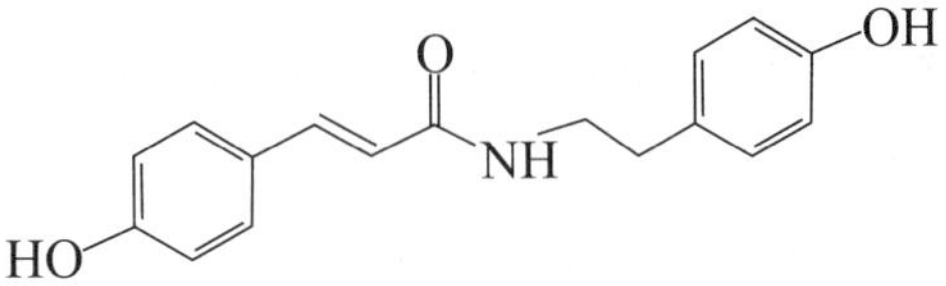

图3-23 葎 草

胡椒(Piper nigrum L.)叶苯丙素的提取分离工艺如下:把采摘叶片置于48～52 ℃烘箱内干燥约12 h,用万能粉碎机粉碎,过20目筛,共得2.67 kg胡椒叶粉末;胡椒叶粉末用工业乙醇浸泡3次,合并3次浸泡液,于50 ℃减压浓缩至无醇味,然后把浓缩物分散于水中,依次用石油醚、乙酸乙酯和正丁醇萃取 2 次,分别于 50 ℃减压浓缩得各部分浸膏。其中,乙酸乙酯部分(170 g)先用 200~300 目硅胶减压层析柱进行粗分,流动相为氯仿-甲醇(1∶0~0∶1),对流分进行 ORAC 活性测定,然后对高活性流分用 200~300 目硅胶加压层析柱进行进一步分离,流动相为石油醚-乙酸乙酯(10∶1~1∶1),洗脱物用硅胶 H 减压层析柱进行进一步纯化,得到扁柏脂

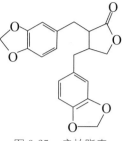

图 3-25 扁柏脂素

素(图 3-25)。扁柏脂素具有较强的抗氧化能力,ORAC 值为 16070 μmol TE/g[10]。

对上述植物茎叶苯丙素抗氧化作用的文献调研,如表 3-5 所示。

表 3-5 植物茎叶苯丙素的抗氧化作用

序号	植物部位	活性及剂量	阳性对照	文献
1	堇草茎叶	N-p-香豆酰酪胺与清除 DPPH 自由基(IC_{50} 为 0.01 μg/mL)	强于 VC	[9]
2	胡椒叶	扁柏脂素具有较强的抗氧化能力(ORAC 值为 16070 μmol TE/g)	无	[10]

3.6 苯丙素的提取分离与神经保护作用

小黄皮(*Clausena emarginata* Huang)是芸香科黄皮属小乔木。其茎苯丙素的提取分离工艺如下:取茎枝 18 kg,粉碎,用 95%乙醇回流提取 3 次,每次 2 h,将提取液减压浓缩得浸膏 570 g;浸膏过硅藻土色谱柱,用石油醚、氯仿、乙酸乙酯、丙酮、丙酮-乙醇(1∶1)、乙醇、乙醇-水(1∶1)洗脱;95%乙醇提取后的药渣再用 50%乙醇提取 3 次,每次 2 h,减压浓缩后得浸膏 560 g;所得浸膏加水混悬后用乙酸乙酯萃取 3 次,减压浓缩后得乙酸乙酯萃取物 25 g;剩余水液过 HPD-101 大孔树脂,依次用水、30%乙醇及 70%乙醇洗脱;将 95%乙醇提取物的石油醚(40 g)部位和丙酮洗脱部位(47 g),依次过硅胶柱色谱、中压液相制备色谱(Rp-C_{18})、高效液相制备色谱(Rp-C_{18})等得 Clauemarmarin Ⅰ(图 3-26)、7-Hydroxycoumarin(图 3-27A)、Skimmin(图 3-26B)。当给药浓度为 10 μmol/L 时,Clauemarmarin Ⅰ 对谷氨酸损伤 SK-N-SH 细胞具有保护作用,表现出较明显的神经保护作用,7-

Hydroxycoumarin、Skimmin 对鱼藤酮损伤 PC12 细胞具有保护作用[11]，如表 3-6 所示。

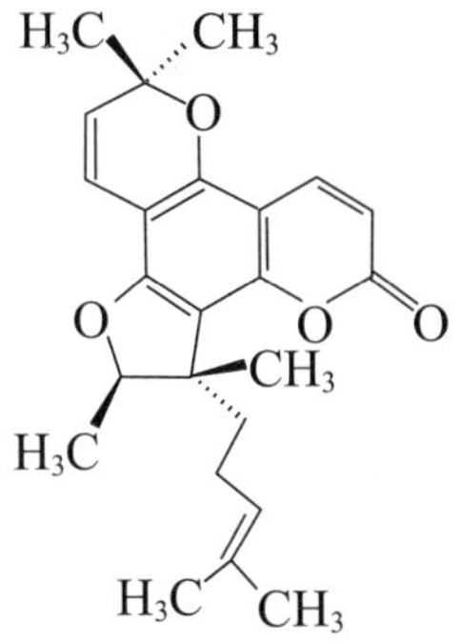

图 3-26 Clauemarmarin I

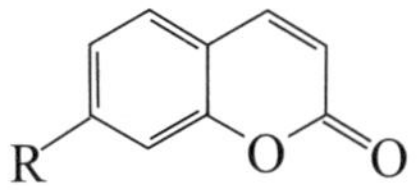

A: 7-Hydroxycoumarin(R=H)
B: Skimmin(R=OGlc)
C: 7-{[6-O-(6-deoxy-α-L-mannopyranosyl)-β-D-glucopyranosyl]oxy}-2H-1-benzopyran-2-one[R=Rha(1″-6′)Glc]

图 3-27 小黄皮茎枝提取分离化合物结构

表 3-6 植物茎叶苯丙素的神经保护作用

序号	植物部位	活性及剂量	阳性对照	文献
1	小黄皮茎枝	Clauemarmarin I 对谷氨酸损伤 SK-N-SH 细胞具有保护作用，7-Hydroxycoumarin、Skimmin 对鱼藤酮损伤 PC12 细胞具有保护作用(给药浓度为 10 μmol/L)	无	[11]

3.7 苯丙素的提取分离与保肝作用

如前文献[11]，当给药浓度为 10 μmol/L 时，小黄皮茎枝中分离的化合物 7-{[6-O-(6-deoxy-α-L-mannopyranosyl)-β-D-glucopyranosyl]oxy}-2H-1-benzopyran-2-one(图 3-27C)、Clauemarmarin J(见图 3-28)与扑热息痛合用，对后者引起的人肝癌 HepG2 细胞损伤有显著的保护作用，见表 3-7 所示。

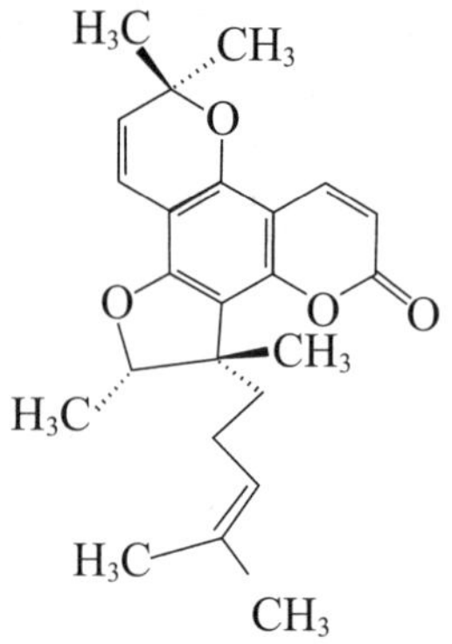

图 3-28　Clauemarmarin J

表 3-7　植物茎叶苯丙素的保肝作用

序号	植物部位	活性及剂量	阳性对照	文献
1	小黄皮茎枝	7-{[6-O-(6-deoxy-α-L-mannopyranosyl)-β-D-glucopyranosyl]oxy}-2H-1-benzopyran-2-one、Clauemarmarin J 对扑热息痛引起的人肝癌 HepG2 细胞损伤有显著的保护作用	双环醇	[11]

参考文献

[1]刘俊霞,窦凤鸣,王英平. 五味子藤茎中木脂素类化合物的杀虫活性成分研究[J]. 天然产物研究与开发,2017,29(7):1210－1217.

[2]刘娜,朴惠善. 北五味子茎藤的抗肝癌细胞活性成分[J]. 延边大学医学学报,2011,34(4):280－282.

[3]Lingrong Wen, Jirui He, Dan Wu, et al. Identification of sesquilignans in litchi (*Litchi chinensis* Sonn.) leaf and their anticancer activities[J]. Journal of Functional Foods, 2014, 8(1):26－34.

[4]娄洁,李丽梅,刘贵有,等. 傣药香面叶茎皮中 1 个新 8-O-4′-木脂素及其细胞毒活性[J]. 中草药,2015,46(7):955－957.

[5]Pei-feng Zhu, Zhi Dai, Bei Wang, et al. The anticancer activities phenolic amides from the stem of *Lycium barbarum*[J]. Natural Products and Biorospecting, 2017,7(6):421－431.

[6]Yiming Shi, Weimao Zhong, Huan Chen, et al. New lignans from the leaves

and stems of *Schisandra chinensis* and their anti-HIV-1 activities[J]. Chinese Journal of Chemistry, 2015, 32(8):734－740.

[7]贾朝,程敏,王学军,等.银杏叶中抗抑郁活性成分的虚拟筛选[J].广州化工,2017,45(16):8－10.

[8]Gibb C,Glover V,Sandler M. In vitro inhibition of phenolsulphotransferase by food and drink constituents[J]. Biochemical Pharmacology, 1987, 36 (14):2325－2330.

[9]徐博.植物荜草茎叶化学成分及活性研究[D].延吉:延边大学,2014.

[10]张水平,谷风林,贺书珍,等.胡椒叶抗氧化能力分析及其活性成分分离鉴定[J].现代食品科技,2015,31(2):63－69,99.

[11]欧阳国庆.小黄皮茎枝的化学成分及其生物活性研究[D].北京:北京协和医学院,2016.

第 4 章
植物茎叶黄酮的提取分离及活性研究

4.1 黄酮的提取分离与抗氧化作用

蝙蝠葛(*Menispermum dauricum* DC.)(见图 4-1)为防己科蝙蝠属植物。其叶黄酮的提取工艺如下:取茎叶 5 g,加入 60%乙醇 100 mL,250 W 超声提取 80 min,过滤,滤液离心,收集上清液,将上清液减压蒸馏得粗黄酮浸膏。总黄酮清除 DPPH 自由基的 IC_{50} 值为 5.99 μg/mL,与 VC 相当,具有较好的抗氧化活性[1]。

图 4-1 蝙蝠葛

滁菊(*Chrysan-themum morifolium Ramat*. Chuju)(见图 4-2)叶黄酮的提取分离工艺如下:取叶干燥粉末 16 kg,用 20 倍 80%乙醇回流提取 3 次,每次 2 h,抽滤,合并滤液,减压浓缩后依次用石油醚、氯仿、乙酸乙酯、水饱和正丁醇各萃取 3 次,减压回

图 4-2 滁菊

收溶剂,得石油醚部位(230 g)、氯仿部位(279 g)、乙酸乙酯部位(810 g)和正丁醇部位(518 g)。将乙酸乙酯部位过柱,用氯仿-甲醇梯度洗脱,得 6 个部分:Fr. 1～Fr. 6。Fr. 2 过 Sephadex LH-20 凝胶柱反复纯化,用氯仿-甲醇梯度洗脱,得槲皮素(60 mg)。该化合物具有清除 DPPH 自由基的作用,IC_{50} 值为 9.37 $\mu mol/L$[2]。

沙棘(*Hippophae rhamnoides* L.)(见图 4-3)是胡颓子科沙棘属植物,为落叶灌木或亚乔木树种,又名黑刺、醋柳和酸刺等,果实为小浆果,是中国古代藏医、蒙医治病的常用药。蔗糖脂肪酸酯简称为蔗糖酯(sucrose esters),是一种新型的多元醇型非离子型表面活性剂,具有良好的乳化、分散、润滑、渗透、起泡、黏度调节、防老化和抗菌等性能。利用表面

图 4-3 沙 棘

活性剂蔗糖酯在其表面、界面的吸附作用或在溶液中形成的分子聚合体而改变黄酮类物质在水溶液中的溶解性,可提高沙棘叶黄酮的提取率。表面活性剂辅助法提取工艺如下:取 150 mL 5%乙醇,按照 1∶70 的料液比加入沙棘叶粉末,再按料液比 1∶50 加入蔗糖酯 5 g,于 70 ℃提取 1.5 h,离心(4800 r/min),离心,取上清液得总黄酮。沙棘叶黄酮粗提液对 DPPH 自由基的 IC_{50} 值为 1.16%,对超氧阳离子自由基、羟自由基也有较明显的清除作用[3]。

辣木(*Moringa oleifera* Lam.)叶总黄酮的提取方法一:取叶粉,加入 3 倍量的石油醚,70 ℃脱脂 6 h,共 2 次,所得滤渣干燥后,按料液比 1∶30 加入 70%乙醇,70 ℃浸提 2 次,每次 1 h,合并提取液,得到总黄酮。当总黄酮浓度为 0.02 mg/mL 时,其对 DPPH 自由基的清除率可达 15.6%[4]。提取方法二:辣木干叶→粉碎(过 60 目筛)→按照料液比 1∶27(m/V)加入 70%乙醇→50 ℃超声(300 W)提取 46 min→抽滤、离心(5000 r/min,15 min)→旋蒸浓缩→真空冷冻干燥→黄酮粗提物。取 10 g 黄酮粗提物,用 70%乙醇溶解,湿法装柱,柱平衡后,先用 8 倍柱体积的蒸馏水洗去水溶性杂质,然后用 10 倍柱体积的 70%乙醇洗脱,流速为 2 mL/min,每 250 mL 收集 1 瓶,合并洗脱液,减压旋缩,冷冻干燥,得纯化黄酮。黄酮在纯化前后均表现出较强的清除 DPPH 自由基和 ABTS 自由基能力,其 EC_{50} 值分别为 0.45 mg/mL、

0.10 mg/mL(纯化前)和 0.26 mg/mL、0.05 mg/mL(纯化后)[5]。

沉香木为瑞香科植物沉香(*Aquilaria agallocha* Roxb.)(见图4-4)或白木香[*Aquilaria sinensis*(Lour.)Gilg]等树木的干燥木质的结油部分,是一种中药,前者主要产于印度和马来西亚等国,称为进口沉香;后者主要产于我国海南、广东、广西等省区,称为国产沉香,也称海南沉香。其叶总黄酮的提取工艺如下:将叶洗净,50 ℃烘干,粉碎,过 60 目筛,备用;取叶粉末 10 g,按液料比 20∶1 (V/m)加入 60%乙醇,置于 60 ℃的恒温

图 4-4 沉香

摇床(180 r/min)中浸提 3 h,取上清液,得总黄酮。总黄酮有较强的抗氧化能力,其清除 DPPH 自由基、ABTS 自由基的 EC_{50} 值分别为(1.14±0.08)mg/mL 和 (0.23±0.01)mg/mL[6]。

迷迭香(*Rosmarinus officinalis* L.)为唇形科迷迭香属植物。其叶粗黄酮的提取工艺如下:取叶粉末,按料液比 1∶20(g/mL)加入 70%乙醇,80 ℃回流提取 2 h,提取 3 次,合并滤液,减压浓缩至无醇味,用少量去离子水溶解,即得粗黄酮。将粗黄酮过 AB-8 大孔树脂柱,上样液浓度为 2.25 mg/mL,上样流速为 3 BV/h(BV 的全称为 Bed Volume),pH 为 3.15,上样体积为 1.5 BV。用 4 BV 80%乙醇洗脱(流速为 2 BV/h),得精制黄酮。当精制黄酮浓度为 325 μg/mL 时,其对 DPPH 自由基的清除率为 88.7%;当精制黄酮浓度为 175 μg/mL 时,其对 ABTS 自由基的清除率达 82.4%。精制黄酮的抗氧化能力略低于 VC,但强于芦丁[7]。

豆腐柴(*Premna microphylla* Turcz)(见图 4-5)是马鞭草科豆腐柴属植物,主要分布于我国浙江、安徽、四川、贵州等地的山林地区。其叶含有丰富的果胶、黄酮和蛋白质等营养成分,因此,常用于制作口感松软、入口滑腻的"观音豆腐"。其叶总黄酮的提取工艺如下:叶经干燥粉碎,过 60 目筛预处理后,按料液比 1∶37(m/V)分别加入 55%、65%、75%、85%、95%乙醇,81 ℃回流提取 3.4 h,提取液于 45 ℃减压浓缩至无醇味后,再用石油醚萃取除去色素类部分,水相再加入 3 倍体积乙醇,低温静置过夜,离心(4500 r/min,15 min),上清液减压浓缩,挥去乙醇,依次用氯仿、乙酸乙酯及正丁醇分级萃

取,挥去溶剂,真空冷冻干燥,即得水层、氯仿层、乙酸乙酯层、正丁醇层。测定总黄酮对DPPH自由基、羟自由基、ABTS自由基的清除率和FRAP值,以抗氧化活性综合指数法【APC=∑[各样品各抗氧化指标能力分值/(每种方法测定的最大值×使用的方法总数)]×100】评价总抗氧化活性。结果表明,不同浓度乙醇的提取物中75%乙醇提取总黄酮

图 4-5 豆腐柴

的抗氧化活性最强(APC=74.69),弱于VC(APC=95.18),各萃取层中乙酸乙酯层的抗氧化活性最佳(APC=82.98),弱于VC(APC=91.33)[8]。

豆腐柴叶总黄酮的另一种提取工艺如下:取过筛的叶粉末5 g,置于圆底烧瓶中,按料液比1:30(m/V)加入75%乙醇,回流提取1 h,收集滤液;重复提取1次,合并2次滤液;将收集的滤液用石油醚萃取至滤液呈亮黄色,得总黄酮粗提液;取处理过的AB-8大孔树脂2 g,采用湿法装柱,上样液流速为1 mL/min,加入总黄酮粗提液25 mL进行动态吸附。待树脂吸附饱和后,控制流速为0.5 mL/min,用90%乙醇20 mL进行解吸附,得总黄酮纯化液。当总黄酮粗提液和纯化液浓度为0.3~1.1 mg/mL时,其对不同自由基的清除能力依次为:DPPH自由基>ABTS自由基>超氧阴离子自由基>羟自由基[9]。

杜仲(*Eucommia ulmoides* Oliv.)(见图4-6)是杜仲科杜仲属植物,又名丝连皮、胶木和思仙等,是我国特有的贵重中药材,也是我国二级珍稀濒危保护品种。其叶总黄酮的提取工艺如下:取叶粉末(过24目筛)1 g,精密称定,置于50 mL具塞锥形瓶中,加入80%乙醇20 mL,超声提取30 min,滤过;滤渣再加80%乙醇20 mL,超声提取20 min,滤过;合并2次

图 4-6 杜 仲

滤液,得总黄酮。总黄酮具有清除ABTS自由基、DPPH自由基的能力和Cu^{2+}还原能力,其IC_{50}分别为0.54 mg/mL、0.38 mg/mL、1.04 mg/mL[10]。

赶黄草（*Penthorum chinense* Purse）（见图4-7）又名水泽兰、水杨柳和扯根菜等，为虎耳草科扯根菜属多年生草本植物，是苗族传统药物。其茎叶黄酮的提取工艺如下：取70 g茎叶，按料液比1∶20（m/V）加入70％乙醇，于80 ℃水浴浸提3次，每次2 h，得到粗提物，蒸发浓缩，回收溶剂至不含醇味，经乙酸乙酯萃取得乙酸乙酯相，浓缩，干燥。乙酸乙酯相（主要为总黄酮）清除DPPH自由基、羟自由基、超氧阴离子自由基和亚铁离子螯合的

图4-7 赶黄草

IC_{50}值分别为0.076 mg/mL、0.209 mg/mL、0.038 mg/mL、0.593 mg/mL[11]。

氧自由基吸收能力（ORAC）法是一种目前最常用的基于氢原子转移（HAT）机制的评价样品抗氧化能力的方法，该方法结合了时间和抑制程度对评价系统的影响，是一种与人和动物真实体系最相关的抗氧化能力评价方法，较高的ORAC值代表较强的抗氧化能力。酪氨酸酶被认为是哺乳动物黑色素生物合成中的一种关键酶，它对哺乳动物毛发的颜色形成和阻止皮肤被紫外线伤害起着重要的作用。已有研究表明，具有抑制酪氨酸酶活性的化学物质能够用作化妆品中的皮肤美白剂，也可用于监测由某些皮肤疾病引起的皮肤颜色改变。包括光果甘草素、异甘草素、异甘草素葡萄糖芹苷、异甘草苷和甘草查尔酮A在内的甘草根中的成分均为酪氨酸酶抑制剂，且其中一些成分已用于部分高档化妆品中。

光果甘草（*Glycyrrhiza glabra* L.）（见图4-8）叶总黄酮的提取分离工艺如下：将叶粉碎，过80目筛，取10 g置于500 mL锥形瓶中，按料液比1∶20（m/V）加入80％乙醇，60 ℃超声提取90 min，超声功率为800 W，然后2000 g离心10 min，抽滤，重复提取2次，合并3次提取上清液，55 ℃减压浓缩，冷冻干燥后

图4-8 光果甘草

得总黄酮粉末,置于−20 ℃环境储存。另取光果甘草地上部分,干燥后粉碎并过40目筛,加入10倍重量的80%乙醇,回流提取2 h,过滤,重复提取3次,合并上清液并减压浓缩,冻干得粉末。将粉末溶于水中,使其浓度为10 mg/mL,过聚酰胺柱,用0~90%乙醇梯度洗脱,将洗脱液浓缩至无乙醇,冷冻干燥,得组分A~F。将组分C溶于乙醇中,使其浓度为30~50 mg/mL,再加入2~5倍体积的蒸馏水,振荡使其均匀混合后,置于4 ℃冷柜中静置24 h,离心去除上清液后烘干,得沉淀C′。将沉淀C′复溶于乙醇中,使其浓度为30~50 mg/mL,在通风橱内加速挥发,静置1 d得黄色簇状结晶,用乙醇反复洗涤并重结晶后得到乔松素(见图4-9)。

叶总黄酮的ORAC值为3339.26 μmol TE/g,清除DPPH自由基的IC_{50}为78.78 μg/mL,对亚硝酸盐的清除率为63.24%。乔松素的ORAC值为13904.28 μmol TE/g,对亚硝酸盐的清除率为

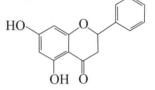

图4-9　乔松素分子式

67.51%。细胞抗氧化实验结果表明,低浓度(3.125 μmol/L)乔松素对H_2O_2诱导的大鼠肾上腺嗜铬瘤细胞(PC12细胞)氧化损伤表现出显著的保护作用,且高浓度的乔松素(≥100 μmol/L)能促进PC12细胞生长。乔松素和甘草叶黄酮(XAD-16大孔树脂吸附后50%洗脱组分)均能有效地抑制猪肉糜或猪肉饼在冷藏(15 d)或冻藏(60 d)过程中发生的油脂氧化,其中甘草叶黄酮的抑制效果强于乔松素,0.05%(w/w)的添加量即表现出与特丁基对苯二酚(TBHQ)(0.02%,w/w)相当的抑制作用,且不受温度影响,0.05%(w/w)的添加量即能将猪油货架期(20 ℃条件下储存)延长15 d[12]。乔松素和甘草叶黄酮对肌原纤维蛋白氧化具有一定的抑制作用。

ABTS是一种水溶性的自由基引发剂,经活性氧氧化后生成蓝绿色的阳离子自由基(ABTS自由基)。当待测物质含有抗氧化物时,该待测物质能够提供供氢体,使ABTS自由基的吸光度下降,吸光度的下降程度与抗氧化物的抗氧化活性有关,因此,可以判断该物质的抗氧化活性强弱。DPPH自由基是一种稳定的含氮自由基,当待测物质含有抗氧化物时,抗氧化物提供一个电子与其配对结合,使DPPH自由基的紫色消失,因此,可以根据褪色程度来评价抗氧化物的抗氧化性。亚硝酸盐与胺类化合物在酸性环境或细菌作用下容易形成亚硝胺,该类物质具有强烈的致癌性,因此,清除体内亚硝酸盐和阻断亚硝胺的合成是预防癌症的有效途径。羟自由基是最活泼的氧自

由基,可与活细胞中的任何分子发生反应,从而对机体造成损伤。超氧阴离子自由基是基态氧接受一个电子后形成的第一个自由基,可经过一系列反应生成其他自由基。

国槐(*Sophora japonica* L.)为蝶形花科乔木植物,别名槐树、中国槐。其叶黄酮的提取工艺如下:取干燥叶粉末,按料液比 1:40(m/V)加入 30%乙醇和 20%硫酸铵双水相体系,41 ℃超声提取 21 min,用分液漏斗分离,得叶黄酮提取液。当浓度为 50 μg/mL 时,叶黄酮提取液、VC 和芦丁对 ABTS 自由基的清除率分别为 47.70%、99.11%、99.16%;当三者浓度为 20 μg/mL 时,对 DPPH 自由基的清除率分别为 85.30%、87.65%、31.20%;当三者浓度为 250 μg/mL 时,对羟自由基的清除率分别为 97.21%、39.58%、66.22%,对超氧阴离子自由基的清除率分别为 49.78%、38.19%、26.97%,对亚硝酸盐的清除率分别为 76.40%、32.32%、15.20%[13]。

白桦(*Betula platyphylla* Suk.)(见图 4-10)是桦木科桦属乔木植物。其叶采用超声波法提取、NKA-9 大孔吸附树脂纯化,得总黄酮。当总黄酮浓度为 0.20 mg/mL 时,其对 DPPH 自由基的最大清除率达 86.89%;当总黄酮浓度为 0.18 mg/mL 时,其对 ABTS 自由基的清除率达 96.26%,与阳性对照品

图 4-10 白 桦

BHT 的清除率十分接近;当总黄酮浓度为 1.9 mg/mL 时,其对羟自由基的清除率为 71.18%,高于 BHT(清除率为 50.50%);当总黄酮浓度为 10 μg/mL 时,能够显著增加人脐静脉内皮细胞的总抗氧化能力,在一定程度上预防细胞氧化损伤[14]。

黄桷树[*Ficus virens* Ait. var. *sublanceolata* (Miq.) Corner](见图 4-11)又名黄葛树、马尾榕,为桑科榕属高大落叶乔木,原产于我国华南和西南地区,尤以重庆、四川和湖北等地居多。其叶总黄酮的提取工艺如下:叶洗净、晾干、剪碎后,置于真空冷冻干燥机中,—20℃以下干燥 3 h,再打成粉末并置于广口瓶中,干燥保存备用;取叶粉末 25 g,加入 60%乙醇 500 mL,置于磁力加热搅拌器上(设定温度为 60 ℃)提取 3 h;提取液先用 3 层纱布粗过滤,再用三氯甲烷与粗滤液以 1:3 的比例萃取 2 次,去掉下层绿色液体,得上

层黄色液体；然后再调节萃取液的 pH 为 5.0，加硅藻土搅拌并沉降后，离心 1 h (3500 r/min)，取上清液为提取液；将提取液置于真空冷冻干燥机中，先于常温下抽真空挥去乙醇和三氯甲烷，再于 -50 ℃、20 Pa 以下抽真空除去水分（约 10 h），得总黄酮。当总黄酮浓度为 32 mg/L 时，其对 100 μg/L 鱼藤酮导致的 A549 肺癌细胞活力损伤具有保护作

图 4-11　黄桷树

用；可明显减少细胞收缩、变圆，并使细胞的数量增多；对鱼藤酮诱导的 A549 细胞内活性氧（ROS）的产生有抑制作用，可降低细胞内 ROS 浓度。此外，黄桷树叶总黄酮抑制鱼藤酮诱导的 A549 细胞凋亡，可能与抗细胞氧化损伤的药理作用有关[15]。

黄芩（*Scutellaria baicalensis* Georgi）（见图 4-12）别名为山茶根、土金茶根，是唇形科黄芩属多年生草本植物。当黄芩茎叶总黄酮浓度为 100 mg/L、200 mg/L、400 mg/L 时，各浓度组的黄芩茎叶总黄酮均可显著增加甘油三酯（HTG）氧化损伤的人脐静脉内皮细胞（HUVEC）的 SOD 活性，显著降低 MDA 含量，降低 HUVEC 内 ROS 水平，下调 NADPH 氧化酶 4（NOX4）表达[16]。

图 4-12　黄芩

当黄芩茎叶总黄酮浓度为 25 mg/L、50 mg/L、100 mg/L、200 mg/L、400 mg/L 时，黄芩茎叶总黄酮直接作用于正常 HUVEC 24 h、48 h、72 h 后，OD 值均显著增加，说明总黄酮在剂量范围内对 HUVEC 无毒副作用，有明显的促进增殖作用。在上述浓度下，总黄酮可使氧化低密度脂蛋白（ox-LDL）诱导的 HUVEC 损伤细胞存活率显著提高，MDA 含量显著降低，SOD 活性提高，ROS 生成显著减少，显著降低 ox-LDL 氧化损伤的 HUVEC 的 NOX4 mRNA 和蛋白的表达[17]。当黄芩茎叶总黄酮浓度为 100 mg/L、200 mg/L、400 mg/L 时，可降低高糖致氧化的 HUVEC 损伤，升高 SOD 活

性,降低 MDA 含量,减少 ROS 生成,下调高糖氧化损伤的 HUVEC 的 NOX4 mRNA 的表达[18]。

黄芩茎叶总黄酮浓度为 100 mg/kg、50 mg/kg 剂量组大鼠寻找平台潜伏期较模型组明显缩短,所游路程比值明显高于模型组;模型组大鼠于海马注射入 β 淀粉样蛋白($A\beta_{25-35}$)后海马 CA1 区神经元损伤明显,总黄酮浓度为 100 mg/kg、50 mg/kg 剂量组的大鼠的海马神经元损伤较模型组明显减轻;总黄酮浓度为 100 mg/kg 剂量组的大鼠海马组织中 SOD、GSH-Px 活性较模型组明显增加,MDA 含量明显减少。黄芩茎叶总黄酮能减轻大鼠海马注射 $A\beta_{25-35}$ 引起的海马神经元损伤,改善学习记忆能力,其机制可能与提高组织中抗氧化酶活性有关。黄酮类化合物为酚类抗氧化剂,化合物向过氧自由基(ROO·)提供一个电子(氢),使之成为较稳定的过氧化脂质(ROOH),而自身成为酚氧自由基或同系物,过氧自由基的减少可减轻对生物膜的损伤,保护抗氧化酶活性[19]。

金银花(*Lonicera japonica* Thunb.)(见图 4-13)为忍冬科忍冬属植物,又称忍冬。其叶黄酮的提取工艺如下:取叶粉末 100 g,石油醚脱脂处理 1 h,按料液比 1∶65(*m/V*)加入 60% 乙醇,250 W、46 ℃ 超声提取 30 min,抽滤,45 ℃ 减压浓缩至无醇味,真空冷冻干燥成粉末,得粗黄酮。将粗黄酮配制成浓度为 2.17 mg/mL 的上样液,调节其 pH

图 4-13 金银花

值为 2.82,以 1.96 BV/h 的流速通过 NKA-Ⅱ 树脂柱进行纯化,先用 2 BV 蒸馏水以 2 BV/h 的流速洗脱除杂,再用 75.36% 乙醇以 1.47 BV/h 的流速洗脱,收集乙醇洗脱液,旋蒸、冻干后,得纯化黄酮。在低、中、高剂量(50 mg/kg、100 mg/kg、200 mg/kg)饲喂小鼠,金银花叶黄酮各剂量组的小鼠体质量和脏器指数均有所升高,血清和脏器中的总抗氧化能力(T-AOC)、SOD、GSH-Px、CAT 活力及 GSH 含量均有不同程度的回升,MDA 含量降低,高剂量组效果最显著[20]。

菊(*Chrysanthemum morifolium* Ramat.)叶总黄酮的提取工艺如下:50% 乙醇浸泡 0.5 h 后提取 3 次,第一次用 20 倍 50% 乙醇提取 2 h,第 2 次

用 15 倍 50％乙醇提取 1.5 h，第 3 次用 15 倍 50％乙醇提取 1.5 h。用 0.5 g/mL 生药上样后，过 AB-8 大孔树脂，依次用 3 BV 水和 3 BV 70％乙醇洗脱，收集 70％乙醇洗脱产物，浓缩、干燥即得纯化黄酮。各个样品对 DPPH 自由基的清除能力大小为：VC（IC_{50} 为 20.56 μg/mL）＞纯化黄酮（IC_{50} 为 44.27 μg/mL）＞叶粗黄酮（IC_{50} 为 441.29 μg/mL）＞茎叶粗黄酮（IC_{50} 为 893.47 μg/mL）＞茎粗黄酮（IC_{50} 为 1130.2 μg/mL）。总抗氧化能力（FRAP 值）大小为：VC（1.48 mmol FSE/g）＞纯化黄酮（0.76 mmol FSE/g）＞叶粗黄酮（0.42 mmol FSE/g）＞茎叶粗黄酮（0.31 mmol FSE/g）＞茎粗黄酮（0.28 mmol FSE/g）[21]。

栝楼（*Trichosanthes kirilowii* Maxim.）茎叶总黄酮的提取分离工艺如下：取干燥雄株茎叶粗粉 30 kg，用适量 95％乙醇回流提取 3 次，合并滤液，旋转蒸发至无醇味；依次采用石油醚、乙酸乙酯和正丁醇萃取，分别回收溶剂，得栝楼雄株茎叶各极性部位。乙酸乙酯部分（108 g）过聚酰胺柱，乙醇-水梯度洗脱，通过硅胶薄层色谱，合并具有相同斑点的流分，得 11 个组分 A1～A11。A10 采用高速逆流色谱分离，氯仿-甲醇-水（4∶3.5∶2）洗脱，检测波长为 254 nm，转速为 850 r/min，体积流量为 2 mL/min，分离得到木犀草素（见图 4-14A）和金圣草黄素（见图 4-14B）。A6 采用硅胶柱色谱分离，二氯甲烷-甲醇（100∶1→1∶1）梯度洗脱，其中二氯甲烷-甲醇（5∶1）洗脱部位 A6-17 采用制备型 HPLC 分离，得木犀草素-7-O-β-D-葡萄糖苷（见图 4-14C）和柯伊利素-7-O-β-D-葡萄糖苷（见图 4-14D）。A9 采用硅胶柱色谱分离，二氯甲烷-甲醇梯度洗脱，通过硅胶 TLC，合并具有相同斑点的流分，得组分 A9-1～A9-12。将 A9-9 及 A9-10 采用凝胶柱色谱分离，分别采用甲醇、甲醇-水（1∶1）洗脱纯化，结合制备型 HPLC 从 A9-9 中分离得芹菜素-7-O-β-D-葡萄糖苷（见图 4-14E）和香叶木素-7-O-β-D-葡萄糖苷（见图 4-14F），从 A9-10 中分离得槲皮素-3-O-β-D-葡萄糖苷（见图 4-14G）。7 种黄酮类化合物清除 DPPH 自由基的能力依次为 A（IC_{50} 为 3.1 μg/L）＞C（IC_{50} 为 4.2 μg/L）＞G（IC_{50} 为 5.7 μg/L）＞B（IC_{50} 为 113.0 μg/L）＞D（IC_{50} 为 279.0 μg/L）＞F（IC_{50} 为 358.9 μg/L）＞E（IC_{50} 为 416.1 μg/L），其中化合物 A、C 和 G 清除 DPPH 自由基的能力明显强于另外 4 个黄酮单体，化合物 A 和 C 的清除能力甚至强于 VC（IC_{50} 为 4.4 μg/L）[22]。

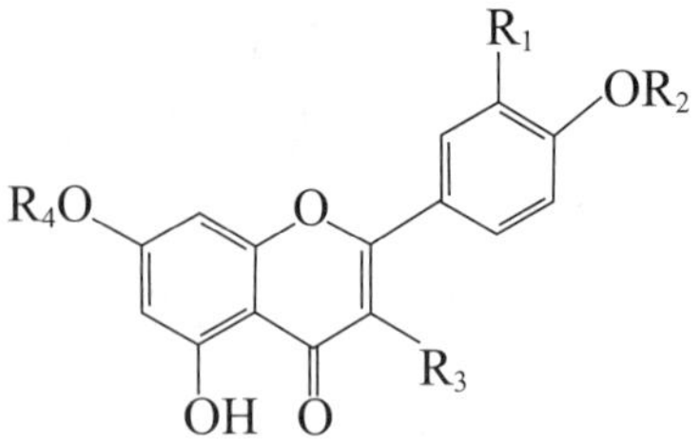

图4-14 A:木犀草素(R_1=OH, R_2=R_3=R_4=H),B:金圣草黄素(R_1=OCH_3, R_2=R_3=R_4=H),C:木犀草素-7-O-β-D-葡萄糖苷(R_1=OH, R_2=R_3=H, R_4=Glu),D:柯伊利素-7-O-β-D-葡萄糖苷(R_1=OCH_3, R_2=R_3=H, R_4=Glu),E:芹菜素-7-O-β-D-葡萄糖苷(R_1=R_2=R_3=H, R_4=Glu),F:香叶木素-7-O-β-D-葡萄糖苷(R_1=OH, R_2=CH_3, R_3=H, R_4=Glu),G:槲皮素-3-O-β-D-葡萄糖苷(R_1=OH, R_2=R_4=H, R_3=OGlu)

阔苞菊[*Pluchea indica* (L.) Less](见图4-15)又名冬青菊、杂格树或栾犀,是菊科阔苞菊属半红树植物。其叶总黄酮的提取分离工艺如下:取0.5 g粉碎叶,放入消解内罐,置于微波消解仪中,按功率为550 W、料液比为1:18(*m/V*)、乙醇体积分数为55%、提取时间为7.5 min提取总黄酮。当总黄酮浓度为30~100 μg/mL时,总黄酮对亚硝酸盐、羟自由基、超氧阴离子自由基、DPPH自由基的清除作用均强于VC[23]。

图4-15 阔苞菊

辣木叶总黄酮的提取工艺如下:取叶粗粉加入70%乙醇,料液比为1:10,提取温度为52 ℃,提取时间为40 min。提取液过滤后,将滤液减压真空浓缩至50 mL,得辣木叶总黄酮的粗提取物。总黄酮、VC清除DPPH自由基的IC_{50}值分别为0.0022 mg/mL、0.0066 mg/mL[24]。

山楂(*Crataegus pinnatifida* Bunge. Var. major N. E. Br)(见图4-16)为蔷薇科山楂属植物。其叶总黄酮的提取工艺如下:用自来水冲洗叶片,阴干,置于70 ℃烘箱干燥2 h,粉碎、过筛,取8~12目的山楂叶粉,按15:1(*V/m*)的液料比加入石油醚(60~90 ℃),50 ℃处理1 h,过滤,滤渣重复处理1次,挥干石油醚,得到石油醚抽提后的山楂叶原料粉;取10 g原料粉,按液料比20:1(*V/m*)加入70%乙醇,70 ℃超声提取40 min,提取3次,担滤,合并滤液,得总黄酮提取液。当总黄酮浓度为0.8 mg/mL时,其对DPPH自由基的清除率高达 90.67%，与 0.1 mg/mL VC 的清除率接近[25]。

山楂叶黄酮的提取工艺如下:将叶烘干、粉碎,过 60 目筛,制备山楂叶粉末;取 1 g 叶粉末,置于 100 mL 具塞三角瓶中,按料液比 1∶35 加入 70% 乙醇,72 ℃ 提取 39 min,抽滤,滤液旋蒸除醇,5000 r/min 离心 15 min,收集上清液;上清液以 2 mL/min 流速通过 AB-8 大孔

图 4-16　山　楂

树脂柱,用蒸馏水洗至无色,分别用 500 mL 40% 乙醇和 70% 乙醇以 2 mL/min 流速洗脱,合并洗脱液,真空浓缩,冷冻干燥,得总黄酮。总黄酮可清除 DPPH 自由基、ABTS 自由基,其 IC_{50} 值分别为 718.96 μg/mL、64.43 μg/mL,而且对 Fe^{3+} 具有一定的还原能力[26]。

柳叶蜡梅(*Chimonanthus salicifolius* S. Y. H)(见图 4-17)为蜡梅科蜡梅属植物,俗称石凉茶、山蜡茶等,是优良的香料植物和药用植物,为畲族广泛应用的中草药之一。其叶总黄酮的提取工艺如下:称取柳叶腊梅叶→调 pH→用纤维素酶和果胶酶 (3∶1,g/g)酶解→灭酶→料液比 1∶27(m/V) 加入 90% 乙醇,用超声功率 290 W 提取

图 4-17　柳叶腊梅

24 min→真空抽滤→收集滤液→滤渣再提取→合并滤液→减压浓缩→石油醚脱脂→旋转蒸发→柳叶腊梅叶总黄酮粗提物→大孔树脂柱→吸附→洗脱→收集→浓缩→加乙醇→旋转蒸发浓缩→真空干燥→柳叶腊梅叶总黄酮纯品。总黄酮清除 DPPH 自由基的 IC_{50} 值为 1.22 mg/mL,清除羟自由基的 IC_{50} 值为 0.92 mg/mL。当总黄酮浓度>1.4 mg/mL 时,其清除 DPPH 自由基和羟自由基的能力接近 VC[27]。

萝卜(*Raphanus sativus* L.)(见图 4-18)为十字花科萝卜属植物,又名萝卜杆、莱菔叶和莱菔菜等。其叶总黄酮的提取工艺如下:新鲜叶清洗、沥水后切成 2 cm 左右的小段,于 65 ℃ 烘箱中烘干,粉碎过筛(80 目);取 2 g 叶粉于三角瓶中,按料液比 1∶15 加入 60% 乙醇,用封口膜封好后超声处理 15 min,超

声波功率为 1130 W,频率为 50 HZ,然后于 50 ℃ 水浴浸提 30 min,4000 r/min 离心 10 min,得总黄酮。总黄酮清除羟自由基和超氧阴离子自由基的 IC_{50} 分别为 0.6438 mg/mL、1.5231 mg/mL[28]。

蜜柚[*Citrus maxima*（Burm）Merr.]（见图 4-19）为芸香科柑橘属乔木植物。其叶总黄酮的提取工艺如下:将洗净的蜜柚叶放在太阳下晒干,然后置于 80 ℃ 烘箱中烘 20 min,使其彻底烘干,将烘干的叶去梗、粉碎,过 60 目筛;取叶粉末,按料液比 1∶30(*m/V*)加入 80% 乙醇,80℃ 恒温振荡浸提 6 h,用三层纱布过滤,25 ℃ 高速离心 20 min(4000 g),上清液于 45 ℃ 恒温旋转蒸发浓缩得总黄酮。总黄酮对 DPPH 自由基、羟自由基及超氧阴离子自由基均表现出较强的清除活性,IC_{50} 值分别为 1.47 mg/mL、1.04 mg/mL、1.49 mg/mL[29]。

图 4-18　萝　卜

图 4-19　蜜　柚

茉莉[*Jasminum sam bac*（L.）Air]为木犀科常绿灌木。其叶总黄酮的提取工艺如下:将新鲜茎烘干、粉碎至粉末,取茎粉末约 6 g,加 80 mL 95% 乙醇,超声提取 2.5 h,抽滤;滤渣重复提取 1 次,合并 2 次滤液,减压浓缩得总黄酮。当黄酮浓度为 0.3 mg/mL 时,其对超氧阴离子自由基的清除率为 22.9%,对 DPPH 自由基的清除率为 80.3%[30]。

泥蒿(*Artemisia selengensis*)是菊科蒿属多年生宿根草本植物,学名狭叶艾,又名水艾、芦蒿、蒌蒿、藜蒿和水蒿等。其叶总黄酮的提取工艺如下:取叶粉末 5 g,置于圆底烧瓶中,加入纤维素酶(用量为叶粉末质量的 3%),按料液比 1∶10(*m/V*)加入 40% 乙醇,于 50 ℃ 提取 4 h。当总黄酮浓度为 0.065～0.325 g/L 时,其具有总抗氧化能力,但低于相同质量浓度的 VC。总黄酮对羟自由基的清除作用明显,是相同浓度 VC 的 1.4～2.7 倍[31]。

桉树(*Eucalyptus robusta* Smith)(见图 4-20)又称尤加利树,是桃金娘科桉属植物,是世界上生长最快的著名树种,主要有柠檬桉、窿缘桉、直杆桉和蓝桉等。目前，广东湛江是柠檬桉的主产区，现有桉林面积已达 320 余万亩，每亩桉林可年产鲜叶约 1.0×10^4 kg。其叶黄酮的提取工艺如下：取叶 2 份，每份 50 g，分别放入蒸馏烧瓶中，加入石油醚（60～90 ℃）约 750 mL，脱脂 3 h，共脱脂 5 次；弃石油醚，倒出，晾干，得脱脂柠檬桉叶；取脱脂柠檬桉叶，按料液比 1∶15 （m/V）加入 60% 乙醇回流提取 3 次，每

图 4-20　桉　树

次 1 h；过滤，滤液真空干燥，得总黄酮。总黄酮清除 DPPH 自由基的能力与 VC 较接近，IC_{50} 值分别为 35.6 μg/mL、24.0 μg/mL。总黄酮清除 ABTS 自由基的能力比 VE 弱，两者 IC_{50} 值分别为 83 μg/mL、32 μg/mL[32]。

枇杷叶为蔷薇科植物枇杷的干燥叶，别名巴叶、芦橘叶。其叶总黄酮的提取分离工艺如下：取叶干品粉末 300 g，用 70% 乙醇热回流提取 2 次，每次 1 h，合并 2 次提取液，浓缩挥去乙醇，置于冰箱中冷却沉淀 24 h 后，5000 r/min 离心 10 min，取上清液，用蒸馏水定容至 200 mL，得总黄酮提物液。D101 型大孔树脂每 1 g 上样相当于 1.5 g 原药材样液，用水、10% 乙醇、40% 乙醇、90% 乙醇分别洗脱，洗脱流速为 80 mL/h(12 BV/h)，收集 40% 乙醇部分经 D101 大孔树脂以同样条件二次洗脱，收集 40% 乙醇洗脱液得总黄酮。总黄酮清除 ABTS 自由基的 IC_{50} 值为 6.92 μg/mL，低于 VC（7.20 μg/mL）[33]。

箬叶总黄酮的提取工艺如下：叶粉末按照料液比 7.5∶50（m/V）加入 50% 乙醇，提取 28 min，得粗黄酮。粗黄酮过 D-101 型大孔吸附树脂，调节吸附 pH 为 4，解吸 pH 为 2，用 70% 乙醇洗脱，得纯化黄酮。黄酮清除 DPPH 自由基的 IC_{50} 为 39.5 μg/mL。当黄酮浓度达到 1.0 mg/mL 时，其与 VC 的清除率相当[34]。

桑（*Morus alba* L.）为桑科桑属落叶乔木或灌木。与衰老模型组相比（SOD 值为 83.79 U/mL，MDA 含量为 6.37 U/mL），桑叶黄酮高剂量组（灌胃，0.6 g/kg）D-半乳糖诱导的衰老小鼠血清中 SOD 活性显著升高（106.33 U/mL），MDA 含量显著降低（3.93 U/mL）[35]。

四溴双酚 A（Tetrabromobisphenol A，TBBPA）是目前全球生产量最大的溴代阻燃剂之一，我国年产量约占全球年产量的 1/10。近年来，TBBPA

在沉积物、土壤、水体、大气及生物体等环境介质中均被检出,因此受到高度关注。TBBPA 对水生生物具有强毒性,尤其是鱼类,可以促进活性氧(ROS)的形成,导致鱼体内发生氧化应激反应,诱导细胞凋亡。同时,由于 TBBPA 具有高亲脂性、良好的热稳定性及一定的溶解性,容易通过水环境介质沿食物链累积并向上传递,因而对人体健康产生潜在的毒害威胁。目前认为,ROS 诱导细胞凋亡的机制与凋亡调节基因的表达变化有关,如 $p53$、Bax 和 Bcl-2。

山核桃($Carya\ cathayensis$ Sarg.)叶总黄酮的提取纯化工艺如下:将叶晾干后打粉,取 100 g 干粉用 95% 乙醇 2500 mL 提取 2 次,过滤,合并相同位置 2 次滤液,减压蒸干得残余物。对残余物进行 TLC 分析,合并相同位置黄色斑点并减压蒸干,得黄酮 A。称取黄酮 A 500 mg,干法上样,硅胶柱洗脱纯化,TLC 检测,合并斑点减压蒸干得黄酮 B。当黄酮 B 浓度为 1.0 mg/L 时,可显著降低 TBBPA 诱导斑马鱼胚胎的卵凝结率、畸形率及 32 h 血流障碍等指标,显著抑制 TBBPA 诱导的 ROS 水平升高,抑制 TBBPA 诱导的凋亡基因,$p53$ 表达上调和 Bcl-2 表达下调。实验结果表明,山核桃叶黄酮通过降低 ROS 水平,抑制凋亡基因的异常表达,发挥抗氧化和抑制凋亡作用,对 TBBPA 诱导的斑马鱼胚胎毒性具有保护作用[36]。

山莓($Rubus\ corchorifolius$ L. F.)(见图 4-21)又名悬钩子、三月泡、山抛子、四月泡、刺葫芦、馒头菠、高脚菠、泡儿刺,系蔷薇科悬钩子属中的一种落叶灌木。其茎皮总黄酮的提取工艺如下:取茎皮按料液比 1∶30 加入 60% 乙醇,80 ℃ 回流提取 4 h,过滤。总黄酮清除 ABTS 自由基和 DPPH 自由基的 IC_{50} 值均为 0.006 mg/mL,强于对照品 2,6-二叔丁基-4-甲基苯酚(IC_{50} 值分别为 0.015 mg/mL、0.013 mg/mL)[37]。

图 4-21 山莓

粗榧[$Cephalotaxus\ sinensis$ (Rehd. et Wils.) Li](见图 4-22)为我国特有树种,属于三尖杉科植物。其叶总黄酮的提取工艺如下:将叶水洗后晾干,置于烘箱中 60 ℃ 干燥至恒重,粉碎;取 10 g 叶粉末加入 80 mL 石油醚浸泡 1.5 h,水浴 70 ℃ 加热回流 1.5 h,过滤除去滤液,向残渣中加入 60 mL 石油醚,加热回流1h,过滤弃去石油醚,残渣干燥后按料液比1:15加入55%乙醇,80℃提取3次,每次2.5h。当总黄酮浓度为0.05～1.00 mg/mL时,其清除DPPH自由基的作用强于VC[38]。

石楠(*Photinia serrulata* Lindl.)为蔷薇科石楠属常绿小乔木或灌木。其叶总黄酮的提取工艺如下:将新鲜叶片洗净,置于干燥箱中,50℃鼓风干燥,粉

图4-22 粗 榧

碎,过60目筛后混合均匀,取0.5g粉末,置于50mL锥形瓶中,加入70%甲醇10mL,超声提取30min,转移至50mL容量瓶中,用70%甲醇定容,过滤。总黄酮清除DPPH自由基的EC_{50}值为1.39 mg/L,强于VC(EC_{50}值为4.02 mg/L)[39]。

柿(*Diospyros kaki* Thunb.)(见图4-23)也称朱果,柿叶是柿科柿属柿的鲜叶或干燥叶。广州白云山中药厂生产的"脑心清"由柿叶一味中药组成,该药用于治疗心血管疾病;广西生产的"脑心宁"以柿叶为主药,能改善患者血液的浓、黏、凝聚状态,达到改善心脑组织供血、供氧的目的。柿叶黄酮的提取工艺如下:取干燥叶,按料液比1:20 (m/V)加入

图4-23 柿

70%乙醇,350 W超声浸提40min,冷却至室温,过滤,用少量乙醇洗涤滤渣,提取2次,合并滤液,滤液用水浴旋转蒸干,并用0.1 mol/L NaOH溶液定量溶解,离心15 min(3000 r/min),收集上清液,得总黄酮提取液。当总黄酮浓度为0～100 μg/mL时,总黄酮抗氧化能力强于VC,对DPPH自由基的体外清除率达85.96%,IC_{50}值为5.45 μg/mL,强于VC(IC_{50}值为7.67 μg/mL)[40]。当黄酮灌胃剂量为20 mg/kg、40 mg/kg、80 mg/kg时,可提高模型大鼠血清和溃疡组织中SOD活性,降低MDA含量[41]。

柿叶黄酮的另一种提取分离工艺如下:将50 kg柿叶打粗粉,加入约2倍量的乙醇浸泡过夜,分别用10倍量的95%乙醇和50%乙醇渗漉,合并渗

滤液,减压回收乙醇至密度为 1.05~1.10,得浸膏。浸膏用水混悬,依次用石油醚、乙酸乙酯萃取,减压回收溶剂,分别得到石油醚部位和乙酸乙酯部位。取乙酸乙酯部位 950 g 过硅胶柱,用二氯甲烷-甲醇梯度洗脱得 5 个流分:Fr. 1~Fr. 5。取流分 Fr. 1 过聚酰胺柱,用甲醇-水梯度洗脱得 Fr. 1-1~Fr. 1-4。流分 Fr. 1-1 经 ODS 中低压色谱柱,用甲醇-水梯度洗脱,分离得 6 个子流分 Fr. 1-1-1~Fr. 1-1-6。流分 Fr. 1-1-2(13 g)过硅胶柱,用二氯甲烷-丙酮梯度洗脱得 9 个流分:Fr. 1-1-2-1~Fr. 1-1-2-9。流分 Fr. 1-1-2-5(200 mg)用制备型 HPLC(20%甲醇-水)分离纯化得 4-烯丙基儿茶酚(见图 4-24)。该化合物清除 DPPH 自由基、ABTS 自由基的 IC_{50} 值分别为 13.1 μg/mL、4.4 μg/mL[42]。

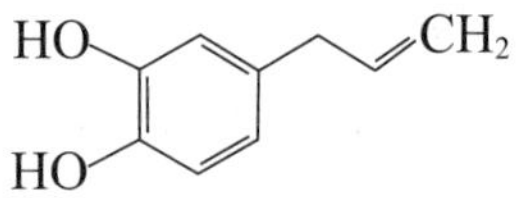

图 4-24　4-烯丙基儿茶酚

黄芪(见图 4-25)为豆科黄芪属植物蒙古黄芪[*Astragalus membranaceus* (Fisch.) Bge. var. mongholicus (Bge.) Hsiao]或膜荚黄芪[*A. membranaceus* (Fisch.) Bge.]。其茎总黄酮的提取工艺如下:设定双水相总体积为 50 mL,加入硫酸铵 13.5 g,设定醇水比为 0.67,形成稳定的双水相体系,按料液比 1:25 加入

图 4-25　黄芪

脱脂的黄芪茎粉 2 g,400 W 提取 7 min,过滤,滤液于分液漏斗中静置分层,取上层液。当总黄酮浓度为 0.0386 mg/mL 时,其还原力和对超氧阴离子自由基的清除率随着黄酮提取液用量的增加而提高;当黄酮提取液的用量为 1~3 mL 时,其还原力和对超氧阴离子自由基的清除率明显高于 VC 溶液[43]。

水飞蓟(*Silybum marianum* L. Gaertn)(见图 4-26)是菊科水飞蓟属植物,别称为奶蓟、老鼠筋、水飞雉,原产于南欧、北非。其茎叶总黄酮的提取分离工艺如下:用 95%乙醇提取茎叶(30 kg),得浸膏(1.0 kg),浸膏过 D101 型大孔树脂,分别用蒸馏水、30%乙醇、50%乙醇、90%

图 4-26　水飞蓟

乙醇洗脱,50%乙醇洗脱部分过 Sephadex LH-20 柱色谱,甲醇-水(10∶1～100∶0)梯度洗脱,得到 S1～S15 组分,经 LC-MS n 检测含有黄酮的组分为 S5 和 S8。S5 用制备型 HPLC 分离纯化得到山奈酚-3-O-α-L-鼠李糖苷(见图 4-27A)、山奈酚-7-O-α-L-鼠李糖苷(见图 4-27B)和山奈酚-3,7-O-α-L-二鼠李糖苷(见图 4-27C),S8 用制备型 HPLC 分离纯化得到山奈酚(见图 4-27D)和异鼠李素(见图 4-27E)。采用 Fe^{2+} 半胱氨酸诱导的肝微粒体脂质过氧化模型进行抗氧化活性筛选,结果表明化合物 A～E 均有较强的抗氧化活性,IC_{50} 值分别为 10.5 μmol/L、11.2 μmol/L、10.3 μmol/L、9.6 μmol/L、8.5 μmol/L[44]。

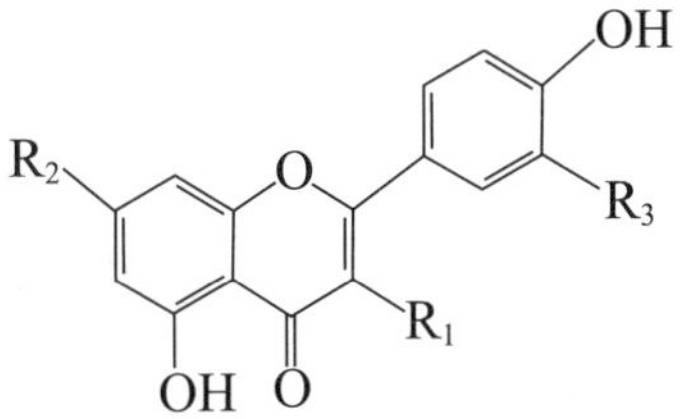

图 4-27 A:山奈酚-3-O-α-L-鼠李糖苷(R_1=Rha, R_2=OH, R_3=H),B:山奈酚-7-O-α-L-鼠李糖苷(R_1=OH, R_2=Rha, R_3=H),C:山奈酚-3,7-O-α-L-二鼠李糖苷(R_1=R_2=Rha, R_3=H),D:山奈酚(R_1=R_2=OH, R_3=H),E:异鼠李素(R_1=R_2=OH, R_3=OCH_3)

茼蒿(*Chrysanthemum coronarium* L.)(见图 4-28)为菊科茼蒿属一年生或二年生草本植物,又名蓬蒿,是我国常见的蔬菜。其叶总黄酮的提取工艺如下:取 1.0 g 叶粉末,置于微波反应器的圆底烧瓶中,按料液比 4∶30(m/V)加入 68%乙醇,73 ℃、400 W 提取 8 min,抽滤,滤液经石油醚萃取 3 次,弃去石油醚层,得总黄酮提取液。当总黄酮浓度为

图 4-28 茼 蒿

0.1～0.5 mg/mL 时,其具有一定的总抗氧化能力;当总黄酮浓度为 0.002～0.014 mg/mL 时,其具有较强的清除 DPPH 自由基作用;当浓度为 0.0005～0.0025 mg/mL 时,其具有较强的清除羟自由基作用;当总黄酮在浓度为 0.1～0.8 mg/mL 时,其对 Fe^{2+} 引发的卵磷脂脂质体过氧化有抑制作用[45]。

紫花苜蓿(*Medicago sativa* L.)(见图 4-29)为豆科、苜蓿属多年生草本,是世界上分布最广的栽培牧草。其叶总黄酮的提取工艺如下:取 1.0 g 干燥

至恒质量的叶,加入65%乙醇,67℃超声提取40 min,提取液减压过滤,得总黄酮提取液。其总黄酮清除DPPH自由基的IC_{50}为1.78 mg/mL。当总黄酮浓度为0~2.5 mg/mL时,随着浓度增加,Fe^{2+}-TPTZ复合体形成量增多,总黄酮所表现出的铁还原能力(FRAP)增强[46]。

玛咖(*Lepidium meyenii* Walp)(见图4-30)为十字花科独行菜属一年生或两年生草本植物,原产于海拔3500~4500米的秘鲁安第斯山区。玛咖是一种药食同源性植物,2000多年以来一直是生活在秘鲁安第斯山印加人的主要食物之一,有"秘鲁人参"和"南美人参"的美称。其叶总黄酮的提取工艺如下:取叶粉末0.5 g,按料液比1∶29(m/V)加入65%乙醇,64℃浸渍提取2次,每次提取90 min,过滤,得总黄酮提取液。

图4-29 紫花苜蓿

图4-30 玛咖

总黄酮、VC、BHT清除羟自由基的IC_{50}值分别为0.605 mg/mL、0.393 mg/mL、1.2 mg/mL,清除DPPH自由基的IC_{50}值分别为0.165 mg/mL、0.028 mg/mL、0.203 mg/mL,清除超氧阴离子自由基的IC_{50}值分别为0.425 mg/mL、0.105 mg/mL、0.806 mg/mL。黄酮类化合物对自由基清除作用的强弱与其结构有关,羟基的数量、位置直接影响其抗氧化活性。黄酮类化合物是通过酚羟基与超氧阴离子自由基作用,其B环上4'-OH和母核上$\Delta^{2(3)}$双键是清除超氧阴离子自由基的主要部位,而B环邻二羟基则是清除羟自由基的关键功能基团,若4'-OH甲基化,则清除羟自由基的活力下降[47]。

生姜(*Zingiber officinale* Roscoe)是姜科姜属植物姜的新鲜根茎。其茎叶总黄酮的提取工艺如下:取10.0 g干燥粉碎的茎叶粉,按料液比1∶30加入70%乙醇,76℃回流提取2次,每次提取95 min,过滤,得总黄酮提取液。总黄酮清除羟自由基的IC_{50}值为0.50 mg/mL,强于BHT(IC_{50}值为

2.31 mg/mL),弱于 VC(IC$_{50}$值为 0.27 mg/mL)。其总还原能力和清除羟自由基的能力均高于相同浓度的 BHT,但低于 VC[48]。

小叶黑柴胡(*Bupleurum smithii* Wolff var *parvifolium* Shan et Y. Li),俗称"野槐子根",为伞形科柴胡属植物。其茎叶总黄酮的提取纯化工艺如下:取地上茎叶部分,干燥粉碎,用 85%乙醇浸泡 1 h,提取 3 次,每次 1 h,过滤,滤液于 60 ℃、−0.08 MPa 减压浓缩至相对密度为 1.0~1.1,加水稀释至 2 倍体积,静置至产生沉淀,过滤,收集滤液,即为粗提物。粗提物过 D-101 型大孔吸附树脂柱(其比上柱量为 3.89 mg/mL,比吸附量为 3.31 mg/mL),分别用水(以 Molisch 反应为阴性判定水洗脱终点)和 70%乙醇(以 TLC 检测不出芦丁来判定终点)洗脱,收集洗脱液,70 ℃真空干燥,得原料药粉。当黄酮浓度为 0.05~0.6 mg/mL 时,黄酮具有清除 DPPH 自由基、超氧阴离子自由基、羟自由基的作用;当黄酮浓度>0.4 mg/mL 时,黄酮清除超氧阴离子自由基作用强于 VC;当黄酮浓度>0.5 mg/mL 时,黄酮清除羟自由基能力强于 VE;当黄酮浓度> 0.1 mg/mL 时,黄酮清除羟自由基能力强于 VC[49]。

杏(*Armeniaca vulgaris* Lam.)(见图 4-31)为蔷薇科杏属植物。其叶总黄酮的提取工艺如下:取叶粗粉按料液比 1∶40(*m/V*)加入 30%乙醇,60 ℃回流提取 6 h,过滤,得总黄酮提取液。当总黄酮浓度为 1.0 mg/mL 时,其对 DPPH 自由基的清除率为 44.69%;当总黄酮浓度为 0.8 mg/mL 时,其对羟自由基的清除率为 76.28%,对超氧阴离子自由基的清除率为 84.75%[50]。

图 4-31 杏

杨梅(*Myrica rubra* Sieb. et Zucc.)是杨梅科杨梅属小乔木或灌木植物。其叶总黄酮的提取工艺如下:叶烘干打碎成粉后过 60 目筛,得叶粉末;按液料比 1∶60(*V/m*)加入 60%乙醇,超声功率 120 W、温度 45 ℃浸提 20 min,抽滤,滤液于 45 ℃旋转蒸发浓缩后加入浓缩液 2 倍体积的无水乙醇,低温静置过夜,以除去多糖,然后真空冷冻干燥,得杨梅叶总黄酮。总黄酮清除 DPPH 自由基的 IC$_{50}$值为 5.62 mg/L,低于 VC(IC$_{50}$值为 31.39 mg/L),清除率最高可达 94.8%。当总黄酮浓度为 60 mg/L 时,FeSO$_4$浓度为 VC 的 2.2 倍,说明总黄酮的总抗氧化能力(FRAP 值)较 VC 强;当总黄酮浓度为 30 mg/L 时,总黄酮还原力为 VC 的 2 倍[51]。

银杏叶总黄酮按 50 mg/kg 灌胃 3 天,3 次/天。与缺血/再灌注组比较,总黄酮组的血清 BUN 和 Cr 水平均降低。总黄酮组大鼠肾组织中可见肾小管上皮细胞部分刷状缘脱落消失,部分管腔扩张,滤过膜结构完整,血管基底膜的厚薄均匀,明显减轻缺血/再灌注组病理形态学改变。总黄酮组大鼠的肾组织的 MDA 含量降低,SOD 活性升高。提示大鼠在失血性休克之后出现的肾脏缺血/再灌注损伤,银杏叶总黄酮可以对其起到一定的保护作用,其机制与减少肾小管上皮细胞凋亡和抗氧化具有一定的关系[52]。

鸢尾(*Iris tectorum* Maxim)(见图 4-32)为天门冬目鸢尾科鸢尾属多年生草本植物。其叶总异黄酮的提取工艺如下:取干燥叶粉末 1.0 g,按料液比 1∶25(m/V)加入 85%乙醇,90 W 超声提取 50 min,抽滤,取滤液,减压浓缩,加入 1~2 倍体积的石油醚进行脱脂,减压浓缩,得总异黄酮。当总异黄酮浓度为 0.15~0.75 mg/mL 时,其对

图 4-32 鸢 尾

DPPH 自由基的清除率均超过 70%,对羟自由基具一定的清除作用,且呈现剂量依赖性关系[53]。

黑果悬钩子(*Rubus caesius* L.)(见图 4-33)又称欧洲木莓,是蔷薇科悬钩子属植物,属于蔓生灌木。其茎、叶总黄酮的提取工艺如下:将茎、叶于 50 ℃烘干后,分别用粉碎机粉碎,过筛(孔径为 1.2 mm),制备相同粒径的茎叶粉末,再用石油醚脱叶绿素,直至石油醚变为无色,并于 50 ℃干燥;取粗粉,按料液比 1∶90(m/V)加入 60%乙醇,

图 4-33 黑果悬钩子

80 ℃超声提取 70 min。提取液过 AB-8 型大孔树脂(上样流速为 1 mL/min,上样液总黄酮浓度为 0.32 mg/mL,上样体积为 80 mL),吸附饱和平衡后,用 40 mL 60%乙醇溶液于 1.5 mL/min 的流速动态洗脱,得纯化黄酮。经 AB-8 型大孔吸附树脂纯化后,提取液的总黄酮含量和抗氧化能力显著提高,叶总

黄酮和茎总黄酮含量分别为纯化前的 1.4 倍和 2.4 倍,叶总黄酮和茎总黄酮清除 ABTS 自由基的能力分别为纯化前的 1.7 倍和 2.5 倍,清除 DPPH 自由基的能力分别为纯化前的 1.7 倍和 2.6 倍[54]。

荷(*Nymphaea tetragona* Georgi)叶总黄酮的提取工艺如下:取 50 g 荷叶,加 500 mL 90％乙醇,90 ℃回流提取 3 h,滤液减压挥去溶剂,得 3.18 g 残渣,并溶于 100 mL 甲醇。运用标准品比对法通过 HPLC 分析从提取物中确认 10 种黄酮成分:芦丁、金丝桃苷、异槲皮苷、紫杉叶素、木犀草素、槲皮素、芹菜素、柚皮素、山奈酚、异鼠李素。选取上述 10 种成分进行抗氧化测试,结果表明山奈酚、槲皮素、芹菜素、金丝桃苷具有较强的清除 DPPH 自由基作用,IC_{50} 值分别为 8.044 μmol/L、8.082 μmol/L、8.246 μmol/L、8.712 μmol/L[55]。

杜仲(*Eucommia ulmoides* Oliver)叶总黄酮的提取分离工艺如下:取湿叶18 kg,恒温 40 ℃干燥得干叶 9 kg,95％乙醇回流提取 3 次,每次 1.5 h,将提取液减压浓缩至流浸膏,悬浮于水中,依次用石油醚、乙酸乙酯、正丁醇萃取,取正丁醇层部分经 D-101 型大孔树脂吸附,分别用水、20％乙醇、40％乙醇、60％乙醇、80％乙醇、95％乙醇梯度洗脱,减压回收溶剂,分别得 20％乙醇洗脱部分(82.1 g)、40％乙醇洗脱部分(73.9 g)、60％乙醇洗脱部分(47.3 g)、80％乙醇洗脱部分(34.5 g)、95％乙醇洗脱部分(29.8 g)。40％乙醇部分(73.9 g)经 Flash 制备色谱分离,甲醇-水(30:70～100:0) 梯度洗脱,得 Fr. Ⅰ(5.7g)、Fr. Ⅱ(15.3 g)、Fr. Ⅲ(23.9 g)、Fr. Ⅳ(17.4 g)、Fr. Ⅴ(16.1 g) 和 Fr. Ⅵ(17.4 g)。Fr. Ⅳ 经反相 ODS 柱色谱分离,甲醇-水(10％～80％)梯度洗脱,收集 13 个亚组分(Fr. Ⅳ-1～Fr. Ⅳ-13)。Fr. Ⅳ-10 经 Sephadex LH-20、反相 HPLC 制备纯化及重结晶等方法得槲皮素-3-O-β-D-葡萄糖苷,其清除 DPPH 自由基的能力(IC_{50} 值为 13.7 μmol/L)强于 VC(IC_{50} 值为 59.9 μmol/L)[56]。

花椒(*Zanthoxylum bungeanum*)为芸香科花椒属植物。其叶总黄酮的提取分离工艺如下:取叶 9.4 kg,用 95％乙醇浸提,浸出液减压浓缩得粗提物(ECE,1839.96 g),用石油醚、氯仿、乙酸乙酯、丙酮和甲醇溶剂依次洗脱,分别收集不同的溶剂洗脱液,减压浓缩得到五种不同极性溶剂的分离组分[分别为 PEF(105.9 g)、CF(112.7 g)、EAF(28.0 g)、AF(100.0 g)、MF(624.3 g)]。EAF(28.0 g)浸膏溶解在氯仿/甲醇(9:1)中,过硅胶柱(200～300 目,80 cm×8 cm),以三氯甲烷-甲醇(9:1～1:4)梯度洗脱,每 50 mL 收集 1 瓶,共收集

150个组分,TLC检测分析[在254 nm和375 nm下观察样品荧光,分别采用香草醛-硫酸(2.5%)、10%硫酸乙醇溶液和碘蒸气显色],相似组分合并,得7个组分(E-1~E-7)。E-2(8.60 g)浸膏溶于氯仿,过硅胶柱(200~300目,60 cm×4 cm),用三氯甲烷-甲醇(30:1~1:1)梯度洗脱,每5 mL收集1小瓶,共收集150个组分,用TLC检测分析(同前),相似组分合并,得5个组分(E-2-1~E-2-5)。组分E-2-4用三氯甲烷-甲醇(30:1~1:1)梯度洗脱,得槲皮素(见图4-34)。E-3(10.63 g)浸膏溶于氯仿,过硅胶柱(200~300目,60 cm×4 cm),用三氯甲烷-甲醇(20:1~1:1)梯度洗脱,每5 mL收集1小瓶,共收集230个组分,TLC检测,相似组分合并,得组分(E-3-1~E-3-4)。E-3-3进一步分离得槲皮苷(见图4-35)。AF(100.0 g)过硅胶柱,用三氯甲烷-甲醇(9:1~1:4)梯度洗脱,得5个组分(A-1~A-5)。组分3(A-3,5.0 g)过硅胶柱,用三氯甲烷-甲醇(30:1~1:1)梯度洗脱,再用Sephadex LH-20纯化,甲醇洗脱,得槲皮素-3-O-β-D-葡萄糖苷(见图4-36)。组分5(A-5,20.0 g)过硅胶柱,用三氯甲烷-甲醇(9:1~1:4)梯度洗脱,得5个组分(A-5-1~A-5-5)。组分A-5-3(5.80 g)过硅胶柱,三氯甲烷-甲醇(15:1~1:1)梯度洗脱,得金丝桃苷(见图4-37)和芦丁(见图4-38)。槲皮素及其糖苷(槲皮苷、槲皮素-3-O-β-D-葡萄糖苷、金丝桃苷和芦丁)具有较强的DPPH自由基清除能力,IC_{50}值范围为0.009~0.016 μmol/mL,具有较强的ABTS自由基清除活性(>30000 μmol equiv. Trolox/g),具有最高效的三价铁还原能力(>5300 μmol equiv. Trolox/g);对过氧化氢诱导大肠杆菌损伤的保护作用,具体表现为氧化应激下促进细胞的生长速率,与未处理的细胞在培养30 min时比较,高出1.88~5.76倍[57]。

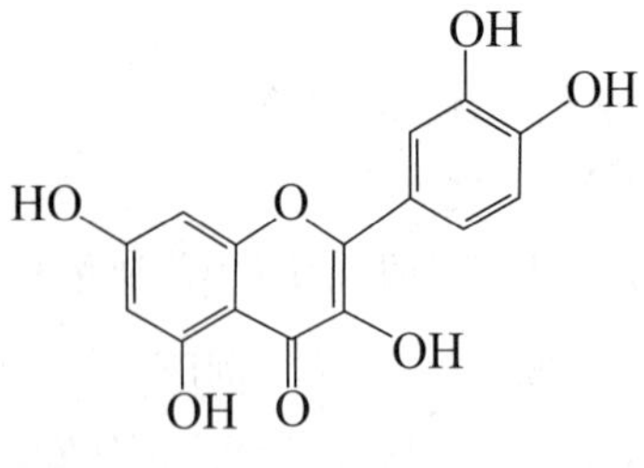

图4-34 槲皮素

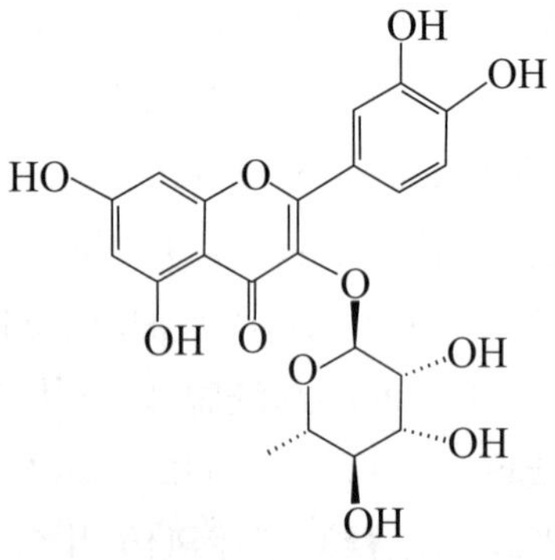

图4-35 槲皮苷

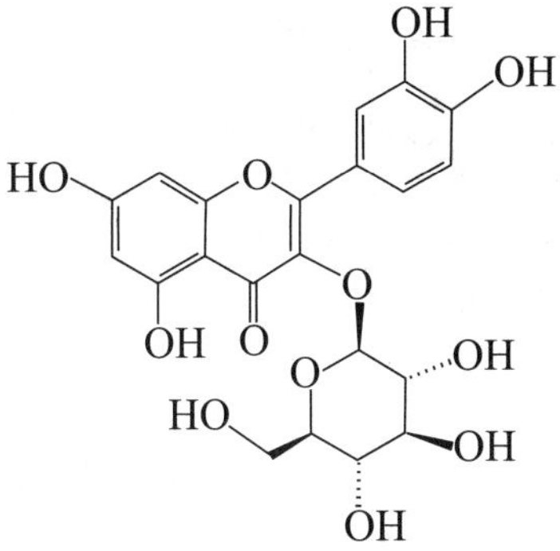

第 4 章　植物茎叶黄酮的提取分离及活性研究

图 4-36　槲皮素-3-O-β-D-葡萄糖苷 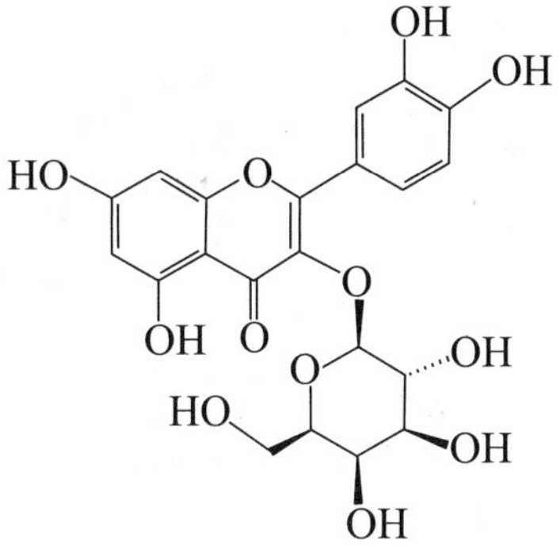　　　　图 4-37　金丝桃苷

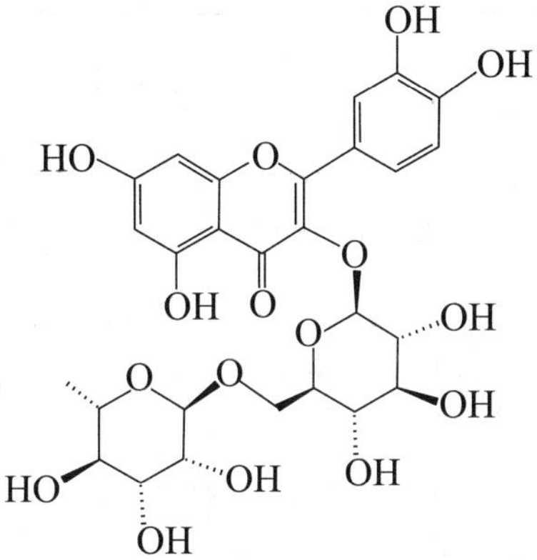

图 4-38　芦　丁

参见第 3 章文献[10],胡椒叶提取物经萃取得正丁醇部分 70 g,先用硅胶 H 减压层析柱进行粗分,流动相为氯仿:甲醇(1:0～0:1),再对流分进行 ORAC 活性测定。用 Sephadex LH-20 进一步纯化 n-6,n-6-2 过 Sephadex LH-20 柱,用甲醇洗脱,得 n-6-2 部分;n-6-2 部分过 YMC-ODS-A-HG 型反相柱,用甲醇-水溶液梯度洗脱,得野漆树苷(见图 4-39),其具有显著的清除氧自由基作用,ORAC 值为 10823 μmol TE/g。

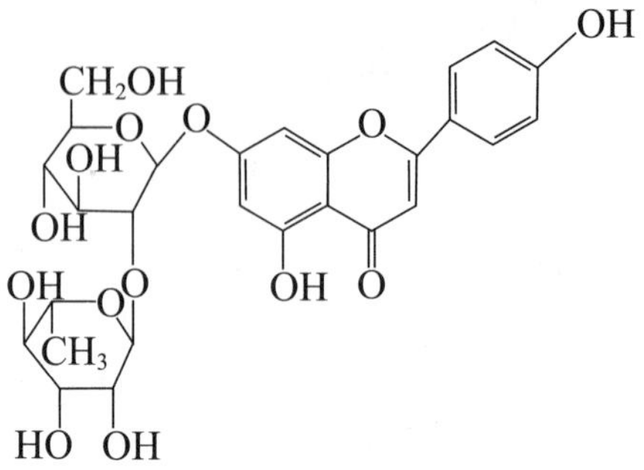

图 4-39 野漆树苷

对上述植物茎叶黄酮抗氧化作用的文献调研，如见表 4-1 所示。

表 4-1 植物茎叶黄酮的抗氧化作用

序号	植物部位	活性及剂量	阳性对照	文献
1	蝙蝠葛叶	清除 DPPH 自由基(IC_{50} 为 5.99 μg/mL)	与 VC(IC_{50} 为 6.43 μg/mL)相当	[1]
2	滁菊叶	化合物槲皮素清除 DPPH 自由基(IC_{50} 为 9.37 μmol/L)	强于 VC(IC_{50} 为 62.11 μmol/L)	[2]
3	沙棘叶	清除 DPPH 自由基、超氧阴离子自由基、羟自由基	无	[3]
4	辣木叶	清除 DPPH 自由基(浓度为 0.02 mg/mL)	无	[4]
		纯化前后的总黄酮清除 DPPH 自由基(EC_{50} 为 0.45 mg/mL、0.10 mg/mL)和 ABTS 自由基(EC_{50} 为 0.26 mg/mL、0.05 mg/mL)	接近 VC	[5]
5	沉香叶	清除 DPPH 自由基和 ABTS 自由基[EC_{50} 分别为 (1.14±0.08) mg/mL 和 (0.23±0.01) mg/mL]	弱于 VC	[6]
6	迷迭香叶	精制黄酮对 DPPH 自由基的清除率为 88.7%(浓度为 325 μg/mL)，对 ABTS 自由基的清除率达 82.4%(浓度为 175 μg/mL)	抗氧化能力略低于 VC，但强于芦丁	[7]
7	豆腐柴叶	75%醇提总黄酮(APC 为 74.69)和乙酸乙酯层萃取物的抗氧化活性较强(APC 为 82.98)	弱于 VC	[8]
		对自由基的清除能力依次为 DPPH 自由基>ABTS 自由基>超氧阴离子自由基>羟自由基(浓度为 0.3~1.1 mg/mL)	强于 VC	[9]

续表

序号	植物部位	活性及剂量	阳性对照	文献
8	杜仲叶	清除 ABTS 自由基(IC_{50} 为 0.54 mg/mL)、DPPH 自由基(IC_{50} 为 0.38 mg/mL)和 Cu^{2+} 还原能力(IC_{50} 为 1.04 mg/mL)	弱于 VC	[10]
9	赶黄草茎叶	清除 DPPH 自由基(IC_{50} 为 0.076 mg/mL)、羟自由基(IC_{50} 为 0.209 mg/mL)、超氧阴离子自由基的能力(IC_{50} 为 0.038 mg/mL)和亚铁离子螯合能力(IC_{50} 为 0.593 mg/mL)	弱于 VC 或 EDTA	[11]
10	光果甘草叶	总抗氧化作用(总黄酮的 ORAC 值为 3339.26 μmol TE/g,乔松素的 ORAC 值为 13904.28 μmol TE/g),叶总黄酮可清除 DPPH 自由基(IC_{50} 为 78.78 μg/mL),清除亚硝酸盐(63.24%)。乔松素具有保护 H_2O_2 诱导的 PC12 细胞化损伤作用(浓度为 3.125 μm),促进 PC12 细胞生长(浓度≥100 μmol/L)。乔松素和甘草叶黄酮可抑制猪肉糜/猪肉饼油脂氧化,抑制肌原纤维蛋白氧化,抑制猪油氧化	甘草叶黄酮与 TBHQ 有相当的抑制油脂氧化作用,且不受温度影响	[12]
11	国槐叶	清除 ABTS 自由基(浓度为 50 μg/mL)、DPPH 自由基(浓度为 250 μg/mL)、羟自由基(浓度为 250 μg/mL)、超氧阴离子自由基(浓度为 250 μg/mL)、亚硝酸盐(浓度为 250 μg/mL)	清除羟自由基、超氧阴离子、亚硝酸盐能力强于 VC 和芦丁	[13]
12	白桦叶	对 DPPH 自由基的清除率为 86.89%(浓度为 0.20 mg/mL)、对 ABTS 自由基的清除率为 96.26%(浓度为 0.18 mg/mL)、对羟自由基的清除率为 71.18%(浓度为 1.9 mg/mL),显著增加人脐静脉内皮细胞的总抗氧化能力,预防细胞氧化损伤(浓度为 10 μg/mL)	对 ABTS 的清除率接近 BHT,对羟自由基的清除率高于 BHT	[14]
13	黄楝树叶	对 100 μg/L 鱼藤酮导致的 A549 肺癌细胞活力损伤具有保护作用(浓度 32 mg/L)。抑制鱼藤酮诱导的 ROS 的产生,降低细胞内 ROS 浓度	无	[15]

续表

序号	植物部位	活性及剂量	阳性对照	文献
14	黄芩茎叶	增加 HTG 氧化损伤的 HUVEC 的 SOD 活性,降低 MDA 含量,降低 HUVEC 内 ROS 水平,下调 NADPH NOX4 mRNA 表达(浓度为 100～400 mg/L)	无	[16]
		作用 24～72 h 可促进 HUVEC 增殖,提高 ox-LDL 诱导的 HUVEC 损伤细胞的存活率,降低 MDA 含量,提高 SOD 活性,减少 ROS 生成。显著降低 ox-LDL 氧化损伤的 HUVEC NOX mRNA 表达和蛋白质的表达(浓度为 25～400 mg/L)	无	[17]
		降低高糖致氧化的 HUVEC 损伤,增加 SOD 活性,降低 MDA 含量,减少 ROS 生成,下调高糖氧化损伤的 HUVEC 的 NOX4 mRNA 的表达(浓度为 100～400 mg/L)	无	[18]
		缩短大鼠寻找平台潜伏期(剂量为 100,50 mg/kg);减轻大鼠海马注射 Aβ_{25-35} 后海马 CA1 区神经元损伤(剂量为 100 mg/kg,50 mg/kg),提高海马组织中 SOD、GSH-Px 活性,降低 MDA 含量(剂量为 100 mg/kg)	无	[19]
15	金银花叶	增加小鼠体质量和脏器指数,提高血清和脏器中的 T-AOC、SOD、GSH-Px、CAT 活力及 GSH 含量,降低 MDA 含量(灌胃剂量为 50～200 mg/kg)	高剂量提高 T-AOC、GSH-Px、CAT 活力,GSH 含量接近 VC	[20]
16	菊花叶	纯化黄酮可清除 DPPH 自由基(IC$_{50}$ 为 44.27 μg/mL),总抗氧化能力较强(FRAP 值为 0.76 mmol FSE/g)	弱于 VC	[21]
17	栝楼雄株茎叶	7 种黄酮(木犀草素、金圣草黄素、木犀草素-7-O-β-D-葡萄糖苷、柯伊利素-7-O-β-D-葡萄糖苷、芹菜素-7-O-β-D-葡萄糖苷、香叶木素-7-O-β-D-葡萄糖苷、槲皮素-3-O-β-D-葡萄糖苷)清除 DPPH 自由基的 IC$_{50}$ 值为 3.1～416.1 μg/L	木犀草素、木犀草素-7-O-β-D-葡萄糖苷清除 DPPH 自由基的能力强于 VC (IC$_{50}$=4.4 μg/L)	[22]

续表

序号	植物部位	活性及剂量	阳性对照	文献
18	阔苞菊叶	清除亚硝酸盐、羟自由基、超氧阴离子自由基、DPPH 自由基(浓度为 30~100 μg/mL)	强于 VC	[23]
19	辣木叶	清除 DPPH 自由基(IC_{50} 为 0.0022 mg/mL)	强于 VC	[24]
20	山楂叶	对 DPPH 自由基的清除率达 90.67%(浓度为 0.8 mg/mL)	弱于 VC	[25]
20	山楂叶	清除 DPPH 自由基(IC_{50} 为 718.96 μg/mL)、ABTS 自由基(IC_{50} 为 64.43 μg/mL),对 Fe^{3+} 具有一定的还原能力	弱于 VC	[26]
21	柳叶腊梅叶	清除 DPPH 自由基(IC_{50} 为 1.22 mg/mL)、羟自由基(IC_{50} 为 0.92 mg/mL)	接近 VC(当浓度>1.4 mg/mL 时)	[27]
22	萝卜叶	清除羟自由基(IC_{50} 为 0.6438 mg/mL)和超氧阴离子自由基(IC_{50} 为 1.5231 mg/mL)	无	[28]
23	蜜柚叶	清除 DPPH 自由基(IC_{50} 为 1.47 mg/mL)、羟自由基(IC_{50} 为 1.04 mg/mL)及超氧阴离子自由基(IC_{50} 为 1.49 mg/mL)	弱于 VC 和没食子酸	[29]
24	茉莉叶	对超氧阴离子自由基、DPPH 自由基的清除率分别为 22.9%、80.3%(浓度为 0.3 mg/mL)	无	[30]
25	泥蒿叶	有总抗氧化能力和清除羟自由基作用(浓度为 0.065~0.325 g/L)	清除羟自由基是 VC 的 1.4~2.7 倍	[31]
26	桉叶	清除 DPPH 自由基(IC_{50} 为 35.6 μg/mL)、ABTS 自由基(IC_{50} 为 83 μg/mL)	弱于 VC、VE	[32]
27	枇杷叶	清除 ABTS 自由基(IC_{50} 为 6.92 μg/mL)	强于 VC	[33]
28	箬叶	清除 DPPH 自由基(IC_{50} 为 39.5 μg/mL)	与 VC 清除率相当(浓度为 1.0 mg/mL)	[34]
29	桑叶	增加 D-半乳糖诱导的衰老小鼠血清中的 SOD 活性,降低 MDA 含量[高剂量(0.6 g/kg)灌胃]	MDA 含量降低程度强于 VC	[35]

续表

序号	植物部位	活性及剂量	阳性对照	文献
30	山核桃叶	显著降低 TBBPA 诱导斑马鱼胚胎的卵凝结率、畸形率及 32 h 血流障碍等指标,显著抑制 TBBPA 诱导的 ROS 水平升高,抑制 TBBPA 诱导的凋亡基因 $p53$ 上调和 $Bcl\text{-}2$ 下调。通过降低 ROS 水平,抑制凋亡基因的异常表达,发挥抗氧化和抑制凋亡作用,对 TBBPA 诱导的斑马鱼胚胎毒性具有保护作用(浓度为 1.0 mg/L)	无	[36]
31	山莓茎皮	清除 ABTS 自由基和 DPPH 自由基(IC_{50} 为 0.006 mg/mL)	强于 BHT	[37]
32	粗榧叶	清除 DPPH 自由基(浓度为 0.05~1.00 mg/mL)	强于 VC	[38]
33	石楠叶	清除 DPPH 自由基(EC_{50} 为 1.39 mg/L)	强于 VC	[39]
34	柿叶	清除 DPPH 自由基(IC_{50} 为 5.45 μg/mL)	强于 VC	[40]
		提高模型大鼠血清和溃疡组织中的 SOD 活性,降低 MDA 含量(灌胃剂量为 20~80 mg/kg)	强于西瓜霜	[41]
		4-烯丙基儿茶酚清除 DPPH 自由基(IC_{50} 为 13.1 μg/mL)、ABTS 自由基(IC_{50} 为 4.4 μg/mL)	Trolox	[42]
35	黄芪茎	具有还原力和清除超氧阴离子自由基作用(浓度为 0.0386 mg/mL)	用量< 3 mL 时,强于 VC	[43]
36	水飞蓟茎叶	山柰酚-3-O-α-L-鼠李糖苷、山柰酚-7-O-α-L-鼠李糖苷、山柰酚-3,7-O-α-L-二鼠李糖苷、山柰酚和异鼠李素对 Fe^{2+} 半胱氨酸诱导的肝微粒体脂质过氧化模型具有抗氧化活性(IC_{50} 值为 8.5~11.2 μmol/L)	无	[44]
37	茼蒿叶	具有总抗氧化能力(浓度为 0.1~0.5 mg/mL)、清除 DPPH 自由基(浓度为 0.002~0.014 mg/mL)、清除羟自由基(浓度为 0.0005~0.0025 mg/mL),抑制 Fe^{2+} 引发的卵磷脂脂质体过氧化(浓度为 0.1~0.8 mg/mL)	弱于 VC	[45]

续表

序号	植物部位	活性及剂量	阳性对照	文献
38	紫花苜蓿叶	清除DPPH自由基(IC_{50}为1.78 mg/mL)。随总黄酮浓度的增加,Fe^{2+}-TPTZ复合体形成量增多,所表现出的铁还原能力(FRAP)增强(浓度为0~2.5 mg/mL)	无	[46]
39	玛咖叶	清除羟自由(IC_{50}为0.605 mg/mL)、DPPH自由基(IC_{50}为0.165 mg/mL)、超氧阴离子自由基(IC_{50}为0.425 mg/mL)	弱于VC,强于BHT	[47]
40	生姜茎叶	清除羟自由基(IC_{50}为0.50 mg/mL)及具有总还原能力	弱于VC,强于BHT	[48]
41	小叶黑柴胡茎叶	清除DPPH自由基、超氧阴离子自由基、羟自由基(浓度为0.05~0.6 mg/mL)	清除羟自由基的能力强于VC(浓度>0.1 mg/mL),强于VE(浓度>0.5 mg/mL)	[49]
42	杏叶	清除DPPH自由基、羟自由基、超氧阴离子自由基(浓度为0.2~1.0 mg/mL)	清除DPPH自由基、羟自由基的作用弱于VC,清除超氧阴离子自由基的作用强于芦丁	[50]
43	杨梅叶	清除DPPH自由基、还原力、总抗氧化能力	强于VC	[51]
44	银杏叶	与缺血/再灌注组比较,可降低血清BUN和Cr水平,减轻病理形态学改变;降低MDA含量,增加SOD活性(灌胃剂量为50 mg/kg)	无	[52]
45	鸢尾叶	对DPPH自由基的清除率均超过70%,对羟自由基具一定的清除作用(浓度为0.15~0.75 mg/mL)	无	[53]
46	黑果悬钩子茎、叶	叶总黄酮和茎总黄酮清除ABTS自由基的能力分别为纯化前的1.7倍和2.5倍,清除DPPH自由基的能力分别为纯化前的1.7倍和2.6倍	无	[54]

续表

序号	植物部位	活性及剂量	阳性对照	文献
47	荷叶	山柰酚(IC$_{50}$为 8.044 μmol/L)、槲皮素(IC$_{50}$为 8.082 μmol/L)、芹菜素(IC$_{50}$为 8.246 μmol/L)、金丝桃苷(IC$_{50}$为 8.712 μmol/L)具有清除 DPPH 自由基作用	无	[55]
48	杜仲叶	槲皮素-3-O-β-D-葡萄糖具有清除 DPPH 自由基作用(IC$_{50}$为 13.7 μmol/L)	强于 VC	[56]
49	花椒叶	槲皮素及其糖苷具有清除 DPPH 自由基作用(IC$_{50}$为 0.009~0.016 μmol/mL)、清除 ABTS 自由基作用、三价铁还原能力	无	[57]
50	胡椒叶	野漆树苷具有清除氧自由基作用(ORAC 值为 10823 μmol TE/g)	无	第3章 [10]

4.2　黄酮的提取分离与抑菌、杀虫作用

菠萝[*Ananas comosus*（Linn.）Merr.]（见图 4-40）为凤梨科凤梨属植物。其叶黄酮的提取分离工艺如下：取干燥叶 20 kg，粉碎后用 95% 乙醇（5 L）于室温下浸泡提取 3 次，浸泡时间分别为 5 d、7 d、7 d，合并提取液并减压浓缩，得乙醇提取物 1 kg，将乙醇提取物溶于水后，依次用石油醚、乙酸乙酯萃取；将得到的乙酸乙酯萃取物（约 300 g）经硅胶柱色谱，用石油醚-乙酸乙酯（10:0、9:1、8:2、7:3、6:4、1:1、4:6、3:7、2:8、1:9、0:10）梯度洗脱，TLC 检测并合并洗脱液，得到 20 个组分 Fr. A～Fr. T。

图 4-40　菠萝

Fr. D(150 mg)经硅胶柱色谱，用石油醚-乙酸乙酯(4:1～1:1)洗脱纯化得小麦黄素(见图 4-41)、金圣草(黄)素(见图 4-42)；Fr. M(132 mg)经反复硅胶柱色谱(氯仿-丙酮为 10:1～4:1)及 Sephadex LH-20 柱色谱(氯仿-甲醇 2:3)纯化得 1-O-对羟基肉桂酰单甘油酯(见图 4-43)；Fr. N(86 mg)经反复硅胶柱色谱(氯仿-丙酮为 4:1～1:1)、反相硅胶柱色谱(甲醇-水为 1:1～4:1)、Sephadex LH-20 柱色谱(氯仿-甲醇 2:3)纯化得菠萝叶酯 A(见图 4-44)。菠

萝叶酯 A 对金黄色葡萄球菌和大肠杆菌表现出与阳性对照(环丙沙星)相当的抑制活性,MIC 达到 0.156 μg/mL。1-O-对羟基肉桂酰单甘油酯对金黄色葡萄球菌、白色葡萄球菌、大肠杆菌表现出与阳性对照(环丙沙星)相当的抑制活性,MIC 达到 0.156 μg/mL、0.313 μg/mL、0.156 μg/mL。而小麦黄素对白色葡萄球菌和大肠杆菌表现出与阳性对照环丙沙星相当的抑制活性,MIC 分别为 0.313 μg/mL、0.156 μg/mL。当浓度为 50 μg/mL、25 μg/mL、10 μg/mL 时,菠萝叶酯 A 和金圣草(黄)素均有较好的杀卤虫活性,IC_{50} 值分别为 21.4 μg/mL 和 25.0 μg/mL[58]。

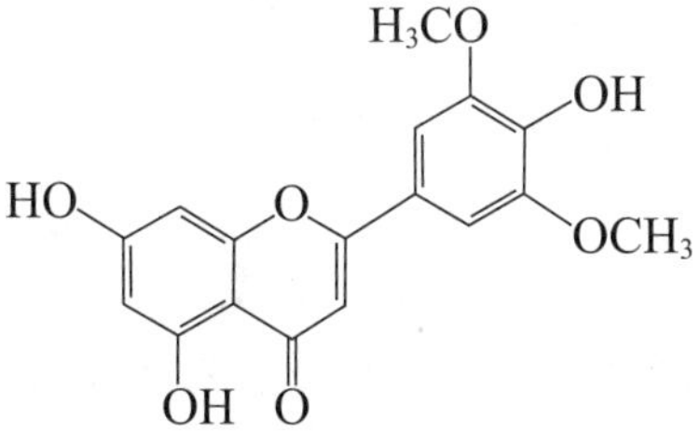

图 4-41 小麦黄素

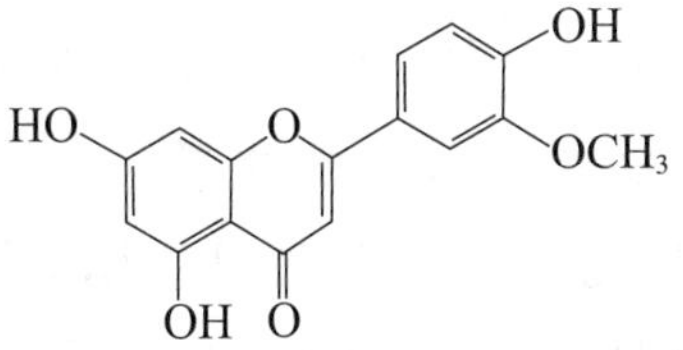

图 4-42 金圣草(黄)素

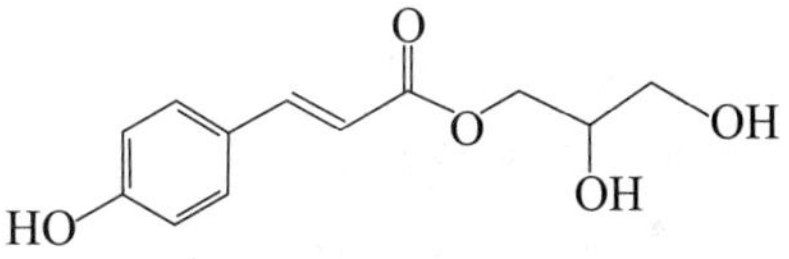

图 4-43 1-O-对羟基肉桂酰单甘油酯

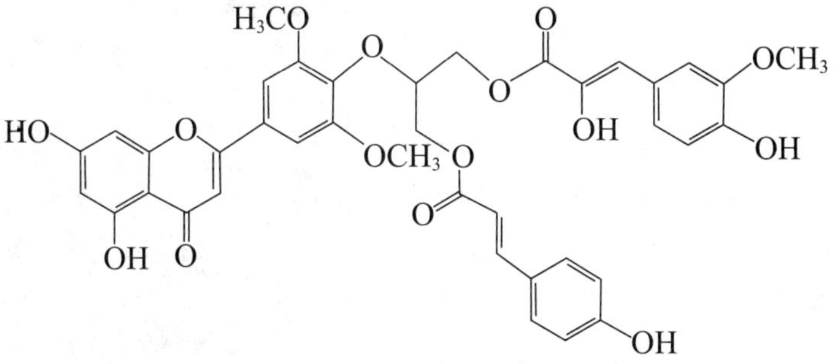

图 4-44 菠萝叶酯 A

如文献[11],当赶黄草(*Penthorum chinense* Purse)茎叶乙酸乙酯相(主要成分为黄酮)浓度为 20 mg/mL 时,其对金黄色葡萄球菌和铜绿假单胞菌的抑菌圈直径分别为 10.07 mm 和 10.33 mm,低于阳性对照羧苄青霉素的抑菌活性和庆大霉素对金黄色葡萄球菌的抑菌活性,较庆大霉素对铜绿假单胞菌的抑菌活性稍高。

枸杞叶总黄酮的提取工艺如下:取干燥叶粉末,按料液比 1:30(m/V)加入 80% 乙醇,浸泡 20 min 后,超声提取 35 min(超声功率为 270 W),抽滤;滤渣在相同条件下循环提取 1 次,合并滤液,55 ℃ 减压回收乙醇,得总黄酮。总黄酮对黑曲霉、面包酵母无抑制作用,但能抑制大肠杆菌(G^-)、金黄色葡萄球菌(G^+)及青霉菌的生长,最小抑菌浓度分别为 10.3 mg/g、20.6 mg/g、41.2 mg/g[59]。

如文献[25],当连云港山楂叶黄酮浓度为 0.625 mg/mL、1.25 mg/mL、2.5 mg/mL 时,其对金黄色葡萄球菌、大肠杆菌、枯草芽孢杆菌有一定的抑菌作用。实验所用牛津杯外径为 7.8 mm,当总黄酮浓度为 2.5 mg/mL 时,其对金黄色葡萄球菌、枯草芽孢杆菌的抑菌圈直径分别为 11.70 mm 和 18.23 mm。

忍冬(*Lonicera japonica* Thunb.)叶总黄酮的提取工艺如下:叶采用 60% 乙醇加热(60 ℃)提取,浓缩,经 D101 型大孔吸附树脂柱分离,水除杂后用 50% 乙醇洗脱得到总黄酮。总黄酮对鸡大肠杆菌的抑制效果最好,MIC 值为 1.95 g/L;对鸡金黄色葡萄球菌的抑制效果次之,MIC 值为 3.91 g/L;对鼠伤寒沙门氏菌、肺炎链球菌、大肠杆菌、化脓性链球菌、金黄色葡萄球菌、鸡大肠杆菌、鸡金黄色葡萄球菌、鸡白痢沙门氏菌、牛无乳链球菌均具有杀灭作用,且效果均强于阳性药物银黄颗粒[60]。

瑞香狼毒(*Stellera chamaejasme* Linn.)(见图 4-45)是瑞香科、狼毒属多年生草本植物。其茎、叶总黄酮的提取工艺如下:取茎叶粉末 1 kg,按料液比 1:25(m/V)加入 90% 乙醇,浸泡 3 d,70 ℃ 超声提取 50 min,重复 2 次,过滤;滤渣重复操作 1 次,合并滤液,旋蒸浓缩,于 4 ℃ 冷浸,静置脱糖,上层旋蒸得

图 4-45 瑞香狼毒

到初浸膏与硅胶拌样,旋蒸后装柱,依次用乙酸乙酯、正丁醇洗脱,得乙酸乙酯相。乙酸乙酯相对油菜蚜虫有明显的抗虫效果,当乙酸乙酯相浓度达到 0.01 mg/mL 时,处理 72 h 后,其校正死亡率超过 90%。阿维菌素与 0.01 mg/mL 乙酸乙酯相混配处理 30 h 后,蚜虫的校正死亡率高达 97%,与混配前抗虫活性比较,校正死亡率增加显著,具有增效作用。将 1.8% 阿维菌素稀释 10000 倍,并与 0.01 mg/mL 乙酸乙酯相混配,处理 30 h 后,死亡率高达 91%,抗虫活性增加。不同水平的阿维菌素与 0.01 mg/mL 茎叶乙酸乙酯相混配后,阿维菌素稀释倍数越小,抗虫活性越强,即抗虫活性具有一定的剂量相关性[61]。

菊芋[*Helianthus tuberosus* (L. 1753)](见图 4-46)又名洋姜、鬼子姜,是菊科向日葵属多年宿根性草本植物。其叶总黄酮的提取工艺如下:取组培菊芋叶,50 ℃烘干,按液料比 1:40(m/V)加入 40%乙醇,64 ℃超声提取 20 min,过滤。总黄酮对大肠杆菌的抑制效果良好,抑菌圈直径为 18 mm,对大肠杆菌的 MIC 值为 20 mg/mL[62]。

图 4-46　菊　芋

油茶(*Camellia oleifera* Abel.)别名为茶子树、茶油树、白花茶,是茶科油茶属常绿小乔木。其叶总黄酮的提取工艺如下:取叶干燥粉末 5.0 g,按料液比 1:22 加入 60%乙醇,78 ℃回流提取 2 次,每次 90 min,过滤,得总黄酮提取液。当总黄酮浓度为 25 mg/mL 时,抑菌圈直径的大小顺序为:大肠杆菌(17.63 mm)>金黄色葡萄球菌(16.38 mm)>黑曲霉(11.42 mm)[63]。

Commiphora pedunculata (Kotschy & Peyr.) Engl. 属于橄榄科植物。从该植物茎皮中分离出山柰酚(见图 4-47)和二氢山柰酚(见图 4-48)。这两种化合物均具有抑制金黄色葡萄球菌、耐万古霉素肠球菌、白色念珠菌和大肠杆菌的作用,抑菌圈直径为 24~30 mm,对耐万古霉素肠球菌、金黄色葡萄球菌的 MIC 值均为 6.25 mg/mL[64]。

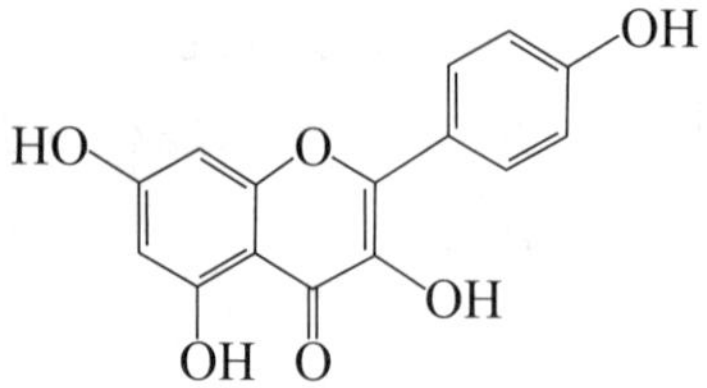

图 4-47 山柰酚 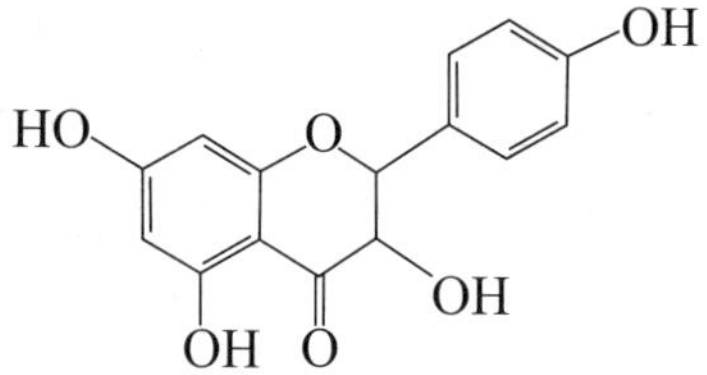　　　　　图 4-48 二氢山柰酚

白花檵木[*Loropetalum chinensis*(R.Br.)Oliv.]为金缕梅科檵木属植物。其茎叶黄酮的提取分离工艺如下：取 1 kg 茎叶粉末，加入 95% 乙醇浸渍 7 d，减压抽滤，重复 3 次，并于 50 ℃ 减压旋蒸浓缩至起泡沫，合并 3 次浓缩液，加入正丁醇消泡，并于 50 ℃ 减压旋蒸浓缩至冷凝管产生液滴不明显，得浓缩物。浓缩物加入分液漏斗中，加入适量蒸馏水混匀，加入等体积石油醚萃取；再用乙酸乙酯萃取水相至酯层无色，最后用正丁醇萃取水相至醇层无色，萃取物用旋转蒸发仪浓缩。取乙酸乙酯萃取物 25 g，用三氯甲烷-甲醇(100∶2)溶解，加入硅胶拌匀，晾干。磨碎后加入层析柱中，加入少量层析液清洗管壁，使样品充分吸附于硅胶上，用三氯甲烷-甲醇(100∶2～8∶2)梯度洗脱，每个梯度用液量为 500 mL，流速为 1～2 滴/秒，用锥形瓶接收流分，每瓶接收 20 mL。用 TLC 检测，得到七个流分(F1～F7)。流分 F5(2.8 g)用三氯甲烷-甲醇 (100∶2)溶解，加入硅胶拌匀，晾干。磨碎后加入层析柱中，用三氯甲烷-甲醇(95∶5～90∶10)梯度洗脱，用 TLC 检测，合并相同流分。用 TLC 检测，合并相同流分。上 Sephadex-LH-20 凝胶柱，用三氯甲烷-甲醇(1∶1)洗脱，再用 RP-18 纯化，得到槲皮素。当槲皮素浓度为 1000 μg/mL 时，槲皮素对白假丝酵母菌、枯草芽孢杆菌和大肠杆菌的抑菌圈直径分别为 34 mm、13 mm 和 16 mm。乙酸乙酯萃取物对白假丝酵母菌、枯草芽孢杆菌和大肠杆菌的抑菌圈直径分别为 32 mm、14 mm、16 mm[65]。

对上述植物茎叶黄酮的抑菌、杀虫作用的文献调研，如表 4-2 所示。

表 4-2 植物茎叶黄酮的抑菌、杀虫作用

序号	植物部位	活性及剂量	阳性对照	文献
1	菠萝叶	菠萝叶酯 A 抑制金黄色葡萄球菌、大肠杆菌(MIC 值为 0.156 μg/mL)。1-O-对羟基肉桂酰单甘油酯抑制金黄色葡萄球菌、白色葡萄球菌、大肠杆菌(MIC 为 0.156~0.313 μg/mL)。小麦黄素抑制白色葡萄球菌、大肠杆菌。菠萝叶酯 A 和金圣草(黄)素杀卤虫(MIC 为 0.156~0.313 μg/mL)	1-O-对羟基肉桂酰单甘油酯抑制金黄色葡萄球菌、白色葡萄球菌、大肠杆菌,小麦黄素抑制白色葡萄球菌和大肠杆菌与环丙沙星作用相当	[58]
2	赶黄草茎叶	乙酸乙酯相对金黄色葡萄球菌和铜绿假单胞菌的抑菌圈直径分别为 10.07 mm 和 10.33 mm(浓度为 20 mg/mL)	低于羧苄青霉素和庆大霉素(金黄色葡萄球菌),稍高于庆大霉素(铜绿假单胞菌)	[11]
3	枸杞叶	抑制大肠杆菌(MIC 值为 10.3 mg/g)、金黄色葡萄球菌(MIC 值为 20.6 mg/g)及青霉菌(MIC 值为 41.2 mg/g)	无	[59]
4	山楂叶	抑制金黄色葡萄球菌、大肠杆菌、枯草芽孢菌(浓度为 0.625~2.5 mg/mL)	无	[25]
5	忍冬叶	抑制鸡大肠杆菌效果最好(MIC 值为 1.95 g/L);对鼠伤寒沙门氏菌、肺炎链球菌、大肠杆菌、化脓性链球菌、金黄色葡萄球菌、鸡大肠杆菌、鸡金黄色葡萄球菌、鸡白痢沙门氏菌、牛无乳链球菌均具有杀灭作用	强于银黄颗粒	[60]
6	瑞香狼毒茎叶	乙酸乙酯相对油菜蚜虫处理 72 h 后,校正死亡率超过 90%(0.01 mg/mL)。当阿维菌素与 0.01 mg/mL 乙酸乙酯相混配时,阿维菌素稀释倍数越小,抗虫活性越强	无	[61]
7	菊芋叶	抑制大肠杆菌(抑菌圈直径为 18 mm,MIC 值为 20 mg/mL)	与青霉素相当	[62]
7	油茶叶	抑菌圈直径大小:大肠杆菌＞金黄色葡萄球菌＞黑曲霉(浓度为 25 mg/mL)	无	[63]
8	*Commiphora pedunculata* (Kotschy & Peyr.) Engl. 茎皮	山奈酚和二氢山奈酚可抑制金黄色葡萄球菌、耐万古霉素肠球菌、白色念珠菌和大肠杆菌,对耐万古霉素肠球菌、金黄色葡萄球菌的 MIC 值为 6.25 mg/mL	无	[64]

续表

序号	植物部位	活性及剂量	阳性对照	文献
9	白花檵木茎叶	槲皮素抑制白假丝酵母菌、枯草芽孢杆菌和大肠杆菌(抑菌圈直径分别为 34 mm、13 mm,16 mm)。乙酸乙酯萃取物抑制白假丝酵母菌、枯草芽孢杆菌和大肠杆菌(抑菌圈直径为 14~32 mm,浓度为 1000 μg/mL)	抑制白假丝酵母菌作用强于青霉素	[65]

4.3 黄酮的提取分离与抗癌作用

莲(Nelumbo nucifera Gaertn)是睡莲科莲亚科莲属多年生水生草本植物。莲又称荷、荷花、莲花、芙蕖、鞭蓉、水芙蓉、水芝、水芸、水旦、水华等,溪客、玉环是其雅称,未开的花蕾称为菡萏,已开的花朵称鞭蕖,地下茎为称藕。其梗总黄酮的提取分离工艺如下:取荷梗干燥样品 30 kg,经适当粉碎后,用 70%乙醇回流提取 2 次,每次 1.5 h,合并 2 次提取液,减压回收溶剂,残留物加水分散,离心,上清液过 AB-8 型大孔吸附树脂,依次用水和 60%乙醇洗脱,醇洗脱液回收溶剂至干,残留物减压干燥,加甲醇回流提取至提取液近无色,回收溶剂至干,减压干燥,得干浸膏 200.5 g。上述干浸膏经硅胶柱色谱分离,以氯仿-甲醇梯度洗脱(50∶1~1∶1),得 6 个组分:A~F。组分 C(13.5 g)过硅胶柱,用石油醚-丙酮(3∶1)和氯仿-甲醇(15∶1)洗脱,反复进行柱色谱分离,再经 Sephadex LH-20 柱色谱(甲醇洗脱)分离纯化,得木犀草素-3′,4′-二甲基-7-O-β-D-葡萄糖苷(Ⅰ)(见图 4-49)。组分 D(18.7 g)过硅胶柱,用氯仿-丙酮(4∶1~1∶1)梯度洗脱得到 5 个流分:FrD1~FrD5。FrD1 过 Sephadex LH-20 柱,用氯仿-甲醇(1∶2)洗脱,再以石油醚-丙酮(1∶1)为洗脱剂反复过硅胶柱分离,得异鼠李素-3-O-β-D-葡萄糖苷(Ⅵ)(见图 4-52)。组分 E(7.7 g)过硅胶柱,用氯仿-甲醇(5∶1~1∶1)梯度洗脱得 3 个流分:FrE1~FrE3。FrE1 以甲醇-水(5∶1)为洗脱溶剂,过 ODS 柱,再过 Sephadex LH-20 柱色谱(甲醇洗脱),得山奈酚-3-O-β-D-吡喃木糖(1→2)-β-D-葡萄糖苷(Ⅱ)(见图 4-50)。FrE3 以二氯甲烷-甲醇(2∶1)为洗脱剂反复过硅胶柱,反复重结晶,得槲皮素-3,3′-O-二葡萄糖(Ⅲ)(见图 4-51)。当化合物Ⅰ、Ⅱ、Ⅲ、Ⅵ的浓度为 $1×10^{-5}$ mol/L 时,其对人肝癌细胞 BEL-7402 生长的抑制率分别为 67.36%、53.25%、57.78%、60.13%[66]。

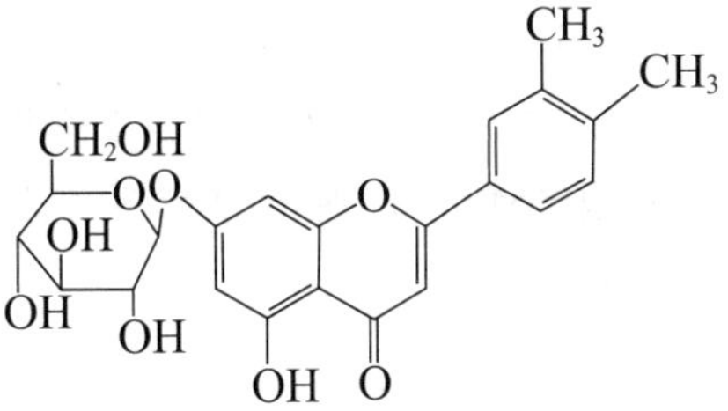

图 4-49　木犀草素-3′,4′-二甲基-7-O-β-D-葡萄糖苷

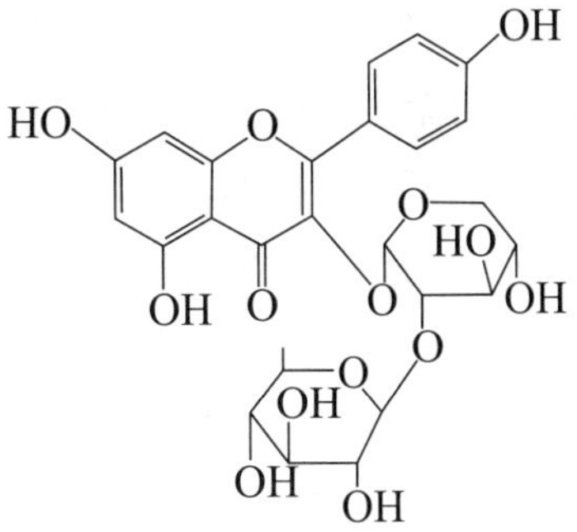

图 4-50　山奈酚-3-O-β-D-吡喃木糖(1→2)-β-D-葡萄糖苷

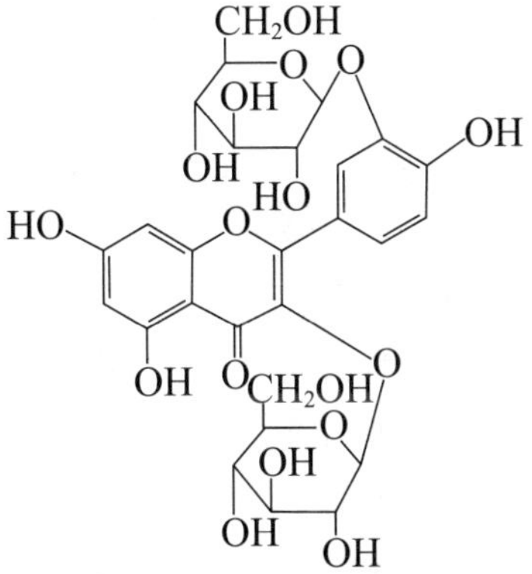

图 4-51　槲皮素-3,3′-O-二葡萄糖

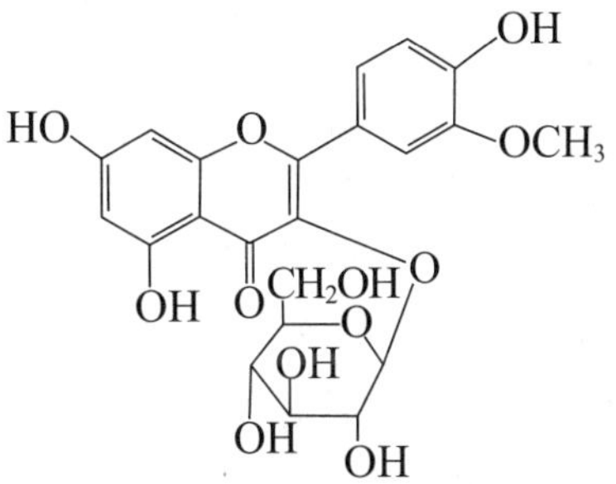

图 4-52　异鼠李素-3-O-β-D-葡萄糖苷

万寿菊（*Tagetes erecta* L.）（见图 4-53）为菊科万寿菊属一年生草本植物，俗称臭芙蓉、金盏花、蜂窝菊。从其茎叶中分离出两种黄酮类化合物：4′-甲氧基-泽兰素-3-O-β-D-葡萄糖苷（见图 4-54）和山奈酚-3,7-O-α-L-双鼠李糖苷（见图 4-55）。当两种酮类化合物浓度为 20 μmol/L、40 μmol/L、80 μmol/L、120 μmol/L、160 μmol/L 时，在作用 24 h、48 h、72 h 后，两种黄酮类化合物均可抑制人胃癌细胞 SGC7901 和人肝癌细胞 SMMC7721 的增殖，且呈现浓度与时间依赖性。4′-甲氧基-泽兰素-3-O-β-

图 4-53　万寿菊

D-葡萄糖苷作用 48 h 后,对这两种癌细胞的 IC_{50} 值分别为 111.7 mg/L、330.4 mg/L;山奈酚-3,7-O-α-L-双鼠李糖苷作用 48 h 后,对这两种癌细胞的 IC_{50} 值分别为 683.8 mg/L、464.7 mg/L。两种化合物作用肿瘤细胞后细胞的形态均发生改变,并有部分细胞发生凋亡[67]。

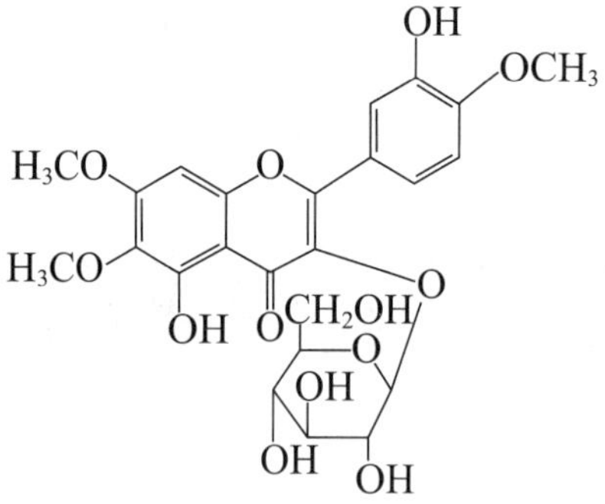

图 4-54　4′-甲氧基-泽兰素-3-O-β-D-葡萄糖苷

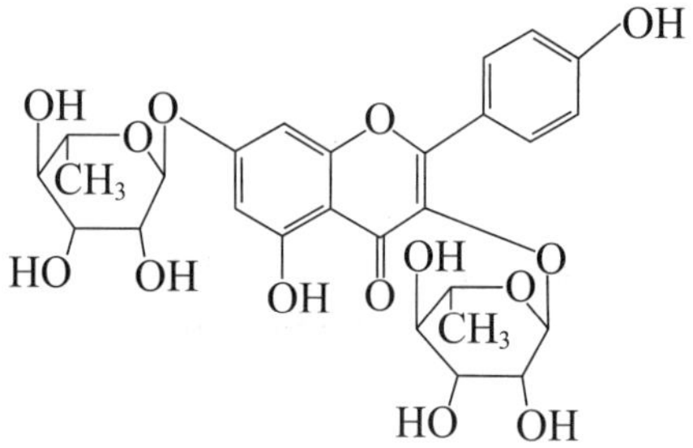

图 4-55　山奈酚-3,7-O-α-L-双鼠李糖苷

薜荔(Ficus pumila Linn.)是桑科榕属植物。其茎总黄酮的提取分离工艺如下:将室温阴干的茎(16 kg)粉碎,用 85% 乙醇浸泡 3 次,每次 6 天,提取液合并,减压浓缩,得乙醇总浸膏(700 g)。乙醇总浸膏分散于蒸馏水中,分别用石油醚和乙酸乙酯萃取 3 次,合并萃取液,减压浓缩,得石油醚浸膏 100 g,乙酸乙酯浸膏 80 g。乙酸乙酯部位(75 g)和等量硅胶(100~200 目)拌匀,干法装柱,用石油醚-乙酸乙酯(100∶0~0∶100)梯度洗脱,每次收集 500 mL 流分。TLC 检测合并相似流分,得 7 个组分:A~G。组分 F 用 200~300 目的硅胶拌样,用氯仿-甲醇(8∶1)洗脱得组分 F-1 和 F-2,组分 F-1 重结晶得芹菜素(见图 4-56)、Alpinum isoflavone(见图 4-57)。两者均对人乳腺癌细胞(MCF-7)具有一定的增殖抑制活性,IC_{50} 值分别为 32.5 μg/mL、37.3 μg/mL[68]。

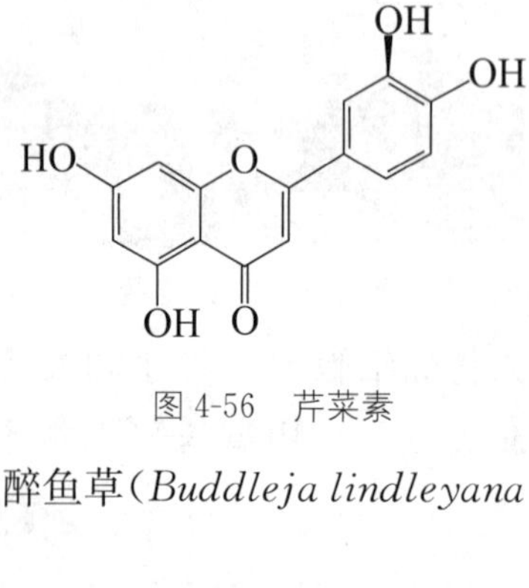

图 4-56　芹菜素

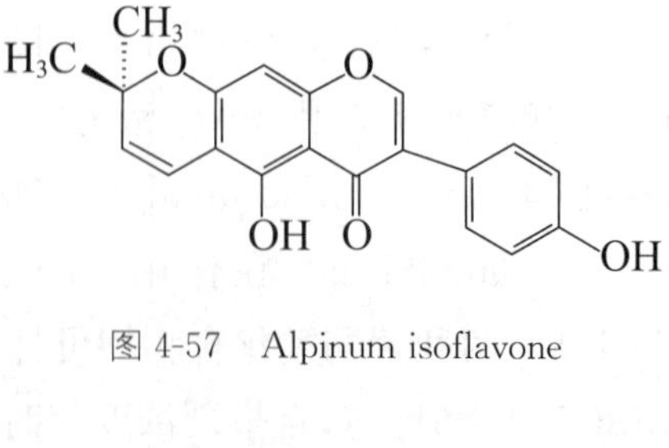

图 4-57　Alpinum isoflavone

醉鱼草(Buddleja lindleyana Fort.)是醉鱼草亚科醉鱼草属落叶灌木。

其茎叶黄酮的提取分离工艺如下:取茎叶粉末 40 kg,用 10 倍量的 60%乙醇回流提取 3 次,合并提取液,减压浓缩至无醇味,得总提物浸膏;将总提物浸膏用水分散后,依次用三氯甲烷、正丁醇萃取,回收溶剂,得三氯甲烷萃取部位 550 g,正丁醇萃取部位 1125 g,萃取剩余部分用正丁醇液封存放。将正丁醇部位萃取物 1125 g 用水溶解(可加入适量的乙醇助溶),以湿法上样方法,用 AB-8 大孔吸附树脂分段,依次用水、25%乙醇、50%乙醇、75%乙醇、95%乙醇梯度洗脱,减压蒸馏回收溶剂,得水洗脱部位 256 g、25%乙醇洗脱部位 304 g、50%乙醇洗脱部位 350 g、75%乙醇洗脱部位 42 g、95%乙醇洗脱部位 32 g。75%乙醇洗脱部分用乙醇溶解后加入 1.2 倍量的 60～100 目柱层析硅胶拌样,使硅胶充分吸附样品,置于水浴锅上待溶剂挥干后用研钵研细,放置保存等待上样。200～300 目柱层析硅胶用三氯甲烷充分浸泡,将拌样硅胶用干法上样装柱,用三氯甲烷-甲醇梯度洗脱,得 A～K 共 11 个流分。流分 C 经三氯甲烷-甲醇硅胶柱层析梯度洗脱,用 Sephadex LH-20 凝胶色谱分离,得槲皮素。槲皮素对人宫颈癌 Hela 细胞有较明显的抑制作用,其 IC_{50} 值为 28.6425 $\mu g/mL$[69]。

明日叶(*Angelica Keiskei* Koidzumi)(见图 4-58)又称八丈草、明日草、明月草、碱草等,原产于日本太平洋沿海地区的伊豆、八丈诸岛,为宿根常绿直立草本植物,因其生长快、生命力强,大有"今日摘叶,明日又长新芽"之势而得名。对 H22 肝癌小鼠每日经口灌胃 5 mg/kg、50 mg/kg 明日叶查耳酮(见图 4-59),结果表明高剂量组与肿瘤对照组(腹腔注射 4 mg/kg 恩度)肝癌组织 MVD 计数分别为 4.5±1.286 与 9.9±1.175,肝癌细胞增殖活性(以吸光度表示)分别为 0.506±0.032 和 1.330±0.089,说明明日叶查耳酮可抑制 H22 小鼠肝癌组织新血管的生成[70]。

图 4-58　明日叶　　　　　　　图 4-59　查耳酮

对上述植物茎叶黄酮抗癌作用的文献调研,如表 4-3 所示。

表 4-3 植物茎叶黄酮的抗癌作用

序号	植物部位	活性及剂量	阳性对照	文献
1	荷梗	木犀草素-3′,4′-二甲基-7-O-β-D-葡萄糖苷、山柰酚-3-O-β-D-吡喃木糖(1→2)-β-D-葡萄糖苷、槲皮素-3,3′-O-二葡萄糖、异鼠李素-3-O-β-D-葡萄糖苷对人肝癌细胞 BEL-7402 生长的抑制率分别是 67.36%、53.25%、57.78%、60.13%(浓度为 $1.0×10^{-5}$ mol/L)	阿霉素	[66]
2	万寿菊茎叶	4′-甲氧基-泽兰素-3-O-β-D-葡萄糖苷抑制人胃癌细胞 SGC7901(IC_{50} 为 111.7 mg/L)和人肝癌细胞 SMMC7721(IC_{50} 为 330.4 mg/L)。山柰酚-3,7-O-α-L-双鼠李糖苷也可抑制上述两种癌细胞(IC_{50} 值分别为 683.8 mg/L、464.7 mg/L)	弱于 5-氟脲嘧啶	[67]
3	薜荔茎	芹菜素(IC_{50} 为 32.5 μg/mL)、Alpinum isoflavone(IC_{50} 为 37.3 μg/mL)抑制人乳腺癌细胞 MCF-7 增殖	无	[68]
4	醉鱼草茎叶	槲皮素对人宫颈癌 Hela 细胞有抑制作用(IC_{50} 为 28.6425 μg/mL)	无	[69]
5	明日叶	查耳酮降低 H22 肝癌小鼠的肝癌组织 MVD,降低肝癌细胞增殖活性(灌胃剂量为 50 mg/kg)	恩度	[70]

4.4 黄酮的提取分离与抗炎、免疫调节作用

$CD4^+$ T 细胞作为效应 T 细胞的主要成分,参与免疫应答的各个阶段,在免疫调节中起关键作用,是细胞免疫的核心和枢纽。目前,公认的观点是类风湿性关节炎(RA)是抗原呈递细胞和 $CD4^+$ T 细胞作用的结果。$CD4^+$ T 细胞根据分泌细胞因子的不同,可分为 Th1、Th2、Th17、Treg 等细胞亚群。Th1 细胞主要分泌 IL-2、IFN-γ 等,介导与局部炎症有关的免疫应答,参与细胞免疫应答;Th2 细胞主要分泌 IL-4、IL-5、IL-6 和 IL-10 等,可辅助 B 细胞分化和产生抗体,与体液免疫相关。Th0 细胞在 IL-6、TGF-β 作用下分化为 Th17 细胞,Th17 细胞主要分泌 IL-17,介导慢性炎症、器官移植免疫排斥、自

身免疫疾病和肿瘤等。Th1/Th2 细胞的平衡紊乱、Th17 细胞活化被公认为 RA 发病的重要机制之一。Treg 细胞具有抑制 T 细胞及抗原呈递细胞的功能,可降低致炎细胞因子的产生,对 RA 具有抑制作用。Th1/Th2、Th17/Treg 及各种细胞因子,处于一种动态平衡状态,此状态一旦被打破,就有可能导致各种疾病[71]。Th1 细胞主要分泌促炎症作用的细胞因子,Th1 细胞介导的免疫反应启动组织特异性自身免疫性疾病的发生,而 Th2 细胞主要产生具有抑制炎症作用的细胞因子,Th1/Th2 细胞的比例失衡在 RA 发病机制中起着重要作用[72]。

T 淋巴细胞是机体最重要的免疫细胞,依据 T 细胞的表面标志及功能特征,可将 T 细胞分为不同的亚群。其中,$CD4^+$ T 细胞(Th 为主)和 $CD8^+$ T 细胞(Ts 为主)是一对相互制约的 T 细胞亚群,细胞免疫的自我稳定依赖这对 T 细胞亚群间的平衡。目前,$CD4^+$ T/$CD8^+$ T 值已成为监测人体细胞免疫功能,及反映机体免疫状态的重要指标,降低其比值,起到免疫抑制的作用[73]。

黄芩(*Scutellaria baicalensis* Georgi)茎叶总黄酮在灌胃剂量为 200 mg/kg 时,可减轻胶原性关节炎(CIA)小鼠的关节炎性细胞浸润,无关节、软骨和骨组织破坏,无强直、畸形;降低小鼠的脾脏指数(35.77),与雷公藤多苷片对照组治疗作用无明显差异。茎叶总黄酮对小鼠 T 淋巴细胞及其亚群的影响:减少模型组小鼠外周血中 $CD3^+$ T 细胞及 $CD4^+$ T 细胞数量,使 $CD4^+$/$CD8^+$ 比值接近正常水平;降低模型组小鼠 $CD4^+$ T 淋巴细胞中 Th1 细胞的数量,增加 Th2 细胞的比例;降低模型组小鼠 Th17 及 Treg 细胞比例;增加模型组小鼠分泌 IL-10,减少分泌 IFN-γ[74]。

楠竹[*Phyllostachys heterocycla*(Carr.)Mitford cv. Pubesc]是禾本科刚竹属植物。楠竹叶总黄酮的提取工艺如下:取干燥楠竹叶 5 kg,按料液比 1∶10(m/V)加入 70% 甲醇,浸提 3 次,每次 24 h,过滤,合并滤液,减压浓缩;提取液以湿法上样,过 MCI 柱,用 80% 甲醇溶液洗脱,洗脱流速为 3 BV/h,洗脱 4 倍柱体积后至洗脱液无明显盐酸-镁粉反应,吸附大量色素后的 MCI-GEL CHP20P 填料用丙酮溶液洗脱,再生;重复上述步骤,至楠竹叶黄酮粗提液全部脱色素;洗脱液浓缩后,冷冻干燥,得 106 g 提取物粉末。取提取物粉末 100 g,用蒸馏水溶解,以湿法上样,过 MCI 柱,吸附流速为 1 BV/h,上样完成后,加滤纸、玻璃珠封柱,依次用蒸馏水、10% 甲醇、30% 甲醇、50% 甲醇、

75%甲醇和100%甲醇洗脱,洗脱速度为2 BV/h,每次洗脱3～5柱,根据洗脱液的颜色深浅与色带的流动速度来调整各部位的洗脱柱体积,洗脱液合并后浓缩,得到不同黄酮部位(1～6号),然后冷冻干燥。部位2号至部位5号均对小鼠耳郭肿胀有明显的抑制作用,与模型对照组比较有极显著差异,抑制率分别为64.57%、77.13%、62.33%和83.41%;部位1号对小鼠耳郭肿胀有抑制作用,部位5号对小鼠气囊滑膜炎、棉球肉芽肿均有明显的抑制作用。经LC-QTOF-MS/MS分析,部位5号主要含有荭草素、异荭草素、牡荆素、甘草苷、C-pentosyl-luteolin、O-hexesyl tricin、C-pentosyl-luteolin 同分异构体等成分[75]。

孟连崖豆(*Millettia griffithii*)是豆科崖豆藤属植物。从其茎中分离出化合物 Griffinone A(见图4-60)、Griffinone B(见图4-61)和 Brandisianin A(见图4-62)。通过对LPS诱导的RAW 264.7细胞生成NO的影响实验,三个化合物均表现出明显的抗炎作用,其 IC_{50} 值分别为 20.4 μmol/L、2.1 μmol/L、35.7 μmol/L;且当三个化合物浓度达到 100 μmol/L 时,没有显示毒性[76]。

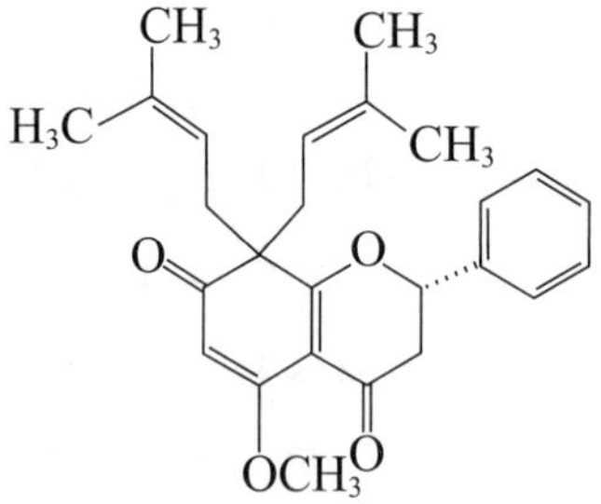

图 4-60　Griffinone A 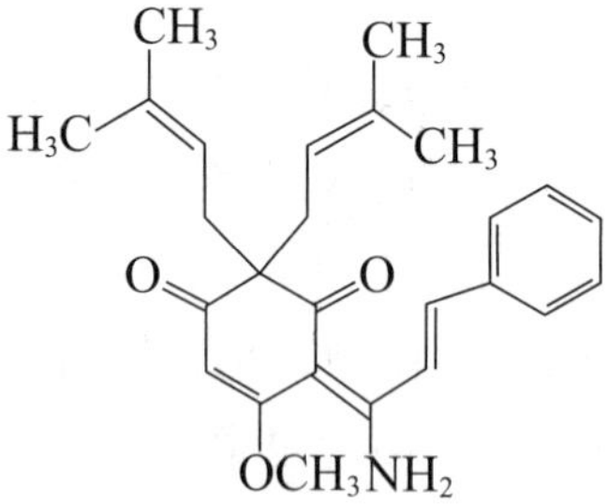　　　图 4-61　Griffinone B

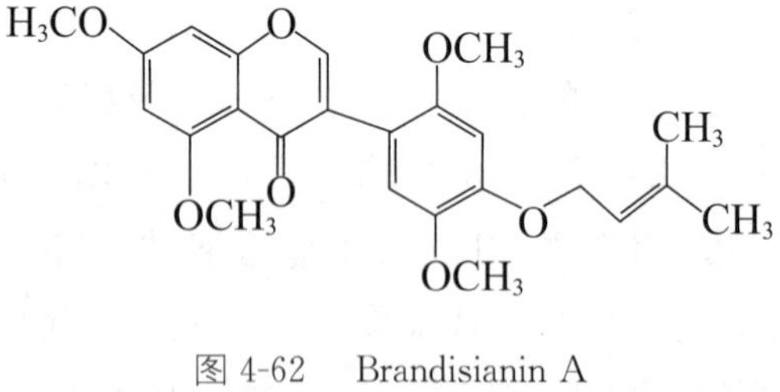

图 4-62　Brandisianin A

玉米(*Zea mays* L.)茎也称玉米秸秆,其总黄酮的提取工艺如下:取干燥、切碎的玉米茎 8 kg,加入80%甲醇提取(80 L×3),于室温浸渍24 h,将提取液浓缩得甲醇提取物 2 kg;将提取物悬浮于 0.8 L 水中,加入乙酸乙酯萃取(0.8 L×4),向水部分加入 0.6 L 水,用正丁醇萃取(1.0 L×4),分别浓缩得乙酸乙酯部分(CSE,102 g)、正丁醇部分(CSB,83 g)和水部分(CSW,1.8 kg)。乙酸乙酯部分过硅胶柱(12.5 cm×12 cm),用正己烷-乙酸乙酯(2∶1~1∶1,每次 75 L)、氯仿-甲醇(10∶1,20 L)和氯仿-甲醇-水(10∶3∶1,8 L)梯度洗脱,得 18 个组分(CSE-1~CSE-18)。其中 CSE-15 过硅胶柱(4.5 cm×13 cm),用氯仿-甲醇(30∶1~15∶1,每次 4.9 L)洗脱梯度,得 16 个组分(CSE-15-1~CSE-15-6)。CSE-15-6 过 ODS 柱,用甲醇-水(2∶1,1.3 L)洗脱得 8 个组分(CSE-15-6-1~CSE-15-6-8)。CSE-15-6-4 过 ODS 柱,用甲醇-水(3∶2,0.9 L)洗脱得 4 个组分(CSE-15-6-4-1~CSE-15-6-4-4)。CSE-15-6-4-2 过 Sephadex LH-20 柱(1.5 cm×35 cm),用甲醇-水(4∶1,0.3 L)洗脱产生 7 个组分(CSE-15-6-4-2-1~CSE-15-6-4-2-7)及小麦黄素(见图 4-63)。CSE-15-9 过 Sephadex LH-20 柱(1.5 cm×65 cm),用甲醇-水(4∶1,0.6 L)洗脱产生 16 个组分(CSE-15-9-1~CSE-15-9-16)。CSE-15-9-6 过 ODS 柱,用甲醇-水(2∶1,0.13 L)洗脱产生 10 个组分(CSE-15-9-6-1~CSE-15-9-6-10)和 Salcolin A(见图 4-64)。小麦黄素、Salcolin A 可抑制脂多糖诱导的 RAW 264.7 细胞产生 NO,其 IC_{50} 值分别为 2.63 μmol/L、14.65 μmol/L。小麦黄素、Salcolin A 可抑制谷氨酸诱导的 HT22 细胞凋亡,具有神经保护作用,其 EC_{50} 值分别为 25.14 μmol/L、47.44 μmol/L[77]。

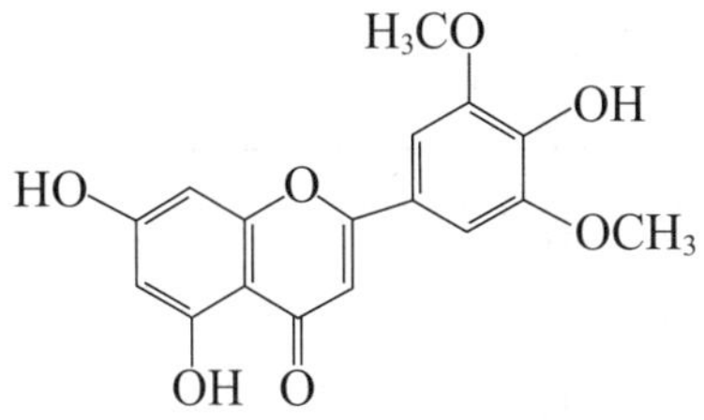

图 4-63　小麦黄素 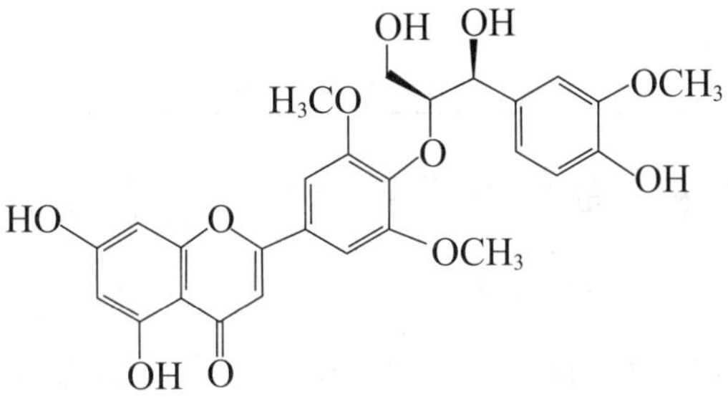　　　　图 4-64　Salcolin A

对上述植物茎叶黄酮抗炎、免疫调节作用的文献调研,如表 4-4 所示。

表 4-4 植物茎叶黄酮的抗炎、免疫调节作用

序号	植物部位	活性及剂量	阳性对照	文献
1	黄芩茎叶	减轻 CIA 小鼠的关节炎性细胞浸润,无关节、软骨和骨组织破坏,无强直、畸形。降低小鼠的脾脏指数。对小鼠 T 淋巴细胞及其亚群的影响:减少模型组小鼠外周血中 $CD3^+$ T 细胞及 $CD4^+$ T 细胞数量,$CD4^+/CD8^+$ 比值接近正常水平;降低模型组小鼠 $CD4^+$ T 淋巴细胞中 Th1 细胞数量,增加 Th2 细胞比例;降低模型组小鼠 Th17 及 Treg 细胞比例;增加模型组小鼠分泌 IL-10,减少分泌 IFN-γ	与雷公藤多苷片治疗作用无明显差异	[74]
2	楠竹叶	部位 1 号~5 号抑制小鼠耳郭肿胀,部位 5 号抑制小鼠气囊滑膜炎、棉球肉芽肿	强于醋酸地塞米松	[75]
3	孟连崖豆茎	Griffinone A (IC_{50} 为 20.4 μmol/L)、Griffinone B(IC_{50} 为 2.1 μmol/L)和 Brandisianin A(IC_{50} 为 35.7 μmol/L)可抑制 LPS 诱导 RAW 264.7 细胞生成 NO	无	[76]
4	玉米茎	小麦黄素、Salcolin A 可抑制脂多糖诱导的 RAW 264.7 细胞产生 NO(IC_{50} 值分别为 2.63 μmol/L、14.65 μmol/L),抑制谷氨酸诱导的 HT22 细胞凋亡,具有神经保护作用(浓度为 25.14 μmol/L、47.44 μmol/L)	Butein、Trolox	[77]

4.5 黄酮的提取分离与抑制关键酶作用

人体的胰脂肪酶是由胰脏分泌的对人体内甘油三酯消化吸收起关键作用的酶。胰脂肪酶抑制剂可以降低胰脂肪酶的活性,从而减少进入新陈代谢的甘油三酯,是治疗肥胖症的有效策略[78-79]。

辣木(*Moringa oleifera* Lam.)叶黄酮的提取纯化工艺如下:用微波辅助提取叶黄酮,重复 3 次,提取液经旋转蒸发去除乙醇,得浓缩提取物,加蒸馏水稀释至浓度为 4 mg/mL,以湿法装柱装入层析柱(20 mm×400 mm),上样流速为 1.5 BV/h,上样体积为 1 BV,洗脱剂为 70% 乙醇,流速为 1.5 BV/h,洗脱体积为 3 BV,洗脱液旋转蒸发去除乙醇,冷冻干燥得到总黄酮粉末。总黄

酮抑制胰脂肪酶的 IC_{50} 值为 0.94 mg/mL,对照组奥利司他的 IC_{50} 值为 0.17 mg/mL。当总黄酮浓度为 0.10~1.5 mg/mL 时,其对胰脂肪酶的抑制率为20.12%~58.77%,未纯化的样品抑制率为 0.78%~27.62%[80]。

黑色素是影响肤色的主要因素之一,酪氨酸酶是机体合成黑色素的主要酶,抑制酪氨酸酶活性可以减少机体黑色素的形成,达到一定的美白祛斑效果。如前文献[24],辣木(*Moringa oleifera* Lam.)叶总黄酮粗提物对酪氨酸酶的 IC_{50} 值为 335 μg/mL,对酪氨酸酶的抑制作用随着浓度增大而增大,但弱于曲酸的抑制作用(IC_{50}值为 70 μg/mL)。

如前文献[29],蜜柚[*Citrus maxima*（Burm）Merr.]叶黄酮对黄嘌呤氧化酶抑制活性的 IC_{50} 值为 4.8 mg/mL,显示一定的降尿酸作用,其作用弱于别嘌呤醇(IC_{50}值为 8.7 μg/mL)。

脂肪酸合酶(FAS)是生物体内能量代谢系统中一种重要的多功能复合酶,它能催化乙酰辅酶 A 和丙二酸单酰辅酶 A 合成长链脂肪酸。FAS 在多种癌细胞,特别是以乳腺癌为代表的雌激素类癌细胞中高效表达,而在正常组织细胞中几乎不表达,这种差异表明其可能是相关癌症靶向治疗的潜在靶点。选取苦竹[*Pleioblastus amarus*(Keng)keng]、阔叶箬竹[*Indocalamus latifolius* (Keng)Mc Clure]、毛竹[*Phyllostachys heterocycla* (Carr.) Mitford cv. Pubescens]、淡竹(*Phyllostachys glauca* McClure)的竹叶,其叶总黄酮的提取工艺如下:取竹叶粉末 100 g,置于具塞三角瓶中,按料液比 1:20(m/V)加入 70%乙醇,60 ℃超声波提取 1 h,重复提取 4 次,合并提取液,减压蒸馏,先经石油醚萃取,再依次用石油醚-乙酸乙酯(比例为 9:1、9:2、9:3、9:6)混合溶液萃取,重复 3 次;用 4%明胶水溶液进行沉淀,至沉淀完全,过滤,滤液减压蒸馏至近干,加入 3~5 倍体积的乙醇,使过量明胶沉淀,过滤去除沉淀;将得到的溶液减压蒸馏,冷冻干燥,得总黄酮粗品。总黄酮粗品用少量水溶解,经 HP-20 大孔树脂分离,分别用水相及 15%乙醇、30%乙醇、50%乙醇、70%乙醇、95%乙醇 500 mL 依次洗脱,收集各系统相,浓缩冻干,待用。苦竹、毛竹、阔叶箬竹和淡竹 4 种竹叶总黄酮粗提物对 FAS 均具有显著的抑制活性,IC_{50} 值分别为 112.43 mg/L、153.29 mg/L、161.32 mg/L 和 195.09 mg/L;4 种竹叶总黄酮粗提物均对人乳腺癌细胞 MDA-MB-231 具有显著的体外抑制作用,且呈良好的量效关系。利用 HP-20 大孔树脂分离纯化 4 种竹叶总黄酮有效活性部位,4 种竹叶总黄酮的主要活性部位为 70%乙醇相和95%乙醇相,极性相对较弱;苦竹叶95%乙醇相(黄酮)对MDA-MB-231细胞的抑制活性最强,当苦竹叶95%乙醇相浓度为100 mg/L、200 mg/L和400 mg/L时,其对MDA-MB-231细胞增殖的抑制率分别为25%、44%和70%。因此,根据95%乙醇的极性推断竹叶总黄酮苷元为有效部位,部分黄酮苷也可能具有强的抑制活性。采用流式细胞仪检测苦竹竹叶总黄酮在70%乙醇相和95%乙醇相对MDA-MB-231细胞的凋亡作用,结果表明苦竹叶总黄酮70%乙醇相和95%乙醇相均能诱导MDA-MB-231凋亡,且与浓度成正比;当95%乙醇相浓度为100 mg/L、200 mg/L和400 mg/L时,95%乙醇相对MDA-MB-231细胞的凋亡率分别为11.1%、23.1%和38.7%[81]。

人体中α-淀粉酶淀粉因可水解淀粉成低聚糖而成为许多疾病治疗的靶标之一,特别是糖尿病,因为α-淀粉酶可有效阻止糖在体内的消化吸收。荷叶总黄酮的提取工艺如下:取50 g叶粉末,加入500 mL 90%乙醇,90℃提取3 h,减压浓缩得浸膏3.18 g,加入100 mL甲醇溶解,过滤,得滤液,4℃贮藏。结合HPLC法筛选抑制α-淀粉酶活性的黄酮,结果表明芹菜素、异鼠李素、山柰酚与α-淀粉酶结合度较高,其荧光淬灭可能是静态淬灭,结合常数为$10^4 \sim 10^8$ mol/L,显示较强的抑制作用,IC_{50}值分别为25.14 μmol/L、28.46 μmol/L、30.48 μmol/L。黄酮C环的平面性对蛋白质的亲和性很重要,研究表明$C_2=C_3$中双键的氢化、3和3′位置的羟基化会降低对α-淀粉酶的抑制活性,会提高α-淀粉酶的抑制活性3位糖基化[55]。

对上述植物茎叶黄酮抑制关键酶作用的文献调研,如表4-5所示。

表4-5 植物茎叶黄酮抑制关键酶作用

序号	植物部位	活性及剂量	阳性对照	文献
1	辣木叶	抑制胰脂肪酶作用(IC_{50}值为0.94 mg/mL),具有减肥作用	弱于奥利司他(IC_{50}值为0.17 mg/mL)	[80]
		抑制酪氨酸酶作用(IC_{50}值为335 μg/mL),具有抑制黑色素生成作用	弱于曲酸(IC_{50}值为70 μg/mL)	[24]
2	蜜柚叶黄酮	抑制黄嘌呤氧化酶作用(IC_{50}值为4.8 mg/mL),具有降尿酸作用	弱于别嘌呤醇(IC_{50}值为8.7 μg/mL)	[29]

续表

序号	植物部位	活性及剂量	阳性对照	文献
3	竹叶	苦竹、毛竹、阔叶箬竹和淡竹中竹叶总黄酮粗提物抑制脂肪酸合酶(FAS)作用(IC_{50}值为112.43～195.09 mg/L),抑制人乳腺癌 MDA-MB-231 细胞。苦竹叶 95%乙醇洗脱物抑制 MDA-MB-231 细胞作用最强	无	[81]
4	荷叶	芹菜素(IC_{50}值为25.14 μmol/L)、异鼠李素(IC_{50}值为28.46 μmol/L)、山奈酚(IC_{50}值为30.48 μmol/L)具有较强的抑制 α-淀粉酶作用	无	[55]

4.6 黄酮的提取分离与降血糖作用

糖化人血白蛋白(即血清果糖胺)是评价药物疗效及近期血糖控制的另一个重要指标,能反映过去 2～3 周的血糖水平,可以避免瞬时血糖值和短期血糖波动较大对血糖水平评估造成误差[82]。与高糖模型组(30.2 mmol/L)比较,连续给 7 d 后,山核桃(*Carya cathayensis* Sarg.)(见图 4-65)叶总黄酮苷元高(200 mg/kg)、中(100 g/kg)、低(50 mg/kg)剂量组使小鼠空腹血糖显著下降

图 4-65 山核桃

(其血糖值分别为 21.8 mmol/L、24.7 mmol/L、26.2 mmol/L)。连续给药 14 d 后,高剂量组使小鼠空腹血糖显著下降(血糖值为 22.3 mmol/L)。与模型组相比,给药 14 d 后各剂量黄酮苷元均使小鼠质量增高。与模型组相比(1.76 mmol/L),高剂量组小鼠血清果糖胺含量显著下降(1.48 mmol/L)[83]。

糖尿病肾病(Diabetic Nephropathy,DN)是最常见且较严重的糖尿病并发症之一,20%～30%糖尿病患者伴有 DN。当山楂(*Crataegus pinnatifida* Bge.)叶总黄酮灌胃剂量为 100 mg/kg,200 mg/kg 时,6 周后,能够显著降低链脲佐菌素注射引起的 2 型糖尿病大鼠空腹血糖水平,改善鼠体质量并显著降低肾脏指数,显著减少 24 h 尿量,降低尿蛋白量(UPro),显著降低血清中 BUN、Cr、UA 含量,显著提高肾组织中 T-AOC 水平,显著改善 SOD、GSH-Px 活性及显著降低 MDA 含量;能够剂量依赖性地改善 2 型糖尿病大鼠肾

脏组织病理性形态学改变及细胞凋亡状况,中、高剂量组 AI 水平[AI(%) =（平均阳性细胞数/平均细胞总数）×100%]较 2 型糖尿病模型对照组显著降低;显著降低 2 型糖尿病大鼠血浆中 TNF-α、IL-6、ICAM-1、IL-1β 水平[84]。

山楂为蔷薇科山楂属落叶乔木,准噶尔山楂（*Craetaegus songorica*）生于河谷或峡谷灌木丛中,主要分布于俄罗斯、伊朗等地,在中国仅分布于新疆伊犁地区。其叶总黄酮的提取工艺如下:取 6 g 准噶尔山楂叶（采于 7、8、9、10 月）,分别装入可密闭的三颈烧瓶内,按料液比 1:30(m/V) 加入 60% 乙醇溶液,300 W、70 ℃超声提取 30 min,提取 2 次,合并提取液,4000 r/min 离心 10 min,取上清液减压浓缩至无醇味,加水定容,依次用等体积的环己烷、乙酸乙酯、正丁醇分别萃取 3 次,得环己烷部分、乙酸乙酯部分、正丁醇部分和水部分。α-葡萄糖苷酶抑制活性以总黄酮含量最高的乙酸乙酯部分（28.87 mg/g）效果最佳,其 IC_{50} 值为 191.71 μg/mL,强于阳性对照阿卡波糖（IC_{50} 值为 1044.32 μg/mL）,降血糖活性与其总黄酮含量呈正相关性[85]。

对上述植物茎叶黄酮降血糖作用的文献调研,如表 4-6 所示。

表 4-6　植物茎叶黄酮的降血糖作用

序号	植物部位	活性及剂量	阳性对照	文献
1	山核桃叶	总黄酮苷元可降低小鼠空腹血糖（灌胃剂量为 50～200 mg/kg,给药 7d）,提高模型组小鼠质量（给药 14 d）,高剂量组显著降低模型组小鼠血清的果糖胺含量	二甲双胍	[83]
2	山楂叶	显著降低 2 型糖尿病大鼠空腹血糖水平,改善鼠体质量并显著降低肾脏指数,显著减少 24 h 尿量,降低 UPro,显著降低血清中 BUN、SCr、UA 含量,显著提高肾组织中 T-AOC 水平,显著改善 SOD、GSH-Px 活性,显著降低 MDA 含量;能够剂量依赖性地改善 2 型糖尿病大鼠肾脏组织病理性形态学改变及细胞凋亡状况;显著降低 2 型糖尿病大鼠血浆中 TNF-α、IL-6、ICAM-1、IL-1β 水平（灌胃剂量为 100～200 mg/kg）	高剂量组强于或接近二甲双胍	[84]
3	准噶尔山楂叶	乙酸乙酯部位抑制 α-葡萄糖苷酶作用（IC_{50} 值为 191.71 μg/mL）	强于阿卡波糖	[85]

4.7 黄酮的提取分离与降压、心肌保护作用

在慢性心衰的各种病理改变中,线粒体的结构与功能的改变处于中心地位。心脏通过能量代谢将储存于脂肪酸和葡萄糖中的化学能转化为机械能,为心脏的收缩和舒张等过程提供能量。当山楂叶总黄酮浓度为 200 $\mu g/mL$ 时,可显著降低血管紧张素 AngⅡ致 SD 乳鼠分离心肌细胞肥大模型异常升高的总蛋白含量,降低异常升高的心肌细胞直径,降低异常升高的外膜损伤率,升高异常降低的线粒体膜电位(MMP)[86]。

采用高脂高盐饲料加 5% 盐水连续喂养 8 周的方法建立高血压模型大鼠,给予模型大鼠灌胃 100 mg/kg 和 200 mg/kg 的山楂叶总黄酮,4 周后可有效地降低大鼠高脂高盐导致的高血压大鼠收缩压(SBP)和舒张压(DBP),降低血清 AngⅡ水平,降低心肌增值系数(MPI)和心脏做功系数(CWI),降低血清中 TC、TG、LDL-C 含量并提高 HDL-C 含量,降低血清中 AST、CPK、LDH 活性,提高心肌组织中 SOD、GSH-Px、CAT 活性并降低 MDA 含量[87]。

对上述植物茎叶黄酮心肌保护作用的文献调研,如表 4-7 所示。

表 4-7 植物茎叶黄酮的心肌保护作用

序号	植物部位	活性及剂量	阳性对照	文献
1	山楂叶	总黄酮可降低血管紧张素 AngⅡ所致的心肌细胞肥大模型异常升高的总蛋白含量,降低异常升高的心肌细胞直径,升高异常降低的 MMP,降低异常升高的外膜损伤率(浓度为 200 $\mu g/mL$)	弱于缬沙坦	[86]
		总黄酮降低高血压大鼠 SBP 和 DBP、AngⅡ水平、MPI、CWI,降低血清中 TC、TG、LDL-C 含量并提高 HDL-C 含量,降低 AST、CPK、LDH 活性,提高 SOD、GSH-Px、CAT 活性并降低 MDA 含量(灌胃剂量为 100~200 mg/kg)	接近卡托普利	[87]

4.8 黄酮的提取分离与升高人脐静脉内皮细胞钙离子浓度作用

血管内皮细胞上存在一套与电压依赖性钙通道不同的胞内钙调控体系,目前认为主要有容量控制式钙通道(Store-operated Ca^{2+} channels,SOC)调控系统、钠-钙交换体系统、环核苷酸门控钙通道等。SOC 调控系统主要由两

部分构成,一是细胞内质网上的钙通道,另一个是细胞膜上的 SOC。在刺激因素的作用下,内质网上的钙通道开放,导致钙离子释放入胞浆,使胞内的游离钙一过性升高。若无后续的胞外钙离子内流,则胞内超出正常水平的钙离子将由内质网上的钙-ATP 酶重新摄取,胞内游离钙水平恢复正常。如果内质网钙离子的释放使内质网的钙储存被清空,就导致细胞膜上的 SOC 被激活,胞外钙大量内流,使胞内游离钙水平持续升高,可长达几十分钟。ATP 就是通过 SOC 调控系统起作用的。它是迄今为止研究最清楚的血管内皮细胞的钙激动剂[88-89]。

山楂叶的主要活性成分有黄酮和原花青素(procyanidin)。原花青素是一类由儿茶素和表儿茶素不同聚体构成的一类混合物;一般情况下,1~5 聚体称为寡聚体,5 聚体以上的称为多聚体。山楂叶原花青素具有远超山楂叶黄酮的作用强度,被认为是山楂叶提取物中抗心肌缺血最主要的活性成分;葡萄酒中的原花青素被认为是抑制动脉粥样硬化、减少心血管疾病发病最关键的物质之一[90-91]。25~50 mg/L 山楂叶原花青素多聚体可明显升高人脐静脉内皮细胞内钙离子浓度,其作用方式与经典血管内皮细胞钙激动剂 ATP 明显不同。山楂叶原花青素多聚体有显著的血管内皮细胞钙活化作用,该作用可能是通过促进胞内钠内流,激活钠-钙交换体的逆向转运,从而引起胞外钙内流,这可能是其调节血管内皮细胞功能的机制之一[92],如表4-8 所示。

表 4-8 植物茎叶黄酮升高人脐静脉内皮细胞钙离子浓度作用

序号	植物部位	活性及剂量	阳性对照	文献
1	山楂叶	原花青素多聚体可明显升高人脐静脉内皮细胞中的钙离子(浓度为 25~50 mg/L)	无	[93]

4.9 黄酮的提取分离与抗雌激素样作用

绝经后的雌激素缺乏症与多种疾病有关,对女性健康有不利影响,如泌尿生殖道萎缩和骨密度减小。传统的激素替代疗法采用雌激素加孕激素,这将增加患乳腺癌的风险。雌激素主要通过与 ERα 和 ERβ 蛋白结合作用于多种细胞和组织。子宫是雌激素的主要作用部位,通过调节基因表达,特别是 ERα 和 ERβ 的基因表达,可使去卵巢小鼠的子宫湿重增加。

Amphimas pterocarpoides 是蝶形花科苏木属植物,其茎总黄酮的提取

分离工艺如下:取茎皮阴干粉碎后的粉末500 mg,用二氯甲烷(1 L×3)、甲醇(1 L×3)、水(1 L×2)依次提取,减压浓缩各提取液,干燥。甲醇提取物分别过 XAD-4、XAD-7 树脂(前处理:取 200 mg 甲醇提取物,用过量蒸馏水、甲醇过夜溶胀处理),先过 XAD-4 树脂,用水洗脱,流速为 1 mg/mL,收集水溶性成分,再用甲醇洗脱,挥干得到提取物。甲醇提取物再过 XAD-7 树脂,同前操作。将洗脱物真空干燥,过减压液相硅胶柱,用环己烷-二氯甲烷-甲醇梯度洗脱,得到 10 个组分。组分 3 过 Sephadex LH-20 柱色谱,用甲醇洗脱,用制备型 HPLC-DAD 分离,得 Daidzein(见图 4-66)。组分 6 用同样的步骤分离出大豆素(见图 4-66)、二氢大豆素(见图 4-67)[93]。当灌胃剂量为 25 mg/kg、50 mg/kg、100 mg/kg、200 mg/kg 时,茎皮甲醇提取物对去卵巢大鼠产生比雌二醇弱的子宫兴奋活性,从而促进阴道生长发育。雌激素的效用基础主要是大豆素、二氢大豆素、daidzein 促进雌激素受体蛋白 ERβ、ERα 的基因表达,促进绝经前 HC11 乳腺上皮细胞催乳素的转化。二氢大豆素的雌激素作用在三个化合物中较强,可能源于二氢大豆素通过结合 ERβ 蛋白产生一定的激动/拮抗剂活性,已通过结合自由能的理论计算预测,而大豆素的雌激素作用与其在体内转化为二氢大豆素有关。三个化合物结合 ERα 蛋白作为激动剂(图 4-68A),结合 ERα 作为拮抗剂(图 4-68B)和结合 ERβ 蛋白作为拮抗剂(图 4-68C)。三个化合物的 4$'$-OH 和 7-OH 与 ERα 蛋白中氨基酸(Glu353/Arg394 和 His524)形成氢键(图 4-68A 和图 4-68B),与 ERb 蛋白中氨基酸(Glu305/Arg346 和 His475)形成氢键(图 4-68C),然而,取向依赖于口袋体积的大小。4 杂环双键的缺乏与受体蛋白产生两种不同的构象,以两种方位适应于与 ERβ 和 ERα 蛋白。在弯曲变形中,与 ERβ 蛋白中 His524 结合形成的氢键被 ERα 临近 Thr347 形成氢键所取代(ERβ 中 Thr299)。在图 4-68D 中,二氢大豆素的 6-OCH$_3$ 基团弯曲变形与其产生螺旋 12 构象有关,可加强拮抗剂构象的重新定位[94]。*Amphimas pterocarpoides* 茎叶黄酮的雌激素作用如表 4-9 所示。

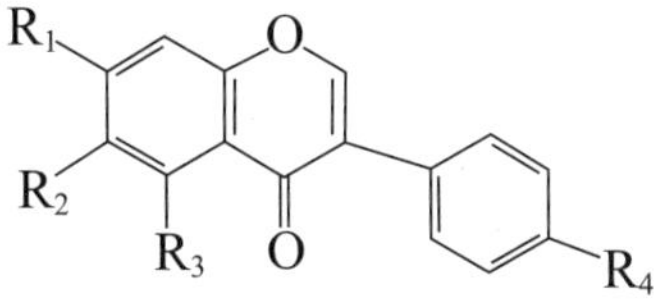

图 4-66　大豆素(R_1=OH, R_2=OCH$_3$, R_3=H, R_4=OH)

Daidzein(R_1=OH, R_2=R_3=H, R_4=OH)

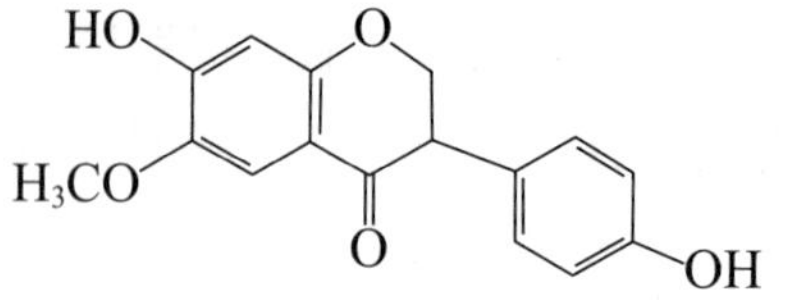

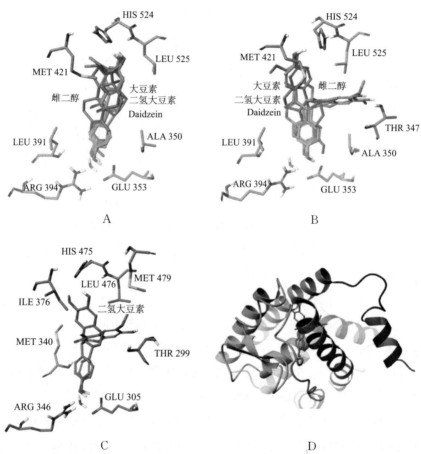

图 4-67 二氢大豆素

图 4-68 雌二醇、大豆素、二氢大豆素、Daidzein 与 ERα 和 ERβ 受体结合构象[95]
A:三个化合物与 ERα 受体结合形成激动剂的重叠构象;B:三个化合物与 ERβ 受体结合形成拮抗剂的重叠构象;C:二氢大豆素与 ERβ 受体结合形成拮抗剂的低能量构象;D:与 C 相同,但显示了螺旋 12 的位置

表 4-9 植物茎叶黄酮的雌激素作用

序号	植物部位	活性及剂量	阳性对照	文献
1	*Amphimas pterocarpoides* 茎皮	甲醇提取物对去卵巢大鼠产生子宫兴奋活性,从而促进阴道生长发育;促进雌激素受体蛋白 ERβ、ERα 的基因表达,促进绝经前 HC11 乳腺上皮细胞催乳素的转化(灌胃剂量为 25～200 mg/kg)	雌二醇	[94]

4.10 黄酮的提取分离与促进成骨细胞增殖作用

大果榕(*Ficus auriculata* Lour)(见图 4-69)为桑科榕属植物,别名为馒头果、大无花果。其茎总黄酮的提取分离工艺如下:取茎粉末 15 kg,用 95％乙醇常温下浸泡 3 次,每次 6 天,过滤,滤液在 60 ℃减压浓缩,至棕色干浸膏为 560 g;将浸膏混悬于 2 L 蒸馏水中,依次用 2 L 石油醚(60～90 ℃)、氯仿、乙酸乙酯萃取 3～5 次,回收溶剂,分别得石油醚部位 220 g,氯仿部位 60 g,乙酸乙酯部位 78 g。乙酸

图 4-69 大果榕

乙酯部位采用硅胶柱色谱法分离,用石油醚-乙酸乙酯(100∶0～0∶100)洗脱,每次收集 500 mL 流分。经 TLC 检测合并相似流分,分成 7 个组分,即 A～G。流分 A 用硅胶(200～300 目)拌样,用石油醚-乙酸乙酯梯度洗脱,得到 3 个组分,分别为 A1、A2、A3。A3 用石油醚∶丙酮(4∶1)洗脱,经 TLC 检测合并主要的点,再用制备薄层色谱分离,将几个主要条带分别刮下,得到 Hydroxyalpinumisoflavone(见图 4-70)、Luplwighteone(见图 4-71)。当两个单体浓度为 10 μmol/L 时,其有较好的促进成骨细胞增殖的作用,细胞存活率分别为 117.47±7.53％、116.30±3.66％,有一定的抗骨质疏松作用[95],如表 4-10 所示。

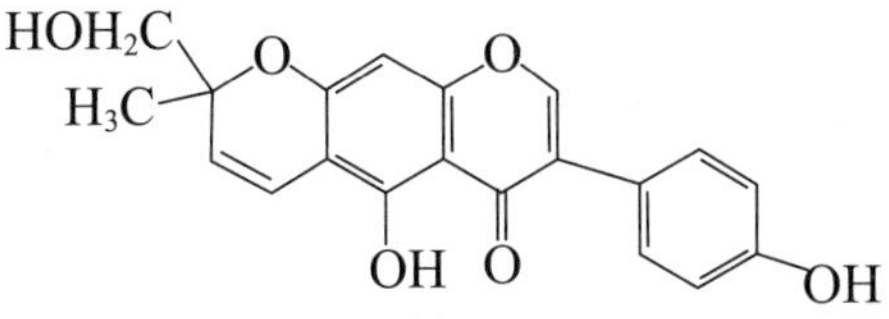

图 4-70 Hydroxyalpinumisoflavone 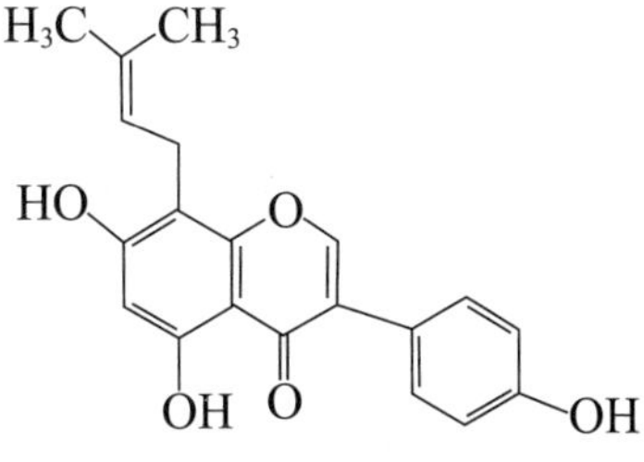 　　图 4-71 Luplwighteone

表 4-10　植物茎叶黄酮成分促进成骨细胞增殖作用

序号	植物部位	活性及剂量	阳性对照	文献
1	大果榕茎	Hydroxyalpinumisoflavone、Luplwighteone 有促进成骨细胞增殖作用(浓度 10 μmol/L)	无	[95]

参考文献

[1]孔阳,马养民,彭欢. 蝙蝠葛叶总黄酮提取工艺优化及体外抗氧化活性研究[J]. 陕西科技大学学报,2017,35(2):121-125.

[2]卫强,纪小影,龙先顺,等. 滁菊叶化学成分及其体外抗氧化活性研究[J]. 中药材,2015,38(2):305-310.

[3]史豆豆,李萌,苏宁,等. 表面活性剂辅助提取沙棘叶黄酮工艺优化及其抗氧化活性测定[J]. 湖北农业科学,2017,56(9):1726-1729,1758.

[4]张冰溪,施平伟,管庆丰,等. 产自海南辣木叶总黄酮提取条件优化及抗氧化活性研究[J]. 饲料研究,2017(18):34-38.

[5]岳秀洁,李超,扶雄. 超声提取辣木叶黄酮优化及其抗氧化活性[J]. 食品工业科技,2016,37(1):226-231.

[6]段宙位,李维国,窦志浩,等. 沉香叶黄酮类化合物的提取及其抗氧化活性[J]. 食品科学,2015,36(6):45-50.

[7]任丽平,李先佳,金少举. 大孔树脂分离纯化迷迭香叶总黄酮及抗氧化活性研究[J]. 中国调味品,2017,42(4):69-73.

[8]熊双丽,马楠,廖婷婷,等. 豆腐柴叶总黄酮不同溶剂级分抗氧化活性分析[J]. 食品工业科技,2017,38(18):19-24.

[9]曹稳根,段红,翟科峰,等. 野生豆腐柴叶总黄酮抗氧化活性研究[J]. 滁州学院学报,2016,18(5):40-43.

[10]钟淑娟,杨欣,李静,等. 杜仲不同部位总黄酮含量及抗氧化活性研究[J]. 中国药房,2017,28(13):1787-1790.

[11]余付香,陈明旭,成桥,等. 赶黄草总黄酮分级萃取及活性分析[J]. 天然产物研究与开发,2017,29(6):976-982.

[12]董怡. 光果甘草叶黄酮的分离纯化、活性研究及应用[D]. 广州:华南理工大学,2016.

[13]李彩霞,李复兴,李鹏,等. 国槐叶黄酮的抗氧化活性研究[J]. 天然产物研

究与开发,2013,25(5):676−680,683.

[14]刘玥,苗欣宇,文连奎. 桦树叶黄酮提取物对人脐静脉内皮细胞抗氧化活性的研究[J]. 食品工业科技,2016,38(9):82−86.

[15]汪洋,胡魁,陈玲. 黄栌树叶总黄酮提取物对A549细胞的保护作用研究[J]. 重庆医学,2017,46(16):2178−2182.

[16]王锦淳,苏佩清,孙丹丹,等. 黄芩茎叶总黄酮对高甘油三酯血清致人脐静脉内皮细胞氧化损伤的保护作用及机制研究[J]. 中国药理学通报,2012,28(3):397−402.

[17]朱晓. 黄芩茎叶总黄酮ox−LDL对致人脐静脉内皮细胞氧化损伤的保护作用及机制研究[D]. 扬州:扬州大学,2013.

[18]俞霞. 黄芩茎叶总黄酮对高糖诱导人脐静脉内皮细胞氧化损伤的保护作用及其机制的研究[D]. 扬州:扬州大学,2012.

[19]王瑞婷,关丽华,周健,等. 黄芩茎叶总黄酮对$A\beta_{25-35}$致大鼠学习记忆损伤及海马抗氧化酶活性的影响[J]. 神经药理学报,2011,1(2):14−18.

[20]罗磊,张冰洁,关宁宁,等. 金银花叶黄酮对衰老模型小鼠的体内抗氧化作用[J]. 食品科学,2017,38(19):171−176.

[21]张敏. 菊花茎叶总黄酮、绿原酸提取纯化及抗氧化活性研究[D]. 济南:山东中医药大学,2015.

[22]刘飞,李佳,张永清. 栝楼雄株茎叶黄酮类化合物的分离及其清除DPPH能力研究[J]. 中草药,2016,47(23):4141−4145.

[23]廖日权,苏本伟,龚斌,等. 阔苞菊叶黄酮化合物提取工艺及抗氧化活性[J]. 钦州学院学报,2017,32(5):1−7.

[24]姚小丽,张素中,魏洁书,等. 辣木叶总黄酮对酪氨酸酶的抑制及抗氧化活性研究[J]. 生物化工,2017,3(5):23−25.

[25]许瑞波,杨雯雯,万蓓蓓. 连云港山楂叶黄酮的超声提取及体外活性研究[J]. 井冈山大学学报(自然科学版),2016,37(6):24−29.

[26]弓威,顾丰颖,贺凡,等. 山楂叶有效成分提取工艺优化及抗氧化活性研究[J]. 核农学报,2015,29(8):1547−1558.

[27]耿敬章. 柳叶腊梅叶总黄酮超声波协同复合酶提取及抗氧化活性研究[J]. 食品工业科技,2016,37(21):124−129,293.

[28]吴海清,甄润英,何新益,等. 萝卜叶黄酮的超声波辅助提取工艺及抗氧化活性研究[J]. 天津农学院学报,2017,24(2):63−66,71.

[29]郑亚美,任娇艳,史传超. 蜜柚叶黄酮的提取及其抗氧化与降尿酸活性研

究[J].食品工业科技,2017,38(8):262-266,271.

[30]温昭君,何燕平,吴韦柳,等.茉莉花茎黄酮的体外抗氧化活性研究[J].时珍国医国药,2012,23(8):1866-1867.

[31]陈瑶,吴龙月,向福,等.泥蒿叶总黄酮的酶法提取及其抗氧化活性评价[J].中国酿造,2017,36(6):142-146.

[32]林三清,周中流,杨红艳,等.柠檬桉叶总黄酮提取工艺及其清除自由基活性研究[J].中国药业,2017,26(6):5-8.

[33]吕寒,滕杰晖,陈剑,等.枇杷叶总黄酮的纯化工艺及抗氧化活性研究[J].中国现代应用药学,2014,31(1):40-44.

[34]伍仪权,卢艳花.箬叶总黄酮的提取及其生物活性的探究[J].食品工业,2016,37(12):118-121.

[35]何东与.桑叶黄酮对衰老模型小鼠抗氧化能力影响的探究[J].山西农经,2017(22):80-81.

[36]金位栋,杨苏文,孙丰超,等.山核桃叶总黄酮抑制 TBBPA 诱导斑马鱼胚胎发育毒性的研究[J].生命科学研究,2017,21(5):405-411.

[37]石登红,蒋华梅,刘燕,等.山莓茎皮总黄酮的提取及其抗氧化活性[J].贵州农业科学,2015,43(6):36-39.

[38]刘晓娇,李彬,王娟,等.商洛产粗榧叶总黄酮提取工艺和抗氧化活性研究[J].西北林学院学报,2017,32(2):225-229.

[39]辜忠春,李军章,李光荣,等.石楠叶总黄酮含量测定及抗氧化活性研究[J].应用化工,2017,46(12):2488-2491.

[40]卢鑫,张琳.柿叶黄酮超声辅助提取工艺及其抗氧化性研究[J].食品研究与开发,2016,37(23):99-103.

[41]张永丽,王朔,郝麦玲.柿叶黄酮在实验性口腔溃疡中的抗氧化抗炎作用研究[J].泰山医学院学报,2017,38(9):1000-1002.

[42]乔金为,黄顺旺,宋少江,等.柿叶化学成分研究[J].中药材,2016,39(11):2513-2517.

[43]钟方丽,王文姣,王晓林,等.双水相提取黄芪茎总黄酮及其抗氧化活性研究[J].中国饲料,2016(11):10-13,18.

[44]陈效忠,常鑫,吕红梅,等.水飞蓟茎叶中具有抗氧化活性的黄酮类化学成分研究[J].黑龙江医药科学,2015,38(4):35-36.

[45]张禄捷,李荣,姜子涛.茼蒿叶中总黄酮的提取纯化及抗氧化活性分析[J].

食品科学,2015,36(24):40-45.

[46]刘香萍,王国庆,李国良,等. 响应面法优化提取紫花苜蓿叶总黄酮及其抗氧化活性研究[J]. 中国食品学报,2016,16(4):145-152.

[47]张黎明,李瑞超,郝利民,等. 响应面优化玛咖叶总黄酮提取工艺及其抗氧化活性研究[J]. 现代食品科技,2014,30(4):233-239.

[48]王宗成,蒋玉仁,刘小文,等. 响应面优化生姜茎叶总黄酮提取工艺及其抗氧化活性研究[J]. 天然产物研究与开发,2015,27(9):1582-1588.

[49]刘秀芳,李婷婷,蔡光明,等. 小叶黑柴胡茎叶总黄酮体外抗氧化活性的研究[J]. 中南药学,2011,9(3):172-175.

[50]李济芳,李芳,金舒宁,等. 杏叶总黄酮提取工艺及抗氧化性研究[J]. 山西农业科学,2017,45(2):258-262.

[51]卢赛赛,许凤,王鸿飞,等. 杨梅叶中总黄酮提取及其抗氧化能力研究[J]. 果树学报,2015,32(3):460-468.

[52]王斌,王芳,李力. 银杏叶总黄酮对大鼠失血性休克后肾脏缺血的保护作用及其机制[J]. 广东医学,2017,38(1):95-98.

[53]毛涵,牛蕾,薛菲,等. 鸢尾叶异黄酮超声波辅助提取工艺优化及抗氧化活性研究[J]. 食品工业,2017,38(7):148-152.

[54]郭寒,葛娟,李鑫,等. 正交试验优化黑果悬钩子茎、叶总黄酮的提取纯化及其抗氧化活性[J]. 食品科学,2015,36(14):10-16.

[55]Liping Liao, Jing Chen, Liangliang Liu, et al. Screening and binding analysis of flavonoids with alpha-amylase inhibitory activity from lotus leaf [J]. Journal of the Brazilian Chemical Society, 2018,29(3):587-593.

[56]杨芳,岳正刚,王欣,等. 杜仲叶化学成分的研究[J]. 中国中药杂志,2014,39(8):1445-1449.

[57]张玉娟. 花椒叶抗氧化活性成分的分离、结构鉴定及其构效关系[D]. 杨凌:西北农林科技大学,2014.

[58]黄筱娟,陈文豪,纪明慧,等. 菠萝叶的化学成分及生物活性研究[J]. 中草药,2015,46(7):949-954.

[59]张鹰,朱思明,蔡洁琳. 枸杞叶中粗黄酮的超声法提取及抑菌活性[J]. 食品研究与开发,2017,38(6):56-59.

[60]马艳妮,王志尧,郭展展,等. 忍冬叶总黄酮的测定及其体外抗菌活性[J]. 中国实验方剂学杂志,2017,23(6):55-59.

[61]泉学洪.瑞香狼毒茎叶总黄酮的提取、分离纯化及抗虫研究[D].曲阜:曲阜师范大学,2015.

[62]何舒澜,朱扶蓉,朱宏阳,等.响应面法优化组培菊芋叶总黄酮提取工艺及其抑菌活性研究[J].福建农业学报,2017,32(8):897−904.

[63]王宗成,龙燕萍,彭延波,等.响应面优化油茶叶黄酮提取工艺及抑菌活性研究[J].中国油脂,2017,42(4):123−126,130.

[64]Nasir Tajuddeen, Muhammad Sani Sallau, Aliyu Muhammad Musa, et al. Flavonoids with antimicrobial activity from the stem bark of *Commiphora pedunculata* (Kotschy & Peyr.) Engl. [J]. Natural Product Research, 2014, 28 (21):1915−1918.

[65]熊冰剑.白花檵木中抗微生物活性化合物的结构鉴定[D].南昌:江西农业大学,2015.

[66]段绪红,何培,马宗敏,等.荷梗中的黄酮类化合物及其细胞毒活性[J].中国中药杂志,2014,39(22):4360−4364.

[67]张宇,曲佐寅,刘立新,等.万寿菊茎叶中2种黄酮类化合物的体外抗肿瘤活性[J].中国实验方剂学杂志,2013,19(13):233−237.

[68]肖文琳.薛荔茎的化学成分及其药理活性研究[D].海口:海南师范大学,2015.

[69]蔡鲁.醉鱼草茎叶抗H5N1病毒活性成分研究[D].合肥:安徽医科大学,2016.

[70]李子超,王力平,钟进义,等.明日叶查尔酮对小鼠H22肝癌MVD水平的影响[J].中医临床研究,2016,8(29):5−9.

[71]Koshy PJ, Henderson N, Logan C, et al. Interleukin 17 induces cartilage collagen breakdown:novel synergistic effects in combination with proinflammatory cytokines[J]. Ann Rheum Dis,2002,61(8):704−713.

[72]Yudoh K, Matsuno H, Nakazawa F, et al. Reduce expression of regulatory $CD4^+$ T cell subset is related to Th1/Th2 balance and diseas severity in rheumatoid arthritis[J]. Arthritis Rheum, 2000, 43 (3):617−627.

[73]刘春芳,林娜,贾红伟,等.雷公藤甲素对Ⅱ型胶原诱导性关节炎小鼠免疫功能的影响[J].中国中医药信息杂志,2004,11(7):602−604.

[74]封桂英.黄芩茎叶总黄酮对CIA小鼠细胞免疫功能的影响[D].承德:承德医学院,2013.

[75]杨敏,张盛,王玄源,等.竹叶黄酮中的抗炎有效成分及其对不同小鼠炎症模型的药效学研究[J].湖北中医杂志,2017,39(3):1—5.

[76]Huan Tang, He-Ying Pei, Tai-Jin Wang, et al. Flavonoids and biphenylneolignans with anti-inflammatory activity from the stems of *Millettia griffithii* [J]. Bioorganic & Medicinal Chemistry Letters, 2016, 26(18):4417—4422.

[77]Ye-Jin Jung, Ji-Hae Park, Jin-Gyeong Cho, et al. Lignan and flavonoids from the stems of *Zea mays* and their antiinflammatory and neuroprotective activities [J]. Archives of Pharmacal Research, 2015, 38 (2):178—185.

[78]杨鹏,李艳琴.荞麦黄酮和荞麦糖醇对胰脂肪酶的抑制作用[J].食品科学,2015,36(11):60—63.

[79]Ahn J H, Liu Q, Lee C, et al. A new pancreatic lipase inhibitor from *Broussonetia kanzinoki* [J]. Bioorganic & Medicinal Chemistry Letters, 2012, 22(8):2760—2763.

[80]王远,郑雯,蔡珺珺,等.辣木叶黄酮结构分析及其对胰脂肪酶的抑制作用[J].食品科学, 2018, 39(2):31—37.

[81]李夏冰,金昭君,荀航,等.竹叶总黄酮对脂肪酸合酶及人乳腺癌细胞的抑制作用[J].林产化学与工业,2017,37(5):113—118.

[82]JRN Nansseu, J Fokom-Domgue, JJN Noubiap, et al. Fructosamine measurement for diabetes mellitus diagnosis and monitoring: a systematic review and meta-analysis protocol [J]. BMJ Open, 2015, 5(5):e007689.

[83]陈阳,刘全芳,陈宇驰,等.山核桃叶总黄酮苷元降血糖作用研究[J].中华中医药学刊, 2017, 35(8):2033—2035.

[84]苏静,周少英,阚敏宸,等.山楂叶总黄酮对2型糖尿病大鼠肾脏组织保护作用的研究[J].中医药信息, 2017, 34(2):22—27.

[85]刘伟,任艳利,让凤菊,等.准噶尔山楂叶抗氧化及抑制α-葡萄糖苷酶活性[J].食品研究与开发, 2017, 38(3):20—24.

[86]徐颖,李劲松,孙涛.山楂叶总黄酮对肥大心肌细胞线粒体功能的影响[J].中药与临床, 2016, 7(4):35—37.

[87]张振.山楂叶总黄酮对高脂高盐所致高血压大鼠降压及心脏保护作用的研究[J].环球中医药, 2017, 10(2):136—140.

[88]Nilius B, Droogmans G. Ion channels and their functional role in vascular endothelium [J]. Physiol Rev, 2001, 81(4):1415—1459.

[89] Parekh AB, Putney JW Jr. Store-operated calcium channels[J]. Physiol Rev, 2005, 85(2):757—810.

[90] Veveris M, Koch E, Chatterjee SS. Crataegus special extract WS 1442 improves cardiac function and reduces in farct size in a rat model of prolonged coronary ischemia and reperfusion[J]. Life Sciences, 2004, 74(15):1945—1955.

[91] Corder R, Mullen W, Khan NQ, et al. Oenology: redwine procyanidins and vascular health[J]. Nature, 2006,444(7119):566.

[92] 李澎,王建农,侯金才,等. 山楂叶原花青素多聚体对人脐静脉内皮细胞钙活化的影响[J]. 中国病理生理杂志,2017,33(3):392—398.

[93] Job Tchoumtchoua, Dieudonné Njamen, Jean Claude Mbanya, et al. Structure-oriented UHPLC-LTQ Orbitrap-based approach as a dereplication strategy for the identification of isoflavonoids from *Amphimas pterocarpoides* crude extract [J]. Journal of Mass Spectrometry, 2013, 48 (5):561—575.

[94] Job Tchoumtchoua, Maria Makropoulou, Sylvain Benjamin Ateba, et al. Estrogenic activity of isoflavonoids from the stem bark of the tropical tree *Amphimas pterocarpoides*, a source of traditional medicines[J]. Journal of Steroid Biochemistry & Molecular Biology, 2016, 158:138—148.

[95] 邵泰明. 大果榕茎的化学成分及抗骨质疏松活性研究[D]. 海口:海南师范大学,2013.

第 5 章
植物茎叶挥发油的提取分离及活性研究

5.1 挥发油的提取分离与抗菌、抗病毒、杀虫作用

朱砂叶螨(*Tetranychus cinnabarinus*)为真螨目叶螨科叶真螨属动物,主要危害蔬菜、花卉、林木、果树等100多种寄主植物,是重要的农业害螨。在大量使用化学杀螨剂的环境中,很大一部分害螨会接触到亚致死剂量,虽未立即死亡,但对其生长发育、繁殖、体内保护酶和解毒酶等都产生不同程度的影响。昆虫体内的保护酶如超氧化物歧化酶(SOD)、过氧化物酶(POD)和过氧化氢酶(CAT)与其抗病能力密切相关。

艾草(*Artemisia argyi* H. Lév. & Vaniot)又名萧茅、冰台、遏草、香艾、蕲艾、艾萧、艾蒿、蓬藁、艾、灸草、医草、黄草、艾绒等,为菊科蒿属多年生草本或略成半灌木状,具有浓烈香气。用2.0%艾蒿精油触杀后,雌成螨在24、48和72 h的死亡率分别为21.48%、27.41%和77.78%,LC_{50}值分别为23.03%、13.25%和0.35%;艾蒿精油对卵的熏蒸作用较对雌成螨更强,对卵和雌成螨的ID_{50}值和LD_{50}值分别为0.21 μL/L和8.93 μL/L。艾蒿精油处理雌成螨后,螨体内SOD和POD活性被激活,CAT和蛋白酶活性被抑制。LD_{10}、LD_{20}和LD_{30}处理

8 h 时,SOD 活性分别为对照的 1.43、2.29 和 2.60 倍,POD 的激活率分别为 54.64%、31.96% 和 5.15%,CAT 的抑制率分别为 27.03%、20.46% 和 31.65%,蛋白酶的抑制率分别为 21.53%、29.16% 和 45.09%。这表明艾蒿精油对雌成螨的熏蒸作用可破坏体内保护酶的动态平衡和抑制蛋白酶活性,进而影响其正常的生理代谢,对螨体产生毒害作用。蛋白酶是生物体内重要的消化酶系,其活性升高或降低直接影响对食物的吸收和利用,对消化酶系的干扰必将导致昆虫生长发育受阻甚至死亡[1]。

艾叶的研究方法如下:取 30 g 艾叶置于圆底烧瓶中,加入 300 mL 蒸馏水浸泡 24 h,回流提取 6 h,得艾叶挥发油,用无水硫酸钠干燥。通过 GC-MS 分析,艾叶挥发油共检测出 30 种化合物,如桉树脑(22.71%)、石竹烯(13.2%)、4-松油烯醇(7.34%)、龙脑(5.82%)、萜品醇(3.53%)、樟脑(4.86%)、异环柠檬醛(4.19%)和侧柏酮(2.29%)等。艾叶挥发油对 5 种真菌(疫霉、黑曲霉、粉红聚端孢、青霉、链格孢)的抑菌率为 15.2%～74.5%,桉树脑对上述 5 种真菌的抑菌率为 25.6%～69.4%,4-松油烯醇对上述 5 种真菌的抑菌率为 18.2%～72.9%。艾叶挥发油抑制疫霉、黑曲霉、粉红聚端孢、青霉的 MIC 值为 50 μL/mL,抑制链格孢的 MIC 值为 100 μL/mL,桉树脑和 4-松油烯醇抑制 5 种真菌的 MIC 值分别为 50 μL/mL、40 μL/mL[2]。艾叶挥发油对白色念珠菌 SC5314 的 MIC 值为 0.5 mL/L;XTT[2,3-bis(2-methoxy-4-nitro-5-sulfo-phenyl)-2H-tetrazolium-5-carbo-xanilide]代谢活性显示艾叶挥发油对白色念珠菌 SC5314 代谢呈剂量依赖性的抑制关系;艾叶挥发油>0.5 mL/L 干预后,白色念珠菌 SC5314 细胞内活性氧水平显著升高、线粒体膜电位显著降低、凋亡比例明显增加、metacaspase 活性显著升高、细胞核固缩。艾叶挥发油具有诱导白色念珠菌细胞凋亡的活性,该作用可能与活性氧(ROS)积累和线粒体损伤有关。近年来发现,引起常见真菌感染的白色念珠菌在环境刺激或胁迫下,生长代谢受到抑制,引发细胞 ROS 累积、metacaspase 酶活性激活、线粒体膜电位(mitochondrial membrane potential,MMP)改变、核固缩或裂解、膜磷脂酰丝氨酸(PS)外翻等典型凋亡特征的变化,从而发生凋亡[3]。

桉树(*Eucalyptus robusta* Smith)又称尤加利树,是桃金娘科桉树属植物,是世界上著名的速生树种,原产于澳大利亚。其精油的提取工艺如下:参考 2010 版《中国药典》附录 XD 挥发油测定法(甲法)蒸馏提取包埋后的桉叶精油。通过 GC-MS 分析,精油中含量较高的成分有蒎烯(17.73%)、右旋柠檬烯(14.70%)、1,4-桉叶素(11.06%)、异松油烯(9.36%)、邻伞花烯(8.74%)、崁烯(7.50%)、1,8-桉叶素(7.42%)、(＋)-3-蒈烯(6.31%)、α-松油烯(4.99%)、γ-松油烯(2.08%)。当加入 10 μL 桉叶精油时,其对大肠杆菌、金黄色葡萄球菌和酿酒酵母的抑菌圈直径均大于 20 mm;当加入 50 μL 桉叶精油时,其对桔青霉的抑菌圈直径为 34.2 mm;当加入 100 μL 桉叶精油时,其对黑曲霉的抑菌圈直径为 29.6 mm。桉叶精油对酿酒酵母的气相 MIC 测定值最低,为 25 μL/L;对大肠杆菌、金黄色葡萄球菌的气相 MIC 和 MBC 测定值相同,分别为 50 μL/L 和 100 μL/L;对霉菌的抑制效果稍差,尤其是黑曲霉,气相 MIC 及 MBC 测定值达到 400 μL/L[4]。

白千层(*Melaleuca leucadendra* Linn)(见图 5-1)为桃金娘科白千层属常绿乔木,原产于澳大利亚东部的昆士兰州和新南威尔士北部,高度可达 40 m,树皮薄如纸且多层。其挥发油的提取工艺如下:采集叶片,称重后将其装入水蒸气蒸馏装置,加入适量蒸馏水,待温度达 100 ℃后连续蒸馏 6 h,收集挥发油,并加入一定量的氯化钠,用无水乙醚萃取 3 次,合并萃取

图 5-1 白千层

液,加入无水硫酸钠进行干燥,浓缩萃取液或让无水乙醚自然挥发。经 GC-MS 分析,主要成分有桉树脑(48.37%)、凤蝶醇(13.64%)、α-松油醇(10.00%)、蒎烯(6.41%)等。叶片挥发油对番茄疮痂病菌的抑制活性最强,抑菌圈直径为 19.8 mm,明显强于阳性对照硫酸链霉素(抑菌圈直径为 10.5 mm);其次是桉树青枯病菌,其抑菌圈直径为 17.1 mm[5]。

大叶黄杨(*Euonymus japonicus* Thunb.)(见图 5-2)又名"冬青卫矛",是卫矛科卫矛属常绿灌木或小乔木。其叶、茎挥发油的提取工艺如下:取干燥粉碎后的叶、茎各 250 g,装入料筒,放入超临界二氧化碳萃取装置萃取釜内,设置萃取压力为 40 MPa,萃取温度为 30 ℃、萃取流量为 20 L/h,萃取 3 h 后,打开分离釜排料阀,收集萃取物。萃取物经减压蒸馏后分别用环己烷、乙醚萃取,N$_2$ 吹去溶剂,得到挥发油。经 GC-MS 测定,叶挥发油中主要有 2-乙氧丙烷(41.92%)、(E)-2-己烯-1-醇(17.8%)、(E)-香叶醇(7.86%)、甲基环己

烷(6.60%)等;茎挥发油中主要有甲氧基苯基肟(33.10%)、二十八烷(14.34%)、α-甲基-α-[4-甲基-3-戊烯基]环氧乙烷甲醇(12.48%)、甲苯(11.88%)、二十一烷(7.74%)等。当挥发油浓度为0.2~1.2 g/L时,叶经环己烷萃取后挥发油对柯萨奇病毒B3(CVB3)、腺病毒Ⅲ型(AdⅢ),乙醚萃取挥发油对甲型流感病毒(FM1)、呼吸道合胞病毒(RSV)、CVB3有显著抑制作用;茎经环己烷萃取后挥发油对单纯疱疹病毒Ⅰ型(HSV-Ⅰ)、CVB3,茎乙醚萃取挥发油对呼吸道合胞病毒(RSV)、伪狂犬病病毒(PRV)的抑制作用显著[6]。

图5-2 大叶黄杨

番石榴(*Psidium guajava* Linn.)(见图5-3)为桃金娘科番石榴属植物,是常绿小乔木或灌木。其挥发油的提取工艺如下:将其叶粉碎过20目筛,按料液比为1:12加入水,按《中国药典》(2010年版)规定的常规水蒸气蒸馏法提取挥发油5 h。经GC-MS分析,广藿香烯为主要成分,含量占54.97%。挥发油对枯草芽孢杆菌、金黄色葡萄球菌、铜绿假单胞菌及大肠杆菌均有较好的抑菌效果,其MIC值均为50 μL/mL[7]。

图5-3 番石榴

红枫(*Acer palmatum* cv. atropurpureum)(见图5-4)是槭树科槭树属鸡爪槭,别称为"鸡爪槭",为落叶小乔木。采用超临界二氧化碳萃取,应用GC-MS法鉴定挥发油化学成分,红枫叶挥发油中主要成分有甲氧基苯基肟(28.64%)、甲苯(19.12%)、二十八烷(16.26%)、(Z)-3-己烯-1-醇(8.94%)、十六烷酸(7.

图5-4 红 枫

08%)、仲丁基醚(9.18%);红枫茎挥发油中主要有二十八烷(16.28%)、3,7-二甲基-1,6-辛二烯-3-醇(8.00%)、2,4-二叔丁基苯酚(6.75%)。红枫叶环己烷萃取挥发油对单纯疱疹病毒Ⅰ型(HSV-Ⅰ),乙醚萃取挥发油对HSV-Ⅰ、CVB3有显著的抑制作用;茎环己烷萃取挥发油对 AdⅢ、FM_1 病毒,茎乙醚萃取挥发油对 FM_1、RSV 病毒的抑制作用显著[8]。

红叶李(*Prunus cerasifera* Ehrh. cv. atropurpurea Jacg.)(见图 5-5)又名樱桃李或紫叶李,为蔷薇科李亚科植物,是樱李的变种。采用超临界二氧化碳萃取叶挥发油,用 GC-MS 法分析,主要成分有亚麻酸(14.26%)、油酸(13.96%)、亚麻醇(8.90%)、苯甲醛(7.72%)、2-氟苯甲酸-4-硝基苯酯(7.30%)、(Z)-3-己烯醇(6.68%)、肉豆蔻酸(6.57%);茎挥发油中主要成分有石竹烯(8.57%)、水杨酸甲酯(7.12%)、2-甲基-5-(1-甲基乙烯基)-2-环己烯-1-醇(7.00%)、环己烷(6.88%)、芳樟醇(6.76%)、月桂酸(6.06%)。当挥发油浓度为 0.024~3 mg/mL 时,叶挥发油对大肠杆菌、白色念珠菌的抑制作用较强,茎挥发油对金黄色葡萄球菌的抑制作用较强。叶挥发油抑制 RSV、CVB3 作用较强[9]。

图 5-5 红叶李

厚朴(*Magnolia officinalis* Rehd. et Wils.)(见图 5-6)是木兰科木兰属植物。其叶挥发油的提取工艺如下:取叶粉末 100.0 g,置于蒸馏瓶中,加适量水浸泡 12 h,加氯化钠 50 g 后用水蒸气蒸馏法提取挥发油 6 h。馏出液用氯化钠饱和后,再用乙醚萃取 3 次,萃取液用无水硫酸钠干燥过夜,蒸馏回收乙醚,得到一种有清香气味的浅黄绿色油状物。经

图 5-6 厚 朴

GC-MS 分析,主要成分为 β-氧化石竹烯(32.03%)、4-丙烯基苯酚(23.12%)、棕榈酸(7.07%)、α-亚麻酸(5.08%)、桉叶油醇(4.53%)等。叶挥发油对枯草芽孢杆菌 CMCC63501 株和金黄色葡萄球菌 ATCC25925 株的

MIC值和MIC值分别为0.02 g/L和0.16 g/L,对伤寒沙门菌50127株和肠炎沙门菌50040株的MIC值分别为3.08 g/L和4.22 g/L,对枯草芽孢杆菌CMCC63501株和金黄色葡萄球菌ATCC25925株的MIC值分别为0.08 g/L和0.34 g/L[10]。

胡椒薄荷(*Mentha piperita*)(见图5-7)是唇形科植物,是被广泛种植的杂交薄荷,原产于欧洲,可用作食物的调味料。其叶挥发油的提取工艺如下:取干燥叶,粉碎后过60目筛,称定250 g。采用超临界二氧化碳萃取其挥发性成分,萃取条件为萃取压力35 MPa、温度40 ℃、萃取时间90 min、流量30 L/h。得淡黄色浓郁气味的薄荷挥发油液体,

图5-7 胡椒薄荷

用少量无水Na_2SO_4充分干燥后,加无水乙醚2 mL于磨口量瓶中4 ℃冷藏。经GC-MS分析得主要成分为芳樟醇(49.9%)、环氧-罗勒烯(19.3%)、倍半水芹烯(9.4%)。挥发油对卤虫幼体的LC_{50}值为526.0 mg/L;当挥发油浓度为10 g/L时,对大肠埃希菌的抑菌圈直径为(9±1) mm,对埃及伊蚊的LC_{50}值为339.6 mg/L[11]。

垂柳(*Salix babylonica* L.)是在我国分布广泛的杨柳科植物。采用超临界二氧化碳萃取柳树叶、茎挥发油,应用GC-MS鉴定挥发油成分,叶挥发油中主要成分有苯甲醛(38.62%)、二十八烷(4.06%)、苯甲醇(9.15%)等;茎挥发油中主要成分有苯甲醛(14.26%)、二十八烷(8.86%)、(S)-松油醇(7.36%)、2-羟基苯甲醛(9.00%)、3,7-二甲基-2,6-辛二烯醛(4.62%)、3,7-二甲基-1,6-辛二烯-3-醇(3.92%)、香叶醇(3.18%)、3-烯丙基-6-甲氧基-苯酚(2.66%)等。当叶环己烷萃取挥发油浓度为0.016~2 mg/mL时,对绿脓杆菌、金黄色葡萄球菌的抑制作用较明显,叶乙醚萃取挥发油对大肠杆菌、绿脓杆菌的抑制作用较明显。茎环己烷萃取挥发油对伤寒沙门氏菌、白色念珠菌、枯草杆菌的抑制作用较明显,茎乙醚萃取挥发油对大肠杆菌、金黄色葡萄球菌有较强的抑制力[12]。

蒌叶(*Piper betle* L.)(见图5-8)别名为青蒟、芦子、大芦子、槟榔蒟、槟榔蒌,是胡椒科胡椒属药用植物。其叶挥发油的提取工艺如下:取叶晾干,粉

碎,按料液比 50∶1000(m/V)加入水,于温度 70 ℃、功率 192 W 超声 30 min 后,再用水蒸气蒸馏提取 4 h,用乙醚萃取得挥发油。经 GC-MS 分析,其主要成分有 2-甲氧基-4-(1-丙烯基)-苯酚(67.141%)、4-烯丙基苯酚(胡椒酚)(13.453%)、2-甲氧基-4-丙烯基乙酸酚酯(9.617%)。蒌叶挥发油对金黄色葡萄球菌、枯草杆菌、大肠杆菌、蜡状芽孢杆菌、四联球菌、藤黄八叠球菌、白色葡萄球菌、黑曲霉、毛霉、青霉均有明显的抗菌活性,其 MIC 值分别为 0.625 mg/mL、1.25 mg/mL、0.625 mg/mL、0.625 mg/mL、0.625 mg/mL、2.50 mg/mL、1.25 mg/mL、0.313 mg/mL、0.625 mg/mL、0.313 mg/mL[13]。

图 5-8 蒌 叶

四川山姜(*Alpinia sichuanensis* Z. Y. Zhu)为姜科山姜属多年生草本植物。其叶挥发油的提取工艺如下:取叶粗粉 300 g,装入 2000 mL 圆底烧瓶中,加 5 倍量的蒸馏水浸泡 1 h,连续回流 6 h 至油量不再增加,收集挥发油,用无水硫酸钠干燥得黄色透明挥发油。该挥发油对金黄色葡萄球菌的最小抑菌浓度为 250 μg/mL[14]。

白苏(*Perilla frutescens*)(见图 5-9)是唇形科紫苏属一年生草本植物。根据《中国药典》附录 XD 挥发油测定法提取叶中挥发油,经 GC-MS 分析其主要成分有 2,6-二甲基-6-(4-甲基-3-戊烯基)-双环[3.1.1]庚-2-烯(18.22%)、紫苏酮(18.15%)、戊基苯酚(17.31%)、石竹烯(14.78%)、芳樟醇(7.68%)。挥发油对白色念珠菌、红色毛癣菌的抑菌圈直径分别为 25.4 mm、91mm[15]。

图 5-9 白 苏

艳山姜[*Alpinia zerumbet*(Pers.)Burtt. et Smith]为姜科山姜属植物,别名为良姜。其挥发油的提取工艺如下:将 4.6 kg 叶置于挥发油提取器中,用水蒸气蒸馏法提取,提取 8 h 后,油水混合物经正己烷萃取,减压蒸馏回收溶剂,无水硫酸钠干燥处理后过滤,得到的黄色液体为挥发油。经 GC-MS 分析,其主要成分为邻伞花烃(14.86%)、桉油精(8.44%)、芳樟醇(8.28%)、氧化石竹烯(7.62%)、柠檬烯(7.29%)、莰烯(7.23%)、α-蒎烯(6.40%)和左旋樟脑(6.20%)。通过生物活性筛选,艳山姜叶挥发油对赤拟谷盗成虫具有触杀毒性(LD_{50} 值为 6.59 μg/头)和熏蒸毒性(LC_{50} 值为 5.19 mg/L)。挥发油中的主要化合物(莰烯、柠檬烯和桉油精)对赤拟谷盗均有一定的触杀毒性,LD_{50} 值分别为 5.13 μg/头、14.97 μg/头和 18.83 μg/头。莰烯对赤拟谷盗还具有较强的熏蒸活性,LC_{50} 值为 4.10 mg/L[16]。

樟树[*Cinnamomum camphora*(L.) Presl.]是樟科樟属植物。采用水蒸气蒸馏法提取其叶中精油,经 GC-MS 鉴定其主要成分有 1,8-桉叶油素(9.76%)、异丁香酚甲醚(9.75%)、异-橙花叔醇(28.81%)、三甲基-2-丁烯酸环丁酯(20.25%)。1 mL、3 mL、5 mL 异樟叶精油与 25 mL 综合马铃薯培养基混合倒平板,制得异樟叶精油浓度为 1∶25、3∶25 和 5∶25,浓度 5∶25 对尖孢镰刀菌、七叶树壳梭孢、拟茎点霉 3 种植物病原真菌的抑菌率分别达到 42.64%、57.50%和64.30%[17]。

鱼腥草(*Houttuynia cordata* Thunb.)(见图 5-10)为三白草科蕺菜属多年生草本植物。按照《中国药典》(2010 年版)挥发油测定法提取其茎叶中挥发油成分,用 GC-MS 分析其茎挥发油中的主要成分有月桂烯(13.18%)、4-萜品醇(4.16%)、甲基正壬酮(39.82%)、葵酸(4.90%)、香叶酯(4.71%)等。叶挥发油中主要成分有月

图 5-10 鱼腥草

桂烯(16.27%)、4-萜品醇(4.12%)、甲基正壬酮(41.20%)、葵酸(6.30%)、乙基葵酸酯(4.05%)等。叶挥发油对金黄色葡萄球菌、藤黄八叠球菌的抑制作用较强,其抑菌圈直径分别为 23.0 mm、22.0 mm[18]。

棕榈[*Trachycarpus fortunei*(Hook.) H. Wendl.](见图 5-11)为棕榈科棕榈属常绿乔木。棕榈茎叶经超临界二氧化碳萃取后,其挥发油用 GC-MS 分析得主要成分为(Z)-3-己烯-1-醇(15.87%)、正己醇(12.60%)、2,3-丁二醇(10.19%)、3-(1-乙氧乙氧基)-2-甲基丁烷-1,4-二醇(9.63%)、甲苯

(9.60%)、2-乙氧基-3-氯丁烷(8.10%)等；茎挥发油中主要有甲苯(13.80%)、1,1-二乙氧基乙烷(25.77%)、2,3-丁二醇(10.65%)等。叶环己烷萃取挥发油对伤寒沙门氏菌、假丝酵母、白色念珠菌有较强的抑制力,乙醚萃取挥发油对变形杆菌、枯草杆菌、绿脓杆菌具有明显的抑制作用。茎环己烷萃取挥发油对大肠杆菌、假丝酵母、枯草杆菌、白色念珠菌

图 5-11 棕 榈

及乙醚萃取挥发油对变形杆菌、金黄色葡萄球菌有较强抑制作用,以上挥发油 MIC 值为 0.062 mg/mL 或 0.031 mg/mL[19]。

橙色红千层(*Callistemon citrinus*)又名刷子树,原产于澳大利亚。其叶经水蒸气蒸馏得挥发油,经 GC-MS 分析后其主要成分有 1,8-桉叶素(52.1%)、α-松油醇(14.7%)和丁香酚(14.2%)。挥发油对果蝇和工蚁的抑制作用十分明显,其 LC_{50} 值分别为 57.4 μg/mL、38 μg/mL,其杀虫活性与上述三种成分相关[20]。

胡椒(*Peperomia borbonensis* Miq.)叶挥发油经 GC-MS 分析和柱色谱分离鉴定,其主要成分为肉豆蔻醚(39.5%)和榄香素(26.6%)。挥发油具有杀灭南瓜实蝇(*Bactrocera cucurbita*)的作用,其 LC_{50} 值和 LC_{90} 值分别为 0.23 mg/cm^2、0.34 mg/cm$^{2[21]}$。

杜氏利什曼原虫易引起黑热病,传播过程是以沙蝇为媒介。黄花蒿(*Artemisia annua* Linn.)是菊科蒿属一年生草本植物。以水蒸气蒸馏法提取黄花蒿叶中的挥发油,经 GC-MS 分析,其主要成分有樟脑(52.06%)、β-石竹烯(10.95%)、β-丁香烯氧化物(4.21%)等。叶挥发油抑制杜氏利什曼原虫前鞭毛体和细胞内无鞭毛体的 IC_{50} 值为 14.63 μg/mL、7.30 μg/mL[22]。

罗勒(*Ocimum basilicum*)(见图 5-12)为唇形科罗勒属药食两用芳香植物,味似茴香。用水蒸气蒸馏法提取其叶挥发油,GC-MS 分析其主要成分有芳樟醇(61.7%)、1,8-桉叶素(17.2%)、(1S)-(−)-龙脑(8.5%)、丁香酚(5.7%)和 α-荜草烯(4.3%)。当叶挥发油浓度为 2.5 mg/mL 时,对 G^+ 菌中巨大芽孢杆菌具有敏感性(MIC 值为 5.0 mg/mL),其次对化脓链球菌较敏感(MIC 值为 10.0 mg/mL)。挥发油对 G^- 菌中大肠杆菌、奇异变形杆菌、肺

炎杆菌敏感,MIC 值分别为 2.5 mg/mL、5.0 mg/mL、5.0 mg/mL[23]。

潺槁木姜子[*Litsea glutinosa* (Lour.) C. B. Rob.](见图 5-13)是樟科木姜子属常绿乔木。经水蒸气蒸馏法提取其茎皮中的挥发油,GC-MS 分析挥发油主要成分有亚油酸(62.57%)、棕榈酸(12.68%)、β-谷甾醇(6.87%)和维生素 E(2.51%)。挥发油具有抑制霍乱弧菌作用,抑菌圈直径为 15 mm,MIC 值为 0.15 mg/mL[24]。

图 5-12 罗　勒

Salvia palaestina 是唇形科鼠尾草属植物,在巴勒斯坦人的厨房,其叶被用作早餐茶以增加芳香和风味。其叶挥发油经 GC-MS 分析,主要成分有桉油精(47.09%)、樟脑(8.73%)、β-石竹烯(2.88%)、α-松油醇(2.16%)。当加入 5 μL 挥发油后,挥发油和庆大霉素

图 5-13 潺槁木姜子

(10 μg/mL)抑制金黄色葡萄球菌的抑菌圈直径分别为 10.39 mm、8.72 mm。挥发油和制霉菌素(115 IU/mL)对白色念珠菌的抑菌圈直径分别为 14.04 mm、6.79 mm[25]。

柠檬[*Citrus limon* (L.) Burm. F.](见图 5-14)是芸香科柑橘属植物。用水蒸气蒸馏法提取其叶挥发油后,GC-MS 分析其主要成分有芳樟醇(30.62%)、香叶醇(15.91%)、α-松油醇(14.52%)、乙酸芳樟酯(13.76%)。当挥发油浓度为 10 mg/mL 时,其对芽孢杆菌、金黄色葡萄球菌、链球菌、大肠杆菌、志贺氏菌的抑菌圈直径分别为

图 5-14 柠　檬

33.46 mm、31.52 mm、30.21 mm、29.33 mm、18.19 mm。金黄色葡萄球菌、志贺氏菌、大肠杆菌、链球菌、伤寒杆菌、芽孢杆菌的 MIC 值分别为 59 mg/mL、57 mg/mL、52 mg/mL、49 mg/mL、30 mg/mL、30 mg/mL[26]。

黄花胡椒(*Piper flaviflorum* C. DC.)(见图 5-15)是胡椒科胡椒属藤本灌木。用蒸馏法提取其茎、其中,叶挥发油,经 GC-MS 分析其主要成分分别为(E)-橙花叔醇(16.7%和 40.5%)、β-石竹烯(26.6%和 14.6%)、甘香烯(5.3%和 12.3%)、α-可巴烯(7.5%和 3.1%)。叶挥发油抑制烟曲霉作用较强,其 MIC、MBC 值范围为 256~1024 μg/mL[27]。

图 5-15 黄花胡椒

胡椒[*Piper malacophyllum*(C. Presl.) C. DC]叶挥发油用水蒸气蒸馏法提取,GC-FID、GC-MS 分析其主要成分有樟脑(32.8%)、莰烯(20.8%)、E-橙花叔醇(9.1%)、α-蒎烯(5.0%)、β-石竹烯(4.9%)。挥发油对须毛癣菌、新型隐球菌的 MIC 值为 500 μg/mL[28]。

Machilus japonica Sieb. & Zucc. (Lauraceae)叶挥发油通过水蒸气蒸馏提取,经 GC-MS 分析其主要成分有 α-水芹烯(14.5%)、α-蒎烯(12.8%)、麝香草酚(12.6%)、α-松油醇(6.5%)、香芹酚(6.0%)。挥发油对 G^+ 菌(如芽孢杆菌、金黄色葡萄球菌、表皮葡萄球菌)和白色念珠菌有强烈的抑制作用,其抑菌圈直径为 48~54 mm,MIC 值为 16.12~32.25 μg/mL。活性研究证明,其主要有效成分是麝香草酚、香芹酚[29]。

土肉桂(*Cinnamomum osmophloeum*)为樟科樟属植物,是台湾的特有植物。其叶挥发油经水蒸气蒸馏法提取,GC-MS 分析其主要成分有 trans-肉桂醛(70.20%)、trans-肉桂酯(27.05%)。当挥发油浓度为 12.5 μg/mL 时,其对冈比亚按蚊致死率为 43%;当其浓度为 200 μg/mL 时,致死率为 100%。挥发油作用 72 h 后,在实验室及半封闭环境下其 LC_{50}、LC_{90} 值分别为 22.18 μg/mL、11.91 μg/mL[30]。

猪屎豆(*Crotalaria pallida* Aiton)为豆科猪屎豆属植物。其叶挥发油的提取工艺如下:取其叶干燥细粉 150 g,用石油醚(40~60 ℃)索氏提取 72

117

h,真空除去溶剂,通过 TLC 分离纯化后,经 IR、GC-MS 分析鉴定,其主要成分有亚麻酸(34.06%)、棕榈酸(24.47%)、亚油酸(13.50%)、硬脂酸(4.84%)、油酸(4.60%)、木蜡酸(4.08%)。挥发油抑制大肠杆菌、琼氏不动杆菌、枯草杆菌的 MIC 值分别为 10 $\mu g/mL$、10 $\mu g/mL$、80 $\mu g/mL$[31]。

香润楠(*Machilus zuihoensis* Hayata)是樟科润楠属植物。其叶挥发油用水蒸气蒸馏法提取,GC-MS 分析其主要成分有(E)-橙花叔醇(10.5%)、β-桉叶油醇(5.7%)、τ-杜松醇(5.3%)、n-十二醛(23.8%)、正癸醛(5.3%)、viridiflorene(4.2%)。挥发油抑制蜡质芽孢杆菌、金黄色葡萄球菌、表皮葡萄球菌和白色念珠菌作用较强,抑菌圈直径范围为 35～43 mm,MIC 值为125 $\mu g/mL$[32]。

紫茎泽兰(*Eupatorium adenophorum* Spreng)(见图 5-16)是菊科泽兰属植物,原产于墨西哥,俗称飞机草,属于入侵物种。其挥发油的提取分离工艺如下:取紫茎泽兰草粉,加入约 6 倍重量的甲醇,浸泡 12 h,室温超声提取 30 min,收集上清液,45 ℃减压浓缩,得浸膏。浸膏中加入少量甲醇溶解,加入蒸馏水使甲醇含量稀释至 20%左右,乙酸乙酯萃取,

图 5-16 紫茎泽兰

萃取液于45 ℃减压回收溶剂至干,得乙酸乙酯萃取物。乙酸乙酯萃取物溶于甲醇-水-二氯甲烷(85∶15∶5)后,上 XAD-2 大孔树脂柱洗脱,去除色素等杂质,收集洗脱剂,浓缩得膏状物。脱色后的膏状物再上硅胶柱,以二氯甲烷为洗脱剂,去除低极性化合物,然后以二氯甲烷-乙酸乙酯(98∶2)溶剂系统进行柱层析后,得到紫茎泽兰叶油状提取物(即紫茎泽兰叶油)。经 GC-MS 分析,其主要成分有 9-羰基-10Hβ 泽兰酮(37.03%)、9-羰基-10Hα 泽兰酮(37.73%)、9-羰基-10,11-去氢泽兰酮(23.41%)。紫茎泽兰叶油对植物病原菌中群结腐霉(*Pythium myriotylum*)和辣椒疫霉(*Phytophthora capsici*)的抑制活性较高,MIC 值分别为 0.1 mg/mL、0.5 mg/mL[33]。

对上述植物茎叶挥发油抑菌、杀虫作用的文献调研,如表 5-1 所示。

表 5-1　植物茎叶挥发油的抑菌、杀虫作用

序号	植物部位	活性及剂量	阳性对照	文献
1	艾蒿茎叶	作用雌成螨 24 h、48 h 和 72 h 的 LC_{50} 值分别为 23.03%、13.25% 和 0.35%；对卵和雌成螨的 ID_{50} 值和 LD_{50} 值分别为 0.21 μL/L 和 8.93 μL/L。艾蒿精油处理雌成螨后,螨体内 SOD 和 POD 活性被激活,CAT 和蛋白酶活性被抑制	无	[1]
		抑制疫霉、黑曲霉、粉红聚端孢、青霉作用(MIC 值为 50 μL/mL),抑制链格孢(MIC 值为 100 μL/mL),桉树脑具有抑制 5 种真菌(MIC 值为 50 μL/mL)和 4-松油烯醇(MIC 值为 40 μL/mL)作用	无	[2]
		抑制白色念珠菌 SC5314(MIC 值为 0.5 mL/L),呈剂量依赖性。使白色念珠菌 SC5314 细胞内 ROS 水平显著升高、线粒体膜电位显著降低、凋亡比例明显增加、metacaspase 活性显著升高、细胞核固缩(浓度>0.5 mL/L)。具有诱导白色念珠菌细胞凋亡的活性,该作用可能与 ROS 积累和线粒体损伤有关	无	[3]
2	桉叶	对大肠杆菌、金黄色葡萄球菌和酿酒酵母极敏感(精油 10 μL);对桔青霉极敏感(精油 50 μL);对黑曲霉极敏感(精油 100 μL)。抑制酿酒酵母(气相 MIC 值为 25 μL/L)、大肠杆菌、金黄色葡萄球菌(气相 MIC 值为 50 μL/L,MBC 值为 100 μL/L)。对霉菌的抑制效果稍差	无	[4]
3	白千层叶	抑制番茄疮痂病菌、青枯病菌(抑菌圈直径分别为 19.8 mm、17.1 mm)	强于硫酸链霉素	[5]
4	大叶黄杨	叶环己烷萃取挥发油抑制 CVB3、AdⅢ病毒,乙醚萃取挥发油抑制 FM1、RSV、CVB3 病毒;茎环己烷萃取挥发油抑制 HSV-Ⅰ、CVB3,茎乙醚萃取挥发油抑制 RSV、PRV(浓度为 0.2～1.2 g/L)	弱于利巴韦林	[6]
5	番石榴叶	抑制枯草芽孢杆菌、金黄色葡萄球菌、铜绿假单胞菌及大肠杆菌(MIC 值为 50 μL/mL)	无	[7]

续表

序号	植物部位	活性及剂量	阳性对照	文献
6	红枫叶、茎	叶环己烷萃取挥发油抑制 HSV-I 病毒,乙醚萃取挥发油抑制 HSV-I、CVB3 病毒;茎环己烷萃取挥发油抑制 AdⅢ、FM_1 病毒,茎乙醚萃取挥发油抑制 FM_1、RSV 病毒	弱于利巴韦林	[8]
7	红叶李叶、茎	叶挥发油抑制大肠杆菌、白色念珠菌,茎挥发油抑制金黄色葡萄球菌(MIC 值为 0.047 mg/mL)。叶挥发油抑制 RSV、CVB3 病毒(浓度为 0.024~3 mg/mL)	分别弱于环丙沙星和利巴韦林	[9]
8	厚朴叶	叶挥发油抑制枯草芽孢杆菌、金黄色葡萄球菌(MIC 值为 0.02 g/L、0.16 g/L),抑制伤寒沙门菌、肠炎沙门菌(MIC 值为 3.08 g/L、4.22 g/L),抑制枯草芽孢杆菌、金黄色葡萄球菌(MBC 值为 0.08 g/L、0.34 g/L)	无	[10]
9	胡椒薄荷叶	杀灭卤虫幼体(LC_{50} 值为 26.0 mg/L);抑制大肠埃希菌;杀灭埃及伊蚊(LC_{50} 值为 339.6 mg/L)	无	[11]
10	垂柳叶、茎	叶挥发油抑制绿脓杆菌、金黄色葡萄球菌、大肠杆菌、绿脓杆菌。茎挥发油抑制伤寒沙门氏菌、白色念珠菌、枯草杆菌、大肠杆菌、金黄色葡萄球菌(浓度为 0.016~2 mg/mL)	弱于环丙沙星	[12]
11	萎叶	抑制金黄色葡萄球菌(MIC 值为 0.625 mg/mL)、枯草杆菌(MIC 值为 1.25 mg/mL)、大肠杆菌(MIC 值为 0.625 mg/mL)、蜡状芽孢杆菌(MIC 值为 0.625 mg/mL)、四联球菌(MIC 值为 0.625 mg/mL)、藤黄八叠球菌(MIC 值为 2.50 mg/mL)、白色葡萄球菌(MIC 值为 1.25 mg/mL)、黑曲霉(MIC 值为 0.313 mg/mL)、毛霉(MIC 值为 0.625 mg/mL)、青霉(MIC 值为 0.313 mg/mL)	无	[13]
12	四川山姜叶	抑制金黄色葡萄球菌(MIC 值为 250 μg/mL)	弱于西吡氯铵	[14]
13	白苏	抑制白色念珠菌(抑菌圈直径为 25.4 mm)、红色毛癣菌(抑菌圈直径>91 mm)	无	[15]

续表

序号	植物部位	活性及剂量	阳性对照	文献
14	艳山姜叶	触杀赤拟谷盗成虫（LD_{50}值为6.59 μg/头）和熏蒸毒性（LC_{50}值为5.19 mg/L）。其叶挥发油主要成分莰烯（LD_{50}值为5.13 μg/头）、柠檬烯（LD_{50}值为14.97 μg/头）和桉油精（LD_{50}值为18.83 μg/头）对赤拟谷盗均有一定的触杀毒性。莰烯对赤拟谷盗还显示出较强的熏蒸活性（LC_{50}值为4.10 mg/L）	触杀毒性弱于除虫菊素，熏蒸活性弱于溴甲烷	[16]
15	樟叶	抑制尖孢镰刀菌、七叶树壳梭孢、拟茎点霉（精油与综合马铃薯培养基浓度为5:25）	无	[17]
16	鱼腥草叶	抑制金黄色葡萄球菌（抑菌圈直径为23.0 mm）、藤黄八叠球菌（抑菌圈直径为22.0 mm）的作用较强	无	[18]
17	棕榈茎叶	叶环己烷萃取挥发油抑制伤寒沙门氏菌、假丝酵母、白色念珠菌，乙醚萃取挥发油抑制变形杆菌、枯草杆菌、绿脓杆菌。茎环己烷萃取挥发油抑制大肠杆菌、假丝酵母、枯草杆菌、白色念珠菌，乙醚萃取挥发油抑制变形杆菌、金黄色葡萄球菌（MIC值为0.062 mg/mL或0.031 mg/mL）	弱于环丙沙星	[19]
18	橙色红千层叶	抑制果蝇（LC_{50}值为57.4 μg/mL）和工蚁（LC_{50}值为38.0 μg/mL）	无	[20]
19	胡椒叶	杀灭南瓜实蝇（Bactrocera cucurbita）作用（LC_{50}值为0.23 mg/cm^2，LC_{90}值为0.34 mg/cm^2）	无	[21]
20	黄花蒿叶	抑制杜氏利什曼原虫前鞭毛体（IC_{50}值为14.63 μg/mL）和细胞内无鞭毛体（IC_{50}值为7.30 μg/mL）	弱于潘他米丁	[22]
21	罗勒叶	抑制巨大芽孢杆菌（MIC值为5.0 mg/mL）、化脓链球菌（MIC值为10.0 mg/mL），抑制大肠杆菌（MIC值为2.5 mg/mL）、奇异变形杆菌（MIC值为5.0 mg/mL）、肺炎杆菌（MIC值为5.0 mg/mL）	无	[23]

续表

序号	植物部位	活性及剂量	阳性对照	文献
22	潺槁木姜子茎皮	抑制霍乱弧菌(抑菌圈直径为 15 mg/mL, MIC 值为 0.15 mg/mL)	弱于氨苄青霉素和庆大霉素	[24]
23	*Salvia palaestina* 叶	抑制金黄色葡萄糖球菌(抑菌圈直径为 10.39 mm)、白色念珠菌(抑菌圈直径为 14.04 mm)(加入 5 μL 挥发油)	强于庆大霉素制霉菌素	[25]
24	柠檬叶	抑制芽孢杆菌(抑菌圈直径为 33.46 mm, MIC 值为 30 mg/mL)、金黄色葡萄球菌(直径为 31.52 mm, MIC 值为 59 mg/mL)、链球菌(直径为 30.21 mm, MIC 值为 49 mg/mL)、大肠杆菌(直径值为29.33 mm, MIC 值为 52 mg/mL)、志贺氏菌(直径为 18.19 mm, MIC 值为 57 mg/mL)、伤寒杆菌(MIC 值为 30 mg/mL)	弱于氯霉素	[26]
25	黄花胡椒叶	抑制烟曲霉作用较强(MIC 值、MBC 值为 256~1024 μg/mL)	强于替加环素	[27]
26	*Piper malacophyllum* (C. Presl.) C. DC 叶	抑制须毛癣菌、新型隐球菌(MIC 值为 500 μg/mL)	弱于酮康唑	[28]
27	*Machilus japonica* Sieb. & Zucc. (Lauraceae)叶	抑制 G^+ 菌(芽孢杆菌、金黄色葡萄球菌、表皮葡萄球菌)和白色念珠菌(抑菌圈直径为 48~54 mm, MIC 值为 16.12~32.25 μg/mL)	弱于四环素、庆大霉素、制霉菌素	[29]
28	土肉桂叶	对冈比亚按蚊的致死率为 43%(浓度为 12.5 μg/mL);致死率为 100%(浓度为 200 μg/mL)。作用 72 h 后,在实验室(IC_{50} 值为 22.18 μg/mL)及半封闭环境下(IC_{50} 值为 11.91 μg/mL)具有杀灭按蚊作用	无	[30]
29	猪屎豆	抑制大肠杆菌(MIC 值为 10 μg/mL)、琼氏不动杆菌(MIC 值为 10 μg/mL)、枯草杆菌(MIC 值为 80 μg/mL)	弱于四环素、氨苄西林	[31]

续表

序号	植物部位	活性及剂量	阳性对照	文献
30	香润楠叶	抑制蜡质芽孢杆菌、金黄色葡萄球菌、表皮葡萄球菌和白色念珠菌（抑菌圈直径为35～43 mm，MIC值为125 μg/mL）	弱于四环素、庆大霉素	[32]
31	紫茎泽兰	抑制植物病原菌中群结腐霉（MIC值为0.1 mg/mL）和辣椒疫霉（MIC值为0.5 mg/mL）	无	[33]

5.2 挥发油的提取分离与抗氧化作用

樗叶花椒（*Zanthoxylum ailanthoides* Sieb. et Zucc.）（见图5-17）别名为椿叶花椒、食茱萸、木满天星、刺椒，是芸香科花椒属落叶小乔木。按照《中国药典》（2005年版）挥发油提取法提取其叶挥发油，经 GC-MS 分析，樗叶花椒叶挥发油的主要成分为 α-水芹烯（21.87%）、桉叶醇（13.12%）、（一）-松油烯-4-醇（9.55%）、γ-萜品烯（8.25%）、α-萜品烯（6.50%）、（一）-α-松油醇（6.31%）、萜品油烯（3.78%）、α-蒎烯（3.63%）、β-蒎烯（3.04%）、2-侧柏烯

图 5-17　樗叶花椒

（2.89%）、顺式-β-萜品醇（2.29%）。当浓度达到4.0 mg/mL时，精油对超氧阴离子自由基、羟自由基、DPPH 自由基的清除率分别达到 70.2%、76.3%和 80.7%，精油对 3 种自由基清除率的 IC_{50} 值分别为 1.5 mg/mL、1.8 mg/mL 和 1.1 mg/mL。对亚硝酸根离子的清除率可达到 86.2%，IC_{50} 值为 0.8 mg/mL[34]。Tepe 等[35]研究表明含有单萜氧化物或者倍半萜的精油一般都具有较好的抗氧化活性。Ruberto 等[36]研究认为，单萜烯类化合物中因含有活泼的亚甲基而具有抗氧化活性，如萜品油烯、α-蒎烯、γ-萜品烯、α-蒎烯等，这些单萜在樗叶花椒叶精油中含量较高，也对自由基具有一定的清除作用。

龙爪槐（*Sophora japonica var. pendula*）（见图5-18）别名为蟠槐、垂槐，是豆科槐属植物。采用超临界 CO_2 提取法提取龙爪槐叶挥发油，并用

GC-MS法分析其化学成分。龙爪槐叶挥发油的主要成分有棕榈酸(7.86%)、亚油酸(5.80%)、4-乙烯基-2-甲氧基苯酚(5.32%)、4-乙基-2-甲氧基苯酚(5.20%)、Z-3-己烯-1-醇(5.11%)、叶绿醇(4.77%)和大马士酮(4.47%)。当清除率为50%时,叶挥发油、VC清除亚硝酸盐的浓度依次为0.66 mg/mL、0.82 mg/mL,清除ABTS自由基的浓度依次为0.59 mg/mL、0.75 mg/mL,清除超氧阴离子自由基的浓度依次为0.71 mg/mL、0.91 mg/mL[37]。

图 5-18 龙爪槐

斜叶黄檀[*Dalbergia pinnata*(Lour.)Prain](见图5-19)为豆科黄檀属植物,又名斜叶檀。采用水蒸气蒸馏法提取斜叶黄檀藤茎(去除皮部)挥发油,并用GC-MS分析其组分,主要成分为榄香素(89.74%)、甲基丁香酚(2.67%)及去氢白菖烯(2.12%)等。当挥发油浓度高于16 mg/mL时,其对DPPH自由基的清除作用与VC接近,清除过氧化氢自由基的IC_{50}值为8.625 mg/mL[38]。

图 5-19 斜叶黄檀

对上述植物茎叶挥发油抗氧化作用的文献调研,如表5-2所示。

表 5-2 植物茎叶挥发油的抗氧化作用

序号	植物部位	活性及剂量	阳性对照	文献
1	樗叶花椒叶	清除超氧阴离子自由基(IC_{50}值为1.5 mg/mL)、羟自由基(IC_{50}值为1.8 mg/mL)、DPPH自由基(IC_{50}值为1.1 mg/mL);清除亚硝酸根离子(IC_{50}值为0.8 mg/mL)	弱于VC	[34]
2	龙爪槐叶	清除DPPH自由基(IC_{50}值为0.65 mg/mL)、亚硝酸盐(IC_{50}值为0.66 mg/mL)、ABTS(IC_{50}值为0.59 mg/mL)、超氧阴离子(IC_{50}值为0.71 mg/mL)	强于VC	[37]

续表

序号	植物部位	活性及剂量	阳性对照	文献
3	斜叶黄檀茎	清除 DPPH 自由基(浓度为 0.25～16 mg/mL)、过氧化氢自由基的(IC_{50} 值为8.625 mg/mL)	弱于 VC	[38]

5.3 挥发油的提取分离与抗肿瘤作用

革叶山姜(*Alpinia coriacea* T. L. Wu et S. J. Chen)为姜科山姜属植物,是海南特有植物。采取水蒸气蒸馏法从革叶山姜叶中提取挥发油,再用无水乙醚萃取。GC-MS 分析其主要成分为芳樟醇(34.91%)、橙花叔醇(18.23%)和桉叶油醇(14.48%)。挥发油对人肺癌细胞 A549 的抑制活性相对较好,其 IC_{50} 值为 14.01 μg/mL[39]。

山油柑[*Acronychia pedunculata* (L.) Miq.](见图 5-20)为芸香科山油柑属植物,别名为降真香、石苓舅、山柑、砂糖木。将山油柑的茎皮剥落后洗净,晾干;余下的木质部切成 1 cm 左右的小段,晾干,按照《中国药典》(2010 年版)第一部附录 XD 挥发油测定法项下甲法操作提取挥发油。茎木质部挥发油主要成分为棕榈酸(18.84%)、α-古巴烯

图 5-20 山油柑

(7.94%)、δ-杜松烯(7.10%)、(E,Z)-2,4-癸二烯醛(3.45%)和香树烯(3.30%)。茎皮挥发油的主要成分为 α-蒎烯(46.70%)、α-古巴烯(19.81%)、δ-杜松烯(5.80%)、香树烯(4.46%)和柠檬烯(3.53%)。茎皮挥发油对人慢性髓原白血病细胞 K562、人胃癌细胞 SGC-7901 和人肝癌细胞 SEL-7402 作用较强,IC_{50} 值分别为 25.27 mg/L、24.32 mg/L、38.59 mg/L[40]。

金边黄杨(*Euonymus japonicus* L. f. aureo marginatus Rehd.)(见图 5-21)是卫矛科卫矛属植物。取金边黄杨叶、茎,经超临界二氧化碳法萃取,GC-MS 分析其叶主要成分有棕榈油酸(17.11%)、苯甲醛(10.66%)、(Z)-3-己烯-1-醇(8.93%)、正十六烷酸(7.92%)、苯甲醇(6.99%)、肉豆蔻酸(6.13%)、正十五烷酸(6.06%)。茎挥发油主要成分有丙二醇单甲醚(12.20%)、正十六烷酸

(5.52%)、6,6-二甲基二环[3.1.1]庚-2-烯-2-甲醇(5.17%)、2,4-二叔丁基苯酚(5.08%)。叶挥发油对肺癌细胞 A549 和胃癌细胞SGC-7901的抑制最强,其 IC_{50} 值分别为 2.77 μg/mL、3.78 μg/mL[41]。

对上述植物茎叶挥发油抗肿瘤作用的文献调研,如表 5-3 所示。

图 5-21 金边黄杨

表 5-3 植物茎叶挥发油的抗肿瘤作用

序号	植物部位	活性及剂量	阳性对照	文献
1	革叶山姜叶	抑制人肺腺癌细胞 A549(IC_{50} 值为 14.01 μg/mL)	弱于阿霉素(IC_{50}值为 0.42 μg/mL)	[39]
2	山油柑茎	抑制人慢性髓原白血病细胞 K562(IC_{50}值为 25.27 mg/L)、人胃癌细胞 SGC-7901(IC_{50}值为 24.32 mg/L)和人肝癌细胞 SEL-7402(IC_{50}值为 38.59 mg/L)	弱于紫杉醇	[40]
3	金边黄杨叶	抑制肺癌细胞 A549(IC_{50}值为 2.77 μg/mL)和胃癌细胞 SGC-7901(IC_{50}值为3.78 μg/mL)	无	[41]

5.4 挥发油的提取分离与抗炎、止血作用

吴茱萸五加(*Acanthopanax evodiae folius*)(见图 5-22)是五加科五加属植物。用水蒸气蒸馏法分别提取吴茱萸五加叶和茎皮的挥发性成分,GC-MS 分析其叶挥发性成分的主要成分有(Z)-β-Farnesene(34.01%)、Naphthalene, 1,2,3,5,6,8a-hexahydro-4,7-dimethyl-1-(1-methylethyl)-(1S-cis)(5.06%)、Caryophyllene oxide(19.37%)、*n*-Hexadecanoic acid(10.44%)、2-Pentadecanone, 6,10,14-trimethyl(5.44%)。茎皮挥发性成分主要成分有 Tetradecanoic acid(4.14%)、Pentadecanoic

图 5-22 吴茱萸五加

acid(5.12%)、n-Hexadecanoic acid(43.62%)、(Z,Z)-9,12-Octadecadienoic acid(9.22%)。当挥发性成分浓度为 0～20 μg/mL 时，两个部位的挥发性成分对脂多糖(LPS)刺激 RAW 264.7 细胞均表现出轻微的细胞毒性，但叶挥发性成分表现出显著的 NO 抑制活性，具有一定的抗炎和细胞毒性[42]。

小蓟(见图 5-23)为菊科植物刺儿菜[*Cirsium setosum* (Wild.)MB.]的干燥地上部分。采用超临界二氧化碳法萃取其茎中挥发油，用 GC-MS 法鉴定挥发油的化学成分。茎挥发油中主要有甲氧基苯基肟(27.05%)、十六烷酸(14.48%)、3-癸炔-2-醇(12.84%)、仲丁基醚(11.05%)、十四烷酸(10.12%)等。

图 5-23 小 蓟

当浓度为 22.50 μg/mL、灌胃剂量为 2.0 mg/kg 时，茎的乙醚和环己烷萃取挥发油可明显缩短出血和凝血时间[43]。

樟木[*Cinnamomum longepaniculatum* (Gamble) N. Chao]是樟科樟属植物。其叶挥发油经水蒸气蒸馏法提取。当灌胃剂量为 0.5 mL/kg、0.25 mL/kg 时，挥发油对小鼠耳肿胀抑制率分别为 16.10% 和 14.12%；当灌胃剂量为 2 mg/kg 时，吲哚美辛的抑制率为 47.32%。当樟木叶提取油剂量为 0.5 mL/kg、0.25 mL/kg 和 0.13 mL/kg 时，作用 4 h，其对角叉菜胶注射引起的 SD 大鼠足趾肿胀抑制率分别为 50.34%、43.74%、32.53%；当剂量为 2 mg/kg 时，吲哚美辛的抑制率为 50.87%。挥发油对 PGE_2 和组胺有抑制作用，最大抑制率分别为 42.27%、21.99%[44]。

如前文献[27]，当黄花胡椒(*Piper flaviflorum* C. DC.)茎、叶挥发油加入比例为 0.04‰时，可抑制 LPS 诱导的 RAW 264.7 细胞产生 NO，分别使其降低 31.7%、35.1%。其抗炎活性可能与茎、叶挥发油中 β-石竹烯成分含量较高有关，研究表明其可产生强烈的抗炎效果。茎、叶挥发油浓度为 0.04‰时对 LPS 诱导的 RAW 264.7 细胞未发现明显的毒性[45-46]。

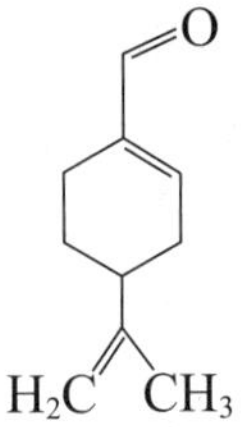

图 5-24 紫苏醛

紫苏[Perilla frutescens (L.) Britt.]是原卫生部公布的药食同源植物之一。其挥发性成分紫苏醛(见图 5-24)在灌胃剂量为 8.54 mg/kg 时 21 d,可显著升高小鼠腹腔巨噬细胞 ACP 活性、脾脏指数和胸腺免疫器官指数,显著提高脾 IL-2 和 IFN-γ mRNA 水平,增加血清中 IgG 水平,降低 IgM 水平,增强非特异性和特异性免疫功能[47]。

对上述植物茎叶挥发油抗炎、止血作用的文献调研,如表 5-4 所示。

表 5-4 植物茎叶挥发油的抗炎、止血作用

序号	植物部位	活性及剂量	阳性对照	文献
1	吴茱萸五加茎叶	抑制脂多糖(LPS)刺激 RAW 264.7 细胞,叶挥发性抑制 NO 生成(浓度为 0~20 μg/mL)	无	[42]
2	小蓟茎	缩短出血和凝血时间(浓度为 22.50 μg/mL,灌胃剂量为 2.0 mg/kg)	弱于云南白药	[43]
3	樟叶	对 PGE_2 和组胺有抑制作用,最大抑制率分别为 42.27%、21.99%(剂量为 0.5 ml/kg)	PGE_2 抑制作用弱于吲哚美辛(47.47%);组胺抑制作用弱于吲哚美辛(27.36%)	[44]
4	黄花胡椒茎、叶	抑制 LPS 诱导的 RAW 264.7 细胞产生 NO,对 LPS 诱导的 RAW 264.7 细胞未发现明显的毒性(浓度为 0.04‰)	无	[27]
5	紫苏叶	紫苏醛显著升高小鼠腹腔巨噬细胞活性、脾和胸腺免疫器官指数,显著提高脾 IL-2 和 IFN-γ mRNA 水平,增加血清中 IgG 水平,降低 IgM 水平,增强非特异性和特异性免疫功能(灌胃剂量为 8.54 mg/kg,灌胃 21 d)	强于柠檬烯	[47]

参考文献

[1] 马新耀,刘耀华,程作慧,等.艾蒿精油对朱砂叶螨的生物活性及几种保护酶活性的影响[J].中国生物防治学报,2017,33(2):289-296.

[2] 努尔比耶·奥布力喀斯木,热娜·卡斯木,杨璐,等.艾叶挥发油化学成分分析和抗真菌活性的研究[J].新疆医科大学学报,2017,40(9):1195-1198,1202.

[3] 施高翔,汪天明,吴生兵,等.艾叶挥发油诱导白念珠菌凋亡[J].中国中药杂志,2017,42(18):3572-3577.

[4] 岳淑丽,任小玲,陈霞,等.桉叶精油包埋前后抑菌性能及成分比较研究[J].食品科学,2017,38(11):155-160.

[5] 汪燕,冯皓,余炳伟,等.白千层叶片和果实挥发油化学成分及抗菌活性[J].福建林业科技,2016,43(4):8-12,48.

[6] 卫强,刘洁.大叶黄杨叶、茎、果挥发油成分及抗病毒作用[J].应用化学,2016,33(6):719-726.

[7] 郭莹,熊阳,宋忠诚,等.番石榴叶挥发油的提取、成分分析及抑菌活性研究[J].中华中医药杂志,2015,30(10):3754-3757.

[8] 卫强,桂文虎.红枫叶、茎、果挥发油成分及抗病毒活性研究[J].云南大学学报(自然科学版),2016,38(2):282-290.

[9] 卫强,纪小影.红叶李的叶、茎挥发油成分 GC-MS 分析及体外抗菌、抗病毒活性研究[J].中药新药与临床药理,2016,27(2):263-268.

[10] 李星彩.厚朴叶挥发油化学成分分析及其抗菌活性研究[J].食品科技,2013,38(1):271-275.

[11] 李余先,李敏,武晓林,等.胡椒薄荷叶挥发油化学成分及活性分析[J].中国实验方剂学杂志,2017,23(15):92-96.

[12] 卫强,邵敏,周莉莉.柳树叶、茎挥发油成分及解热、抗菌作用研究[J].中药新药与临床药理,2016,27(3):404-412.

[13] 吕纪行,纪明慧,郭飞燕,等.蒌叶挥发油的提取及抗氧化和抑菌活性研究[J].食品工业科技,2017,38(9):75-81.

[14] 刘丹,陈新,罗焱,等.四川山姜叶挥发油化学成分 GC-MS 分析及其抑菌活性研究[J].中华中医药杂志,2017,32(3):1255-1258.

[15] 钟颖.泰山野生白苏叶挥发油成分 GC-MS 分析与抑菌活性的研究[J].中国医药指南,2017,15(18):37-38.

[16]朱向可,郭姗姗,张喆,等.艳山姜叶挥发油对赤拟谷盗的杀虫活性[J].植物保护,2017,43(6):147-151.

[17]胡文杰,李冠喜,曹裕松,等.异樟叶精油的抑菌活性及其化学成分[J].林业科技开发,2014,28(6):69-71.

[18]伍贤进,李胜华,卢红梅,等.鱼腥草不同部位挥发油组分分析及其抗菌活性研究[J].中国抗生素杂志,2014,39(9):646-650.

[19]卫强,王燕红.棕榈花、叶、茎挥发油成分及抑菌活性研究[J].浙江农业学报,2016,28(5):875-884.

[20]Samon Shrestha, Ambika Poudel, Prabodh Satyal, et al. Chemical composition and biological activity of the leaf essential oil of *Callistemon citrinus* from Nepal [J]. American Journal of Essential Oils and Natural Products, 2015, 3(1):29-33.

[21]Emmanuelle Dorla, Anne Gauvin-Bialecki, Zoé Deuscher, et al. Insecticidal activity of the leaf essential oil of *Peperomia borbonensis* Miq. (piperaceae) and its major components against the melon fly bactrocera cucurbitae (Diptera: tephritidae [J]. Chemistry and Biodiversity, 2017, 14 (6):e1600493.

[22]Mohammad Islamuddin, Garima Chouhan, Muzamil Y. Want, et al. Leishmanicidal activities of *Artemisia annua* leaf essential oil against Visceral Leishmaniasis[J]. Front Microbiol, 2014, 5 (626):1-15.

[23]Usman L. A., Ismaeel R. O., Zubair M. F., et al. Comparative studies of constituents and antibacterial activities of leaf and fruit essential oils of *Ocimium basilicum* grown in north central Nigeria[J]. International Journal of Chemical and Biochemical Sciences, 2013, 3:47-52.

[24]Arunodaya H. S., Krishna V., Shashikumar R., et al. Antibacterial and antioxidant activities of stem bark essential oil constituents of *Litsea Glutinosa* C. B. ROB. [J]. International Journal of Pharmacy and Pharmaceutical Sciences, 2016, 8(12):258-264.

[25]Reem Sabbobeh, Hatem Hejaz1, Ali Jahajha, et al. Antioxidant and antimicrobial activities of the leaf extract of *Salvia palaestina* [J]. Journal of Applied Pharmaceutical Science, 2016, 6 (1):76-82.

[26]Mohammad Hojjati, Hassan Barzegar. Chemical composition and biological activities of Lemon (*Citrus limon*) Leaf Essential Oil [J]. Nutrition and Food Sciences Research, 2017, 4(4):15-24.

[27]Ren Li, Jingjing Yang, Yuanfei Wang, et al. Chemical composition, antioxidant,

antimicrobial and anti-inflammatory activities of the stem and leaf essential oils from *Piper flaviflorum* from Xishuangbanna, SW China [J]. Natural Product Communications, 2014, 9 (7):1011−1014.

[28]TG Santos, RA Rebelo, EM Dalmarco, et al. Chemical composition and antimicrobial activity of leaf essential oil from *Piper malacophyllum* (C. Presl.)C. DC. [J]. Química Nova, 2012, 35 (3):477−481.

[29]Chen-Lung Ho, Yu-Chang Su. Composition, Antioxidant and antimicrobial activities of the leaf essential oil of *Machilus japonica* from Taiwan[J]. Natural Product Communications, 2012, 7 (1):109−112.

[30]France P Mdoe, Sen-Sung Cheng, Shandala Msangi, et al. Activity of *Cinnamomum osmophloeum* leaf essential oil against *Anopheles gambiae* s. s [J]. Parasites & Vectors, 2014, 7 (1):209.

[31]Sushobhan Ukil, Subrata Laskar, Raj Narayan Roy. Physicochemical characterization and antibacterial activity of the leaf oil of *Crotalaria pallida* Aiton[J]. Journal of Taibah University for Science, 2016, 10 (4):490−496.

[32] Chen-Lung Ho, Pei-Chun Liao, Yu-Chang Su. Composition and antimicrobial activities of the leaf essential oil of *Machilus zuihoensis* from Taiwan[J]. Revista Brasileira De Farmacognosia, 2012, 22(2):277−283.

[33]刘晓漫. 紫茎泽兰中倍半萜化合物的抗菌活性、作用机理及水解规律研究[D]. 北京:中国农业科学院,2016.

[34]周江菊,任永权,雷启义. 樗叶花椒叶精油化学成分分析及其抗氧化活性测定[J]. 食品科学,2014,35(6):137−141.

[35]Tepe M, Donmez E, Unlu M, et al. Antimicrobial and antioxidative activities of the essential oils and methanol extracts of *Salvia cryptantha* (Montbret et Aucher ex Benth.) and *Salvia multicaulis* (Vahl)[J]. Food Chemistry, 2004, 84(4):519−525.

[36]Ruberto G, Baratta MT. Antioxidant activity of selected essential oil components in two lipid model systems[J]. Food Chemistry, 2000, 69(2):167−174.

[37]卫强,翟义祥,孙涛,等. 龙爪槐叶和茎中挥发油的 GC-MS 分析及活性研究[J]. 华西药学杂志,2016,31(5):490−494.

[38]赵维波,张丹雁,徐展翅,等. 斜叶黄檀香材挥发油成分及抗氧化活性研究[J]. 中药新药与临床药理,2017,28(5):659−662.

[39]开亮,蔡月,付艳辉,等. 革叶山姜叶挥发油 GC-MS 分析及活性研究[J].

中国现代中药,2016,18(12):1574-1577.

[40]王军,蔡彩虹,陈亮亮,等. 海南山油柑挥发性成分及其生物活性[J]. 中国实验方剂学杂志,2015,21(12):26-30.

[41]卫强,纪小影. 金边黄杨叶、茎挥发油成分分析及抗肿瘤活性研究[J]. 现代食品科技,2015,31(12):42-48.

[42]李小军,黄玮超,李芝,等. 吴茱萸五加不同部位挥发性成分及其抗炎活性和细胞毒活性研究[J]. 天然产物研究与开发,2015,27(7):1156-1161.

[43]卫强,周莉莉. 小蓟中挥发油成分的分析及其抑菌与止血作用的研究[J]. 华西药学杂志,2016,31(6):604-610.

[44]Yong-Hua Du, Rui-Zhang Feng, Qun Li, et al. Anti-inflammatory activity of leaf essential oil from *Cinnamomum longepaniculatum* (Gamble) N. Chao [J]. International Journal of Clinical and Experimental Medicine, 2014, 7(12): 5612-5620.

[45]Bento AF, Marcon R, Dutra RC, et al. β-caryophyllene inhibits dextran sulfate sodium-induced colitis in mice through CB2 receptor activation and PPARγ pathway[J]. American Journal of Pathology, 2011, 178(3):1153-1166.

[46]Fernandes ES, Passos GF, Medeiros R, et al. Anti-inflammatory effects of compounds alpha-humulene and (-)-trans-caryophyllene isolated from the essential oil of *Cordia verbenacea*[J]. European Journal of Pharmacology, 2007, 569(3):228-236.

[47]周美玲. 紫苏挥发油及其主要成分紫苏醛和柠檬烯对小鼠生长和免疫功能的影响[D]. 扬州:扬州大学,2014.

第 6 章
植物茎叶萜类、皂苷的提取分离及活性研究

6.1 皂苷的提取分离与抗氧化作用

滇重楼(*Paris polyphylla* var. yunnanensis)茎叶皂苷的提取分离工艺如下：将晾干的茎叶粉碎过筛，依次用石油醚、丙酮去除色素；取样品粉末，置于锥形瓶中，按料液比 1:12(m/V)加入甲醇，54 ℃、210 W 超声提取 2 h；提取液离心取上清液，浓缩蒸发得浸膏，经大孔树脂分离纯化后真空干燥，得总皂苷。总皂苷对 DPPH 自由基、羟自由基和超氧阴离子自由基的最大清除率分别为 98%、58% 和 64%，其 IC_{50} 值分别为 2.223 mg/mL、6.782 mg/mL 和 4.638 mg/mL[1]。

小鼠饮用人参茎叶皂苷水溶液(50 mg/L)，可显著缓解由环磷酰胺诱导的氧化应激作用，提高应激小鼠的胸腺指数、T-SOD 活性，降低脏器中 MDA 水平，具有抗氧化应激作用[2]。

乙醇-硫酸铵双水相提取体系已广泛应用于天然植物中活性成分的提取。微波辐射能使植物的细胞结构松散，对细胞产生膨爆作用，可以缩短提取时间，利于目标成分的溶出。黄芪茎皂苷的提取工艺如下：取脱脂黄芪茎粉末，按照料液比 1:30(m/V)加入乙醇水溶液(体

积比为 0.77),加入硫酸铵(质量浓度为 0.24 g/L),500 W 超声提取 10 min,过滤,得总皂苷。当总皂苷提取液浓度为 0.6 mg/mL 时,总皂苷提取液对超氧阴离子自由基的清除率为 43.76%。总皂苷提取液还原力随着其质量浓度的增加而增强[3]。

氧糖剥夺(Oxygen-Glucose Deprivation,OGD)损伤模型是目前公认的研究脑缺血损伤的细胞模型,已被广泛用于脑缺血性损伤、评价神经保护药物作用及机制等实验研究。大鼠肾上腺嗜铬细胞瘤(pheo-chromocytoma,PC12)细胞是大鼠肾上腺髓质嗜铬瘤分化细胞株,在结构和功能上与神经元有很多相似之处,与神经元比较又相对容易培养,因此,被广泛用于各种神经系统疾病的研究。LDH 是一种细胞内标志酶,存在于各种组织、细胞的胞浆中。正常细胞释放 LDH 较少,当细胞缺血、缺氧时,细胞膜通透性增加,释放大量的 LDH;细胞损伤程度与 LDH 释放量成正比,故 LDH 释放量的多少可作为反映细胞损伤程度的重要生化指标。当西洋参茎叶总皂苷浓度为 50 μg/mL、100 μg/mL、200 μg/mL 时,可提高 OGD 损伤后 PC12 细胞中 SOD 活性,降低 MDA 和 NO 水平,减少 LDH 释放[4]。

过氧化脂质(Lipid Peroxide,LPO)是糖尿病的主要特征之一,是脂质氧化产生的脂毒性物质,其含量高低反映机体脂质受活性氧和自由基作用后的受损程度。当西洋参(*Panax quinquefolium* L.)茎叶皂苷灌胃剂量为 100 mg/kg 时,随着给药时间的延长,大鼠的血糖及血清、心、肾组织中的 LPO 含量明显下降,血清、心、肾组织中 SOD 活性明显升高,随着给药时间的延长,大鼠胸主动脉内皮依赖性舒张反应逐渐趋近正常值[5]。

西洋参茎叶总皂苷灌胃给药组(100 mg/kg,300 mg/kg)和尼莫地平(21.6 mg/kg),每日 1 次,连续给药 15 天后,可使大鼠心肌缺血模型左室收缩压(LVSP)升高,左室舒张末压(LVEDP)降低,减少心肌梗死面积,降低血清中 CPK、LDH 活性及 MDA、TNF-α 和 IL-6 含量,升高 SOD 和 GSH-Px 活性。总皂苷可有效减弱心肌缺血再灌注引起的损伤,该作用与抑制心肌缺血再灌注引起的活性氧增加及减少炎症反应的发生有关[6]。

薤白(*Allium macrostemon* Bunge.)(见图 6-1)是百合科葱属植物,别名为小根蒜、山蒜、苦蒜、小么蒜、小根菜、大脑瓜儿、野蒜、野葱、野薤。当薤白茎、叶总皂苷浓度为 50~800 μg/mL 时,随浓度增加,其抗氧化能力逐渐增强,对 DPPH 自由基、超氧阴离子自由基和羟自由基的清除率最高可达 77.30%、

95.95%和91.96%,相同浓度下清除能力强于VC,但还原能力低于VC[7]。

北五味子[*Schisandra chinensis* (Turcz.)baill]为木兰科五味子属植物。其茎皂苷的提取工艺条件:取藤茎粉末20 g,置于1000 mL烧杯中,按料液比1:29(m/V)加入82%乙醇,在54 ℃恒温水浴锅中浸提1.3 h;萃取后经抽滤收集滤液,将滤液真空浓缩,得三萜粗提液。三萜粗提液经AB-8大孔吸附树脂初步

图6-1 薤 白

纯化,去除水不溶性杂质,将纯化液旋转蒸发浓缩至最小体积,真空干燥。当三萜浓度为0.5 mg/mL时,三萜还原能力大于30 μg/mL VC体系和2 μg/mL VE体系;三萜对羟自由基和DPPH自由基有较强的清除作用,其IC_{50}值分别为0.6 mg/mL、0.077 mg/mL,有一定的抑制油脂氧化作用[8]。

对上述植物茎叶皂苷抗氧化作用的文献调研,如表6-1所示。

表6-1 植物茎叶皂苷的抗氧化作用

序号	植物部位	活性及剂量	阳性对照	文献
1	滇重楼茎叶	清除DPPH自由基(IC_{50}值为2.223 mg/mL)、羟自由基(IC_{50}值为6.782 mg/mL)和超氧阴离子自由基(IC_{50}值为4.638 mg/mL)	无	[1]
2	人参茎叶	显著缓解由环磷酰胺诱导的氧化应激作用,提高应激小鼠的胸腺指数、T-SOD活性,降低脏器中MDA水平,具有抗氧化应激作用(浓度为50 mg/L)	无	[2]
3	黄芪茎	清除超氧阴离子自由基(浓度为0.6 mg/mL),还原力随着浓度增加而增强	弱于VC	[3]

续表

序号	植物部位	活性及剂量	阳性对照	文献
4	西洋参茎叶	提高 OGD 损伤后 PC12 细胞中 SOD 活性,降低 MDA 和 NO 水平,减少 LDH 释放(浓度为 50 μg/mL、100 μg/mL、200 μg/mL)	无	[4]
		降低大鼠的血糖及血清、心、肾组织中的 LPO 含量,升高血清、心、肾组织中 SOD 活性,大鼠胸主动脉内皮依赖性舒张反应逐渐趋近正常值(灌胃剂量为 100 mg/kg)	弱于或接近 VE	[5]
		升高大鼠心肌缺血模型的 LVSP,降低 LVEDP,减少心肌梗死面积,降低血清中 CPK、LDH 活性及 MDA、TNF-α 和 IL-6 含量,升高 SOD 和 GSH-Px 活性(灌胃剂量为 100 mg/kg,300 mg/kg,15 d)	弱于尼莫地平	[6]
5	薤白茎、叶	对 DPPH 自由基、超氧阴离子自由基和羟自由基的清除率最高可达 77.30%、95.95%和 91.96%(浓度为 50~800 μg/mL)	清除能力强于 VC,还原能力低于 VC	[7]
6	北五味子藤茎	还原能力大于 30 μg/mL VC 体系和 2 μg/mL VE 体系(三萜浓度为 0.5 mg/mL);清除羟自由基(IC$_{50}$ 值为 0.6 mg/mL)和 DPPH 自由基(IC$_{50}$ 值为 0.077 mg/mL)	VC 和 VE	[8]

6.2 皂苷的提取分离与抑制 α-葡萄糖苷酶、醛糖还原酶作用

枇杷叶皂苷的提取工艺如下:取枇杷叶粉末约 2 g,加入 80%乙醇 100 mL,回流提取 2 h,冷却,过滤,取滤液 50 mL,减压浓缩得枇杷叶皂苷。三萜对 α-葡萄糖苷酶活性的抑制作用显著强于阿卡波糖(IC$_{50}$ 值为 560.0 μg/mL),其中落叶生品三萜对 α-葡萄糖苷酶活性的抑制作用最强,其 IC$_{50}$ 值为 64.17 μg/mL;成熟叶生品、落叶炮制品和成熟叶炮制品三萜的 IC$_{50}$ 值分别为 86.16 μg/mL、106.2 μg/mL 和 122.6 μg/mL[9]。

油橄榄(*Olea europaea* L.)是木犀科木犀榄属常绿乔木。其茎皂苷的提取分离工艺如下:取茎 900 g,分别以正己烷、乙酸乙酯、甲醇室温浸渍提取 3 次,合并不同提取液,40 ℃减压浓缩。乙酸乙酯提取物(8 g)过硅胶柱色谱(5 cm×65 cm),用正己烷-乙酸乙酯-甲醇梯度洗脱,得组分(Fr. 1~Fr. 27)。

从 Fr. 9(0.63 g)中分离出 Oleanolic acid(见图 6-2A)。Fr. 21 (121 mg) 以制备型 TLC (洗脱剂为甲醇-乙酸乙酯,1∶9)纯化,得 5 个组分,其中第 5 个组分为 Oleanolic acid demethyl(见图 6-2B)。Oleanolic acid 抑制 α-淀粉酶、脂肪酶的 IC_{50} 值分别为 1.18 mg/mL、0.11 mg/mL。Oleanolic acid demethyl 抑制 α-淀粉酶、脂肪酶的 IC_{50} 值分别为 1.03 mg/mL、0.06 mg/mL[10]。

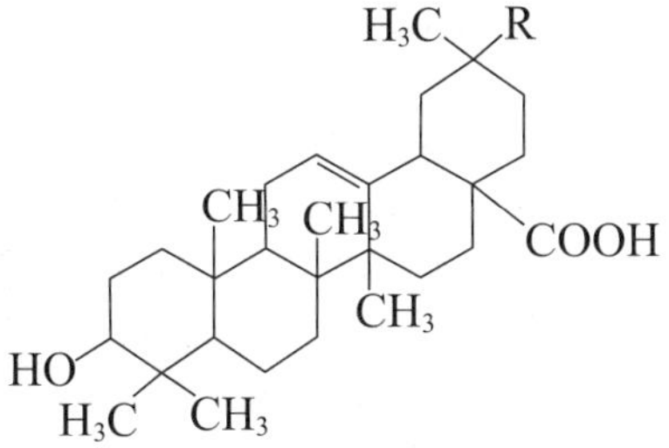

图 6-2 A:Oleanolic acid(R=CH_3) B:Oleanolic acid demethyl(R=H)

餐后高血糖是 Ⅱ 型糖尿病患者的早期症状之一。研究发现,α-葡萄糖苷酶活性抑制剂能有效防治餐后高血糖,可用于治疗 Ⅱ 型糖尿病。当浓度为 4.0 g/L 时,人参茎叶中皂苷 Rb3 对 α-葡萄糖苷酶活性抑制率分别为 43.16%,抑制作用接近总皂苷(抑制率为 45.78%)[11]。

醛糖还原酶在哺乳动物体内催化葡萄糖向山梨醇的转化,是糖尿病后遗症如白内障和神经疾病的主要起因。醛糖还原酶抑制剂可有效抑制糖尿病患者器官中山梨醇含量的异常升高,因此,这类抑制剂如 Thiazocin A 和 B 可作为糖尿病后遗症的防治药。人参茎叶皂苷的提取分离工艺如下:晾干的茎叶用粉碎机粉碎,取 2 kg 茎叶粉末,按茎叶与水 1∶30 比例蒸煮 3 h,重复 3 次,浓缩,用 95% 乙醇提取,取上清液,浓缩至干,得茎叶总皂苷粗提物。取总皂苷粗提物 80 g,过 AB-8 大孔树脂柱,分别用 30%、50%、80% 乙醇洗脱,收集洗脱液,浓缩至干。30%、50%、80% 乙醇洗脱物对醛糖还原酶的抑制率分别为 25.79%、34.23%、69.28%,其中 80% 乙醇洗脱物抑制率高于依帕司他(45.31%)[12]。

对上述植物茎叶皂苷抑制 α-葡萄糖苷酶、醛糖还原酶作用的文献调研,如表 6-2 所示。

表 6-2　植物茎叶皂苷抑制 α-葡萄糖苷酶、醛糖还原酶作用

序号	植物部位	活性及剂量	阳性对照	文献
1	枇杷叶	落叶生品(IC_{50}值为 64.17 $\mu g/mL$)、成熟叶生品(IC_{50}值为 86.16 $\mu g/mL$)、落叶炮制品(IC_{50}值为 106.20 $\mu g/mL$)和成熟叶炮制品(IC_{50}值为 122.60 $\mu g/mL$)中三萜抑制 α-葡萄糖酶苷活性	强于阿卡波糖	[9]
2	油橄榄茎	Oleanolic acid 抑制 α-淀粉酶(IC_{50} 值为 1.18 mg/mL)、脂肪酶(IC_{50} 值为 0.11 mg/mL)。Oleanolic acid demethyl 抑制 α-淀粉酶(IC_{50}值为 1.03 mg/mL)、脂肪酶(IC_{50}值为 0.06 mg/mL)	弱于阿卡波糖、奥利司他	[10]
3	人参茎叶	人参皂苷 Rb3 对 α-葡萄糖苷酶的抑制率为 43.16%(浓度为 4.0 g/L)	弱于阿卡波糖	[11]
		30%、50%、80%乙醇洗脱物对醛糖还原酶的抑制率分别为 25.79%、34.23%、69.28%	80%乙醇洗脱物强于依帕司他	[12]

6.3　皂苷元的提取分离与抗脂肪沉积作用

苦瓜(*Momordica charantia* L.)是葫芦科苦瓜属植物。其茎叶皂苷的提取分离工艺如下:取 20 kg 干燥茎叶,粉碎,用甲醇溶液回流提取 3 次,合并提取液,减压蒸馏除去甲醇后得粗提物;将粗提物用水分散,分别用石油醚、乙酸乙酯和正丁醇充分萃取。乙酸乙酯萃取物(432 g)用大孔树脂拌样上柱,用水-甲醇(55∶45、40∶60、25∶75、15∶85、0∶100)梯度洗脱。75%甲醇部分(160 g)即为 25∶75 的水-甲醇洗脱部分,利用反相 C_{18} 柱、正相硅胶柱和半制备 HPLC 等方法,分离得 15 个葫芦烷三萜类化合物。当浓度为 10 $\mu g/mL$ 时,化合物(19R)-7β,19-epoxy-19-methoxycucurbita-5,24-dien-3β,23-diol(见图 6-3)能抑制 3T3-L1 脂肪细胞的成脂过程,被染色的脂滴含量明显减少[13],如表 6-3 所示。

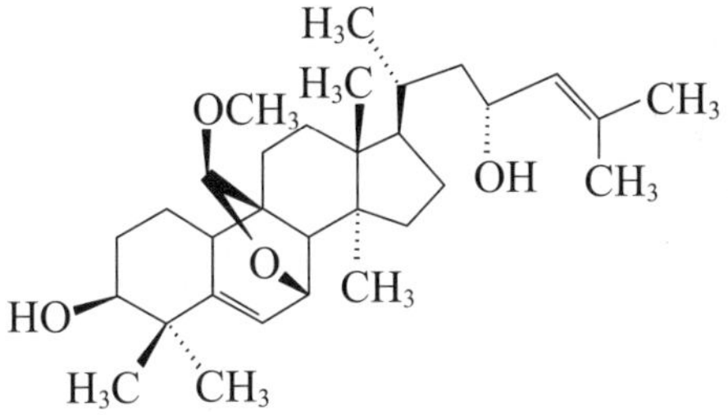

图 6-3 (19R)-7β,19-epoxy-19-methoxycucurbita-5,24-dien-3β,23-diol

表 6-3 植物茎叶萜类的抗脂肪沉积作用

序号	植物部位	活性及剂量	阳性对照	文献
1	苦瓜茎叶	化合物(19R)-7β,19-epoxy-19-methoxycucurbita-5,24-dien-3β,23-diol 抑制 3T3-L1 脂肪细胞的成脂过程,被染色的脂滴的含量明显减少(浓度为 10 μg/mL)	无	[13]

6.4 二萜/三萜的提取分离与镇痛、抗炎、免疫抑制作用

美丽马醉木[*Pieris formosa*(Wall.) D. Don](见图 6-4)是杜鹃花科马醉木属植物,又名泡泡花、红蜡烛树。其茎二萜的提取分离工艺如下:茎用 95%乙醇回流提取,提取液减压浓缩,用甲醇溶解,用硅藻土拌样,依次用石油醚、二氯甲烷、乙酸乙酯和甲醇进行索氏提取。采用聚酰胺柱、反相柱色谱、凝胶 Sephadex LH-20 柱色谱和制备 HPLC 等多种色谱技术对乙酸乙酯部位进行分离纯化,得二萜类化合物。通过醋酸扭体镇痛实验发现,木藜芦烷型二萜表现出较好的镇痛活性。在

图 6-4 美丽马醉木

5 mg/kg 剂量下,化合物 Pieristoxin P(见图 6-5A)、Pieristoxin Q(见图 6-5B)、Pieristoxin R(见图 6-5C)、Pieristoxin S(见图 6-5D)、Rhodomolin Ⅰ(见图 6-5E)、Grayanotoxin Ⅱ(见图 6-5F)和 *bis*-deacetylkalmitoxin-Ⅵ(见图 6-5G)均表现出显著的镇痛活性。其中,化合物 Pieristoxin P、Pieristoxin R 和 Pieristoxin S 的镇痛活性更加显著,在 0.08 mg/kg 剂量下镇痛抑制率分别为

36.7%、49.8%和56.8%[14]。

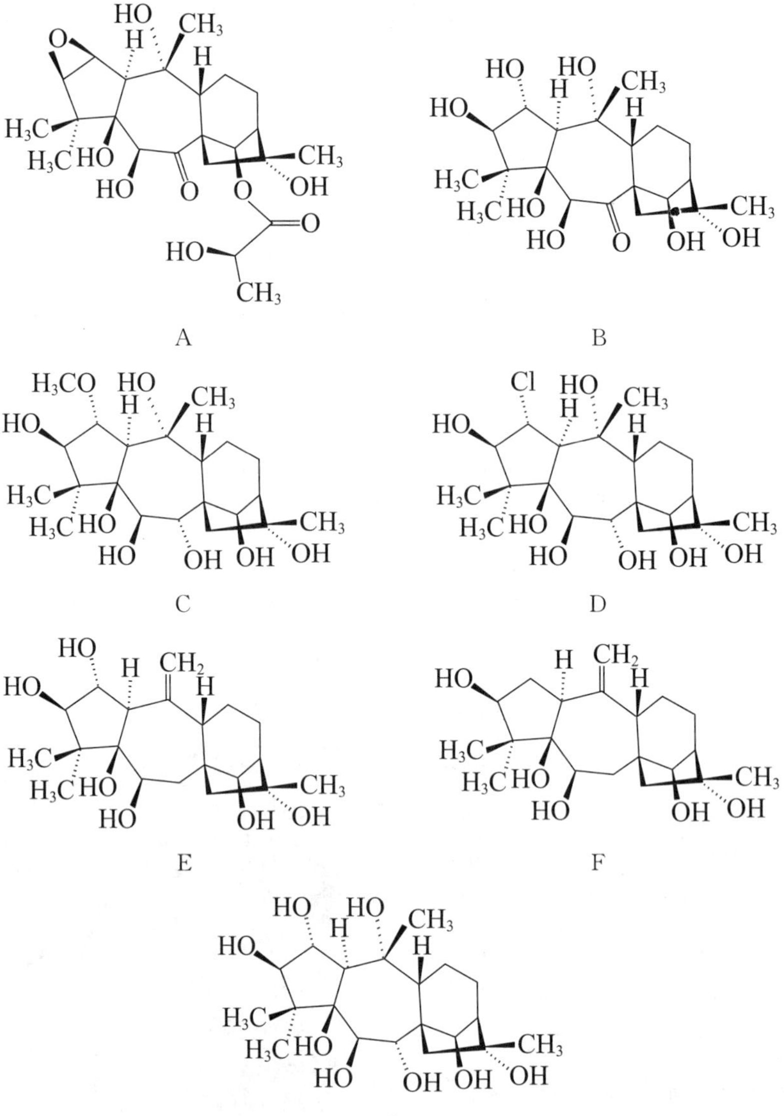

图 6-5 美丽马醉木中二萜活性成分

牛白藤[*Hedyotis hedyotidea*（DC.）Merr.]（见图 6-6）为茜草科耳草属植物，又名毛鸡屎藤、脓见消、癍痧藤、大叶龙胆草、土加藤、甜茶、接骨丹等。其茎皂苷的提取分离工艺如下：取干燥藤茎 27 kg，粉碎，分别用 95%乙醇、50%乙醇回流提取 3 次，每次 6 h，合并提取液，减压浓缩成流浸膏；将流浸膏加水混悬,依次用水饱和的石油醚、二氯甲烷、乙酸乙酯和正丁醇萃取,得石油醚部位浸膏 90.3 g、二氯甲烷部位浸膏 132.9 g、乙酸乙酯部位浸膏 44.0 g 和正丁醇部位浸膏 78.0 g。二氯甲烷部位浸膏(100.0 g)首先经硅胶(1.5 kg,100~200 目)柱色谱分离,依次用石油醚-乙酸乙酯(9:1,5:1,3:1,2:1,1:1,1:2,1:3,1:4)、100%乙酸乙酯、乙酸乙酯-甲醇(19:1,9:1,8:2)和甲醇梯度洗脱,利用 TLC

图 6-6　牛白藤

合并相似流分,得 Fr. 3001~Fr. 3026 共 26 个组分。Frac. 3008 经正相硅胶常压柱、凝胶渗透柱色谱(Toyopearl HW-40C,LH-20,40F)以及正相制备 HPLC 进一步分离纯化得乌苏酸。Fr. 3012~Fr. 3013(7.8 g)经正相硅胶常压柱、凝胶渗透柱色谱(Toyopearl HW-40C,LH-20,40F)以及正、反相制备 HPLC 纯化得 7β-羟基谷甾醇。石油醚部位浸膏(20.0 g)经正相硅胶常压柱、凝胶渗透柱色谱(Toyopearl HW-40C,40F)以及正相制备 HPLC 和 PTLC 进一步分离纯化得白桦醇。当白桦醇浓度为 80 mg/L、40 mg/L 时,其对体外淋巴细胞转化的抑制率分别为 28.3%、28.5%,乌苏酸(80 mg/L)和 7β-羟基甾醇(160 mg/L)对体外淋巴细胞转化的抑制率分别为 27.4%、29.2%,与浓度为 100 mg/L 的地塞米松(抑制率为 29.0%)的抑制作用相当,具有免疫抑制作用[15]。

对上述植物茎叶二萜/三萜镇痛、抗炎、免疫抑制作用的文献调研,如表 6-4 所示。

表 6-4　植物茎叶二萜/三萜的镇痛、抗炎、免疫抑制作用

序号	植物部位	活性及剂量	阳性对照	文献
1	美丽马醉木茎	Pieristoxin P、Pieristoxin R 和 Pieristoxin S 表现出显著的镇痛活性,醋酸扭体镇痛抑制率分别为 37.6%、49.8% 和 56.8%(腹腔注射 0.08 mg/kg)	强于吗啡	[14]
2	牛白藤茎	抑制体外淋巴细胞转化作用(浓度为 40~160 mg/L)	与地塞米松相当	[15]

6.5 皂苷(元)的提取分离与抗菌作用

Protorhus longifolia(Benrh.)Engl.(见图 6-7)是漆树科植物。其茎皮皂苷的提取分离工艺如下:茎皮粉末用正己烷脱脂,残渣用氯仿(1:5,g/mL)提取,得氯仿提取物(13 g);氯仿提取物过硅胶柱色谱(24 mm×700 mm),用正己烷-乙酸乙酯(9:1~3:7)梯度洗脱,组分用 TLC(20 cm×20 cm)检测、合并,得到 18 个合并后组分;其中,第 9、14 个合并组分以正己烷、乙酸乙酯纯化后分别得 3β-hydroxylanosta-9,24-dien-21-oic acid(见图 6-8A)和 methyl-3β-hydroxylanosta-9,24-dien-21-oate(见图 6-8B)。上述两个三萜化合物具有较强

图 6-7 *Protorhus longifolia* (Benrh.)Engl.

的抗 G^+ 菌(金黄色葡萄球菌)和抗 G^- 菌(沙门氏菌、大肠杆菌、绿脓杆菌、奇异变形杆菌)作用,其 MIC、MBC 值范围分别为 0.16~1.25 mg/mL 和 1.25~5.00 mg/mL。值得注意的是,上述两个三萜化合物对临床耐药菌作用也较强[16]。

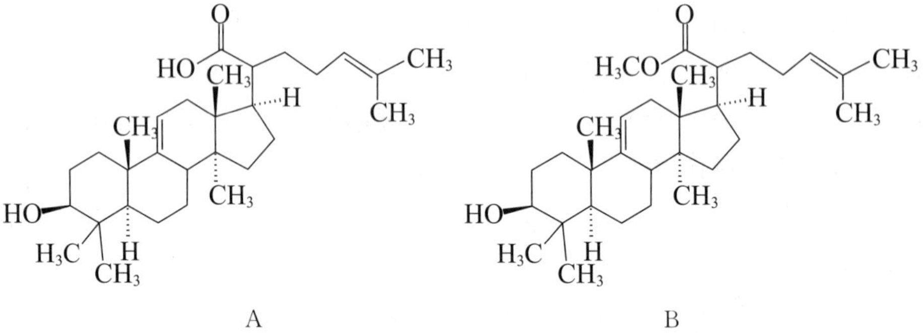

图 6-8 *Protorhus longifolia* (Benrh.)Engl. 中抗菌成分

Tetracera potatoria Afzel. Exg. Don 是五桠果科植物。其茎皮皂苷的提取分离工艺如下:取植物茎皮 5 kg,37 ℃干燥,粉碎成细粉,按料液比 1:1.5 (m/V)加入甲醇-二氯甲烷(1:1),室温提取 3 次,每次 72 h,过滤,滤液减压浓缩,得到粗提物(365 g)。取 355 g 粗提物过硅胶柱色谱(230~400 目),依次用石油醚、石油醚-乙酸乙酯、乙酸乙酯-甲醇、甲醇洗脱,将 R_f 值相似的流

分合并成 5 个组分(A～E)。A(8.84 g)组分过硅胶 60 柱色谱(70～230 目)，用环己烷-二氯甲烷洗脱得 β-stigmasterol(见图 6-9A)、Stigmast-5-en-3β-yl acetate(见图 6-9B)、Betulinic acid(见图 6-10A)和 Betulin(见图 6-10B)。组分 E 用甲醇溶解，再加三氯甲烷得到 8%(V/V)甲醇-三氯甲烷混合溶剂溶解。去除下层鞣质沉淀，取上层液置于 4 ℃环境储存过夜，过滤，滤液减压干燥，过 Sephadex LH-20 柱色谱，用水-甲醇(20∶80)洗脱，再过硅胶柱(70～243 目)，用三氯甲烷-乙酸乙酯-乙酸(60∶50∶1)洗脱，得 Tetraceranoate(见图 6-11)和 N-hydroxy imidate-tetracerane(见图 6-12)。Tetraceranoate、N-hydroxy imidate-tetracerane、β-stigmasterol、Stigmast-5-en-3β-ylacetate、Betulinic acid、Betulin 具有抑制耻垢分枝杆菌作用，MIC 值分别为 7.8 μg/mL、31 μg/mL、15 μg/mL、31 μg/mL、15 μg/mL、31 μg/mL[17]。

黄瓜白粉病是我国北方露地和保护地黄瓜种植中发生和危害较重的病害之一，可危害黄瓜整个生长期。其病原菌属于子囊菌亚门的白粉病菌 *Sphaerotheca fuliginea* (Schlecht) Poll。人参茎叶总皂苷对白粉病菌孢子萌发有明显的抑制作用，EC$_{50}$ 值为 5.74 mg/mL，温室防效的 EC$_{50}$ 值为 23.51 mg/mL。人参茎叶总皂苷可抑制黄瓜白粉病菌孢子萌发，温室防效良好，可进一步研发为农用杀菌剂[18]。

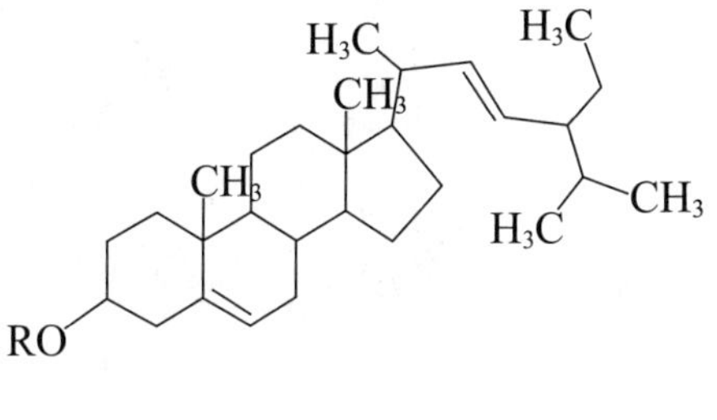

图 6-9 A:β-stigmasterol(R=H)　　图 6-10 A:Betulinic acid(R$_1$=H, R$_2$=COOH)
B:Stigmast-5-en-3β-yl acetate (R=COOCH$_3$)　　B:Betulin(R$_1$=H, R$_2$=CH$_2$OH)

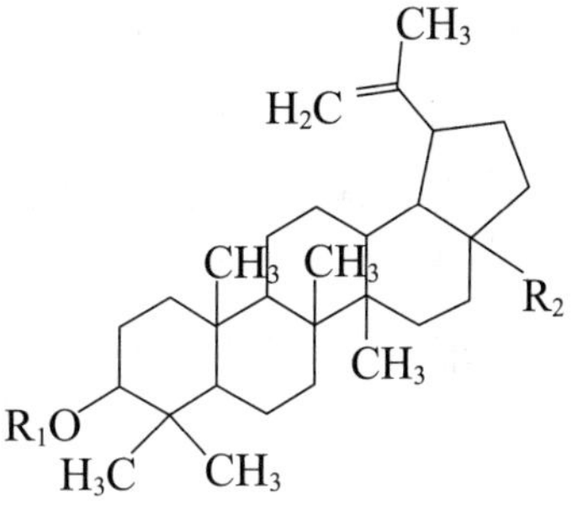

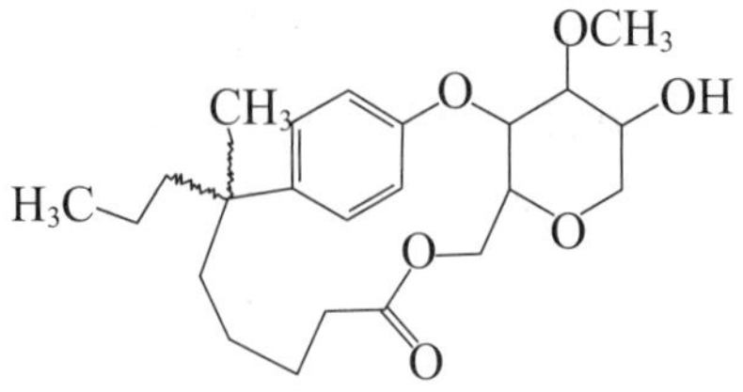

图 6-11　Tetraceranoate 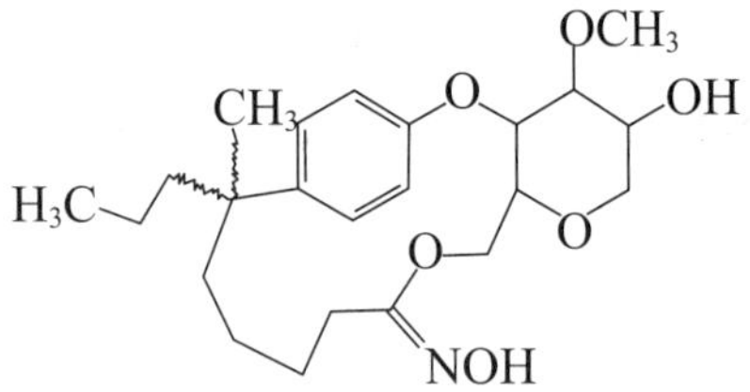　　　　图 6-12　N-hydroxy imidate-tetracerane

多功能氧化酶系（MFO）、羧酸酯酶、谷胱甘肽-S-转移酶均是昆虫体内重要的解毒酶，其活力大小决定昆虫解毒能力的强弱，是昆虫产生抗药性的重要机制。抑制其活性能降低解毒能力，延长外源物质在昆虫体内的作用时间，提高昆虫死亡率。乙酰胆碱酯酶（AchE）是昆虫体内重要的神经系统酶，在昆虫化学传递中起着至关重要的作用。AchE 能迅速分解乙酰胆碱，防止因乙酰胆碱积累造成的神经传递阻断。当人参茎叶总皂苷浓度为 5 g/L、10 g/L、20 g/L 时，处理 24 h，对田间常见昆虫小菜蛾的拒食率超过 85%；处理 48 h 后，其拒食率有所下降，为 40%～56%。中、高质量浓度（10 g/L、20 g/L）可抑制小菜蛾 MFO 活性，且随质量浓度的增加，MFO 酶活降低。当茎叶总皂苷浓度为 10 g/L 时，小菜蛾谷胱甘肽-S-转移酶、羧酸酯酶、乙酰胆碱酯酶活性降至最低[19]。

海南天料木（*Homalium stenophyllum* Merr. et Chun）（见图 6-13）为大风子科天料木属植物。其茎皂苷的提取分离工艺如下：取干燥粉碎后的茎 13.75 kg，用 80% 乙醇回流提取 3 次，合并提取液，减压浓缩得粗提物浸膏 1.12 kg，加 2 L 水稀释，依次用

图 6-13　海南天料木

石油醚和乙酸乙酯萃取，得到石油醚、乙酸乙酯以及水相部位。将乙酸乙酯部位浓缩，得浸膏 116 g。将浸膏与硅胶按 1∶1（m/m）的比例混合，充分搅拌研磨后上硅胶柱，用石油醚-乙酸乙酯（100∶1～1∶100，V/V）梯度洗脱，合并相似组分，得到 Fr. 1～Fr. 8。Fr. 1 用石油醚-乙酸乙酯（15∶1～5∶1，V/V）梯度洗脱，制备硅胶板分离纯化，得白桦脂酸（见图 6-14）。Fr. 2 用石油醚-乙酸乙酯（6∶1～3∶1，V/V）梯度洗脱，Sephadex LH-20 凝胶柱分离纯化，石油醚-氯仿-甲醇（2∶1∶1，V/V）洗脱，得对羟基肉桂酸白桦脂酸酯（见图 6-15）。Fr. 5 反复用 Sephadex LH-20 凝胶柱进行分离纯化，用氯仿-甲醇（1∶1，V/V）

洗脱,过 Agilent XDB-C18 半制备色谱柱（10 mm×250 mm,5 μm;流动相为 25%甲醇-水溶液;体积流量为 1 mL/min），再使用制备硅胶板纯化,得 3,4-二羟基肉桂酸白桦脂酸酯(见图 6-16)。三个化合物对大肠杆菌均有较好的抑制活性,MIC 值为 1.25 μg/mL[20]。

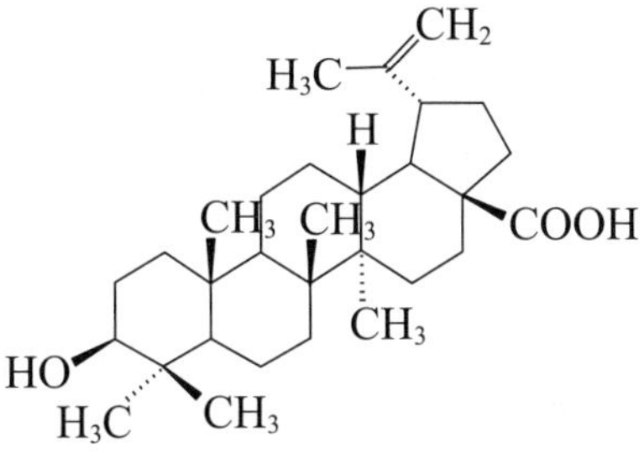

图 6-14 白桦脂酸

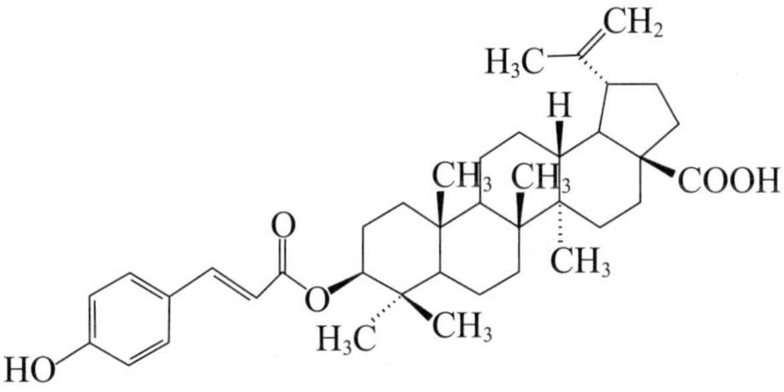

图 6-15 对羟基肉桂酸白桦脂酸酯

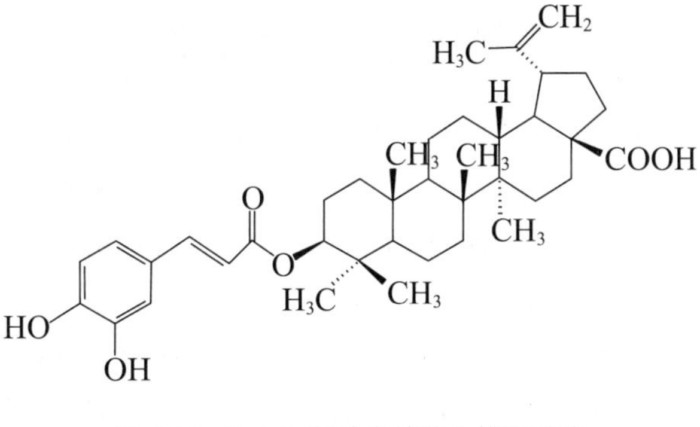

图 6-16 3,4-二羟基肉桂酸白桦脂酸酯

对上述植物茎叶皂苷(元)抗菌作用的文献调研,如表 6-5 所示。

表 6-5 植物茎叶皂苷(元)的抗菌作用

序号	植物部位	活性及剂量	阳性对照	文献
1	*Protorhus longifolia* (Benrh.) Engl. 茎皮	3β-hydroxylanosta-9，24-dien-21-oic acid 和 methyl-3β-hydroxylanosta-9，24-dien-21-oate 抗 G^+ 菌(金黄色葡萄球菌)和抗 G^- 菌(沙门氏菌、大肠杆菌、绿脓杆菌、奇异变形杆菌)(MIC 值、MBC 值分别为0.16～1.25 mg/mL 和 1.25～5.00 mg/mL)	与氨苄西林、新霉素相近	[16]
2	*Tetracera potatoria* Afzel. Exg. Don 茎皮	Tetraceranoate、N-hydroxy imidate-tetracerane、β-stigmasterol、Stigmast-5-en-3β-yl acetate、Betulinic acid、Betulin 具有抑制耻垢分枝杆菌的作用(MIC 值为 7.8～31 μg/mL)	弱于环丙沙星,强于吡嗪酰胺	[17]
3	人参茎叶	抑制白粉病菌孢子萌发(EC_{50} 值为 5.74 mg/mL),温室防效(EC_{50} 值为 23.51 mg/mL)	中高剂量强于乙嘧唑胺菌酯	[18]
		使田间常见昆虫小菜蛾的拒食率达85%(浓度为 5 g/L、10 g/L、20 g/L、24 h),抑制小菜蛾 MFO 活性(浓度为 10 g/L、20 g/L),使小菜蛾谷胱甘肽-S-转移酶、羧酸酯酶、神经系统-乙酰胆碱酯酶活性降至最低(浓度为 10 g/L)	无	[19]
4	海南天料木茎	白桦脂酸、对羟基肉桂酸白桦脂酸酯、3,4-二羟基肉桂酸白桦脂酸酯抑制大肠杆菌(MIC 值为 1.25 μg/mL)	弱于环丙沙星	[20]

6.6 萜类、皂苷的提取分离与抗癌作用

滇重楼是多年生草本植物。当滇重楼茎叶总皂苷浓度为 10 μg/mL、20 μg/mL、40 μg/mL、80 μg/mL 和 160 μg/mL 时,能显著抑制肝癌细胞 HepG2 增殖,且具有时间、剂量依赖效应,能使细胞周期停滞于 S 期,诱导细胞凋亡。但其诱导凋亡作用仅高剂量组(≥80 μg/mL)的效果显著,处理组的多数细胞核褶皱,常染色质固缩浓染,或呈边集化、新月状[21]。

辽东楤木[*Aralia elata* (Miq.) Seem.]是五加科楤木属灌木或小乔木,别名为刺老鸦。从 18 种辽东楤木叶中提取分离不同类型的皂苷进行体外抗血癌细胞 HL60、肺腺癌细胞 A549 和前列腺癌细胞 DU145 的实验研究,证明各种皂苷均显示出一定的抑制活性。其中,3-O-β-D-吡喃葡萄糖基(1→4)-

β-D-吡喃葡萄糖基齐墩果酸(见图 6-17)显示出特别突出的抑制活性,抑制 HL60、A549 和 DU145 细胞的 IC_{50} 值分别为 15.62 μmol/L、11.25 μmol/L、7.59 μmol/L[22]。

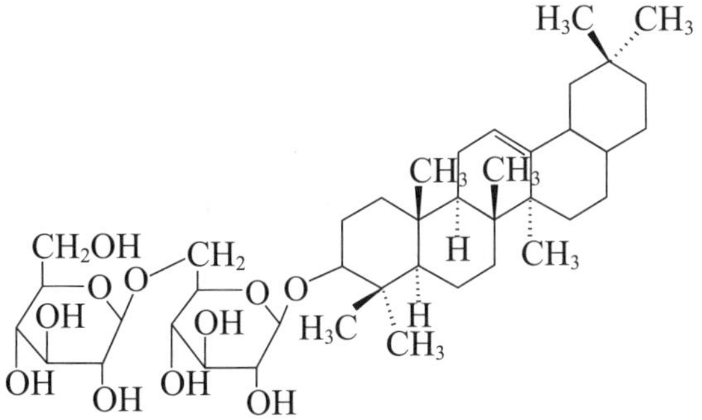

图 6-17 3-O-β-D-吡喃葡萄糖基(1→4)-β-D-吡喃葡萄糖基齐墩果酸

人参茎叶总皂苷发酵工艺如下:按葡萄糖 2%、KH_2PO_4 0.1%、$MgSO_4$ 0.1%、蛋白胨 0.5%、酵母粉 0.2%的配方比,pH 自然,121 ℃高压灭菌 30 min。接入灵芝斜面菌种,置于摇床上,150 r/min、(28±1)℃培养 7 天,即得种子液。取 9.0 g 人参茎叶总皂苷粉末和 0.45 g 碳酸钙,加入 30 mL 去离子水溶解,混匀,121 ℃高压灭菌 30 min,即得液体培养基。将制备好的摇瓶种子液,接种至液体培养基中,置于摇床上,150 r/min、(28±1)℃避光培养,发酵 84 h 取出,干燥、粉碎即得人参茎叶药性菌质样品。发酵后的人参总皂苷水平降低,人参皂苷中 Rg_1、Re 和 Rb_1 水平呈总体降低趋势,而人参皂苷 Rh_1、Rd、Rg_3 和 CK 水平呈总体上升趋势,其中人参皂苷 Rh_1 水平增幅最大(408.88%)。当人参茎叶总皂苷浓度为 20 mg/L 时,人参茎叶发酵前后对人肝癌 SMMC-7721 细胞株的抑制率分别为 51.775%、72.623%[23]。

毛果南烛(*Lyonia ovalifolia* var. hebecarpa)(见图 6-18)是杜鹃花科珍珠花属植物。其叶皂苷的提取分离工艺如下:叶用 95%乙醇提取 3 次,合并提取液,减压浓缩后得浸

图 6-18 毛果南烛

膏,用温水混悬后,依次用石油醚、氯仿、乙酸乙酯和正丁醇萃取得四个部位。氯仿部位经正相硅胶、反相硅胶和 Sephadex LH-20 等反复柱色谱分离,最后经 HPLC 纯化分离得三萜皂苷 3β-O-α-L-阿拉伯吡喃糖氧基-齐墩果-12-烯-1β,23-二醇(见图 6-19)。该化合物对人早幼粒白血病细胞 HL-60、乳腺癌细胞 MCF-7、人肝癌细胞 SMMC-7221、人肺腺癌细胞 A-549 和人结肠癌细胞 SW480 的增殖均有显著的抑制作用,IC_{50} 值分别为 16.35 μmol/L、17.05 μmol/L、17.66 μmol/L、15.87 μmol/L 和 12.30 μmol/L,而且对 MCF-7、A-549 和 SW480 细胞增殖的抑制活性均强于阳性对照药物顺铂[24]。

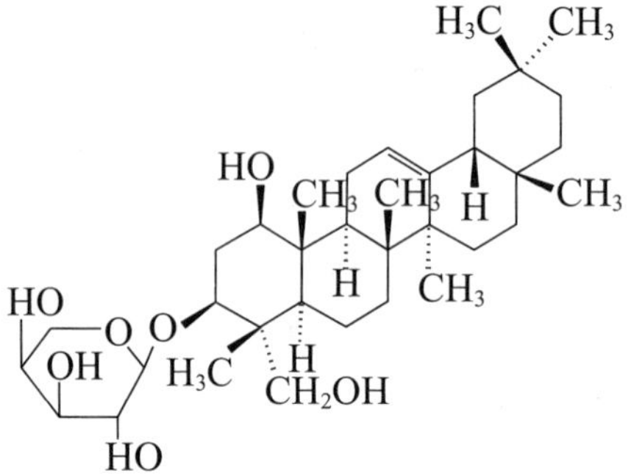

图 6-19 3β-O-α-L-阿拉伯吡喃糖氧基-齐墩果-12-烯-1β,23-二醇

匙羹藤[*Gymnema sylvestre*(Retz)Schult]茎皂苷的提取分离工艺如下:取干燥茎 20 kg,用 50％乙醇回流提取 3 次(每次用量为药材体积的 10 倍),每次 1 h,合并提取液,减压浓缩得到干燥物 1.8 kg,用水混悬后,依次用石油醚、氯仿、正丁醇萃取,得到不同部位提取物;氯仿萃取部位过硅胶柱,用氯仿-甲醇梯度洗脱;正丁醇萃取部位经大孔树脂柱,用乙醇-水洗脱,分为不同的部位,再进行进一步处理。当皂苷 Gymsylvestroside A(见图 6-20)、Gymsylvestroside B(见图 6-21)、Gymsylvestroside C(见图 6-22)、Gymsylvestroside D(见图 6-23)浓度约为 10 μg/mL 时,其对人慢性髓系白血病细胞 K562 的抑制率为 23％～26％[25]。

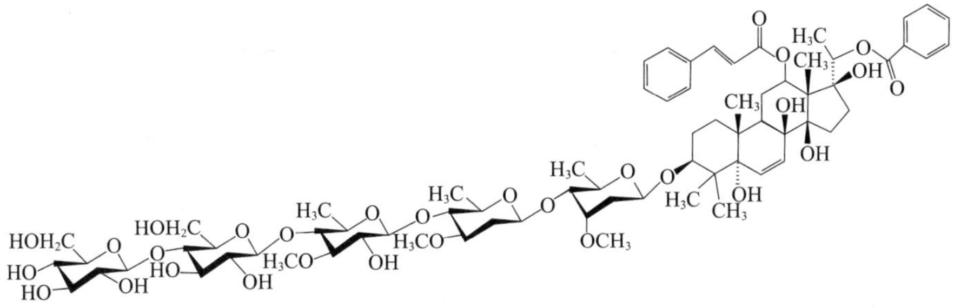

第 6 章　植物茎叶萜类、皂苷的提取分离及活性研究

图 6-20　Gymsylvestroside A

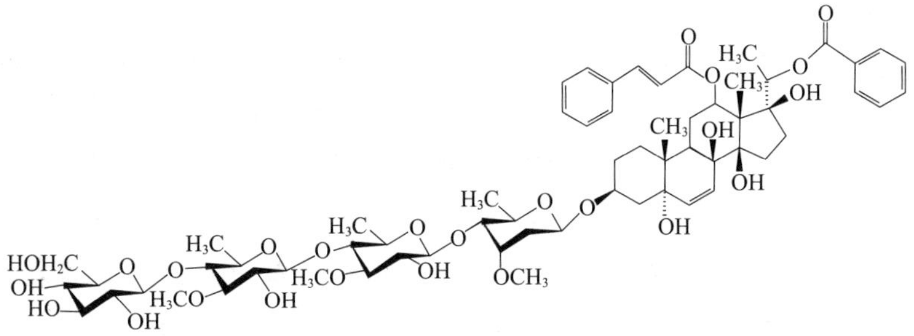

图 6-21　Gymsylvestroside B

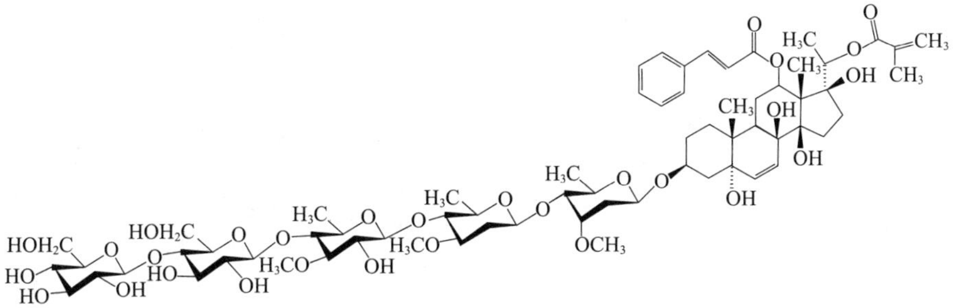

图 6-22　Gymsylvestroside C

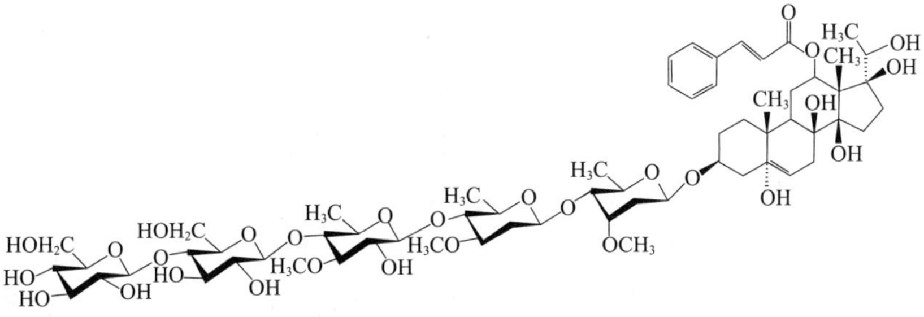

图 6-23　Gymsylvestroside D

云南鼠尾草（Salvia yunnanensis C. H. Wright）又名丹参、小丹参、紫丹参、山槟榔、小红参、小红党参、小红草乌、小槟榔、紫参、奔马草、朱砂理肺散，是多年生草本。其茎叶皂苷的提取分离工艺如下：将云南鼠尾草地上部分样品3.0 kg干燥粉碎，超声间歇提取5次，30 min每次，滤液减压浓缩得粗浸膏（170 g）；将粗浸膏溶于10 L乙酸乙酯，抽滤去除固体不溶物（70 g），滤液浓缩得浸膏100 g。所得浸膏经MCI柱色谱（甲醇-水系统）洗脱除去色素，然后采用硅胶柱色谱分离，用石油醚-乙酸乙酯（100:0～50:50）梯度洗脱，分瓶收集，所得样品进行TLC检测，合并为Fr. 1～Fr. 5。组分1（15 g）经硅胶柱色谱，用石油醚-氯仿（50:50～0:100）梯度洗脱，TLC检测合并相同组分。组分2反复用Sephadex LH-20柱色谱纯化得马斯里酸（又名山楂酸）（见图6-24），组分3反复硅胶柱色谱，洗脱液放置析出白色块状结晶，用石油醚、甲醇反复洗涤，氯仿-甲醇重结晶得熊果酸（见图6-25）。当给药浓度为0.8 nmol/egg时，马斯里酸、熊果酸对鸡胚绒毛尿囊膜血管新生具有抑制作用，C-28的羧基和C-3位的羟基是齐敦果烷型或乌苏烷型三萜类化合物具有抗血管生成活性的必需基团[26]。

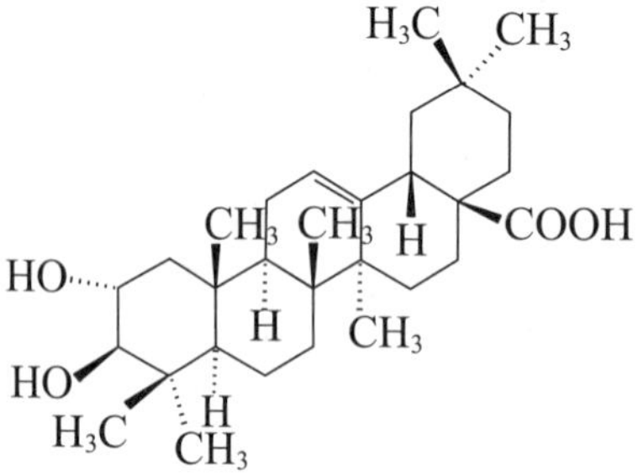

图6-24 山楂酸 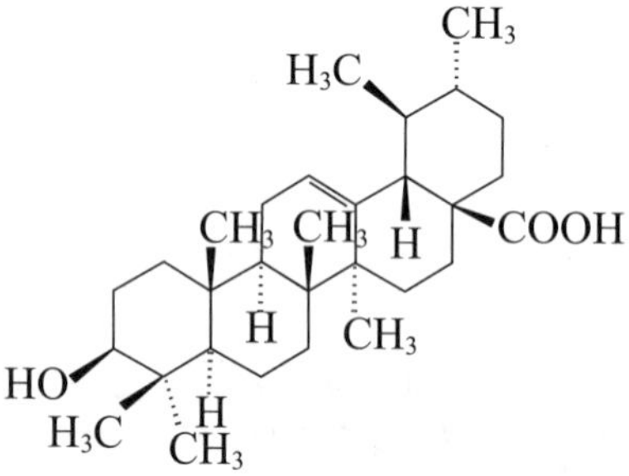　　　　　图6-25 熊果酸

忧遁草[Clinacanthus nutans（Burm. f.）Lindau]（见图6-26）是爵床科鳄嘴花属植物，别名为鳄嘴花、扭序花、竹节黄、小接骨、沙巴蛇草、柔刺草等。其茎叶皂苷的提取分离工艺如下：取新鲜茎叶3.0 kg，切碎，于室温下用95%乙醇冷浸提取3次，每次7天；过滤，合并3次滤液，减压浓缩得粗浸膏，将其分散于水中形成悬浊液；依次用乙酸乙酯、正丁醇萃取，分别得乙酸乙酯萃取物22.8 g、正丁醇萃取物10.6 g。乙酸乙酯萃取物经MCI柱，用30%～100%甲醇-水梯度洗脱，分段收集得到11个流分（Fr. 1～Fr. 11）。Fr. 10（7.9 g）过Sephadex LH-20柱（甲醇），得到Fr. 10A～Fr. 10D；Fr. 10D

(1.08 g)再过 Sephadex LH-20 柱[氯仿-甲醇(1:1)],得到 Fr. 10D1~Fr. 10D3;Fr. 10D1 过硅胶柱色谱[石油醚-氯仿(10:1)],得到 Fr. 10D1A~Fr. 10D1D;Fr. 10D1B(1.2 g)经硅胶色谱柱分离纯化得到羽扇豆醇(3.2 mg)(见图 6-27)。羽扇豆醇对人肝癌 BEL-7402 细胞具有弱的生长抑制作用,IC_{50}值为42.5 μmol/L[27]。

图 6-26 忧遁草　　　　图 6-27 羽扇豆醇

琼岛染木树(*Sapros mamerrillii* Lo.)是茜草科染木树属植物。其茎皂苷的提取分离工艺如下:取茎粉末(9.8 kg),用 80%乙醇浸泡提取 3 次,每次 3 天,合并提取液,减压浓缩回收溶剂,得黏稠状棕色浸膏 380 g;将浸膏分散于 1 L 蒸馏水中,依次用等体积的石油醚和乙酸乙酯萃取 3 次,减压浓缩回收溶剂,分别得石油醚部位(30 g)、乙酸乙酯部位(60 g)和水相部位(180 g)。将石油醚部位(30 g)拌样过硅胶柱(200~300 目),用石油醚-乙酸乙酯(1:0~0:1,V/V)梯度洗脱,按体积收集流分。经 TLC 检测后合并相似流分,分成 28 个流分(QDS-1~QDS-28)。QDS-5 重结晶得 3-乙酰基齐墩果醛(见图 6-28A);QDS-25 经硅胶柱(200-300 目)分离,用石油醚-乙酸乙酯(1:0~1:2,V/V)洗脱得 20 个流分,将 QDS-25-14 到 QDS-25-19 合并,过硅胶柱(200~300 目),用石油醚-乙酸乙酯(2:1~1:2,V/V)梯度洗脱得 21α-H-Hop-22(29)-ene-3β,30-diol(见图 6-28B)。乙酸乙酯部位(60 g)过硅胶柱(200~300 目),用石油醚-乙酸乙酯(1:0~0:1,V/V)和乙酸乙酯-甲醇(1:0~0:1,V/V)梯度洗脱,并按体积收集流分。经 TLC 检测后合并相似流分得 16 个流分(QDY-1~QDY-16)。QDY-11 经硅胶柱层析(200~300 目)分离,用石油醚-乙酸乙酯(1:0~0:1,V/V)梯度洗脱后,重结晶得 3α,6α,30-trihydroxy-ursan-28-oic acid(见图 6-28C);QDY-13 过硅胶柱(硅胶 200~300 目)分离,用石油醚-乙酸乙酯(1:0~0:1,V/V)梯度洗脱,重结晶得 3α, 30-dihydroxy-6-one-ursan-28-oic acid(见图 6-28D);QDY-15 过硅胶柱(硅胶 200~300 目)分离,用石油醚-乙酸乙酯(1:0~0:1,V/V)梯度洗脱,重结晶得 3α, 6α, 7α, 30-trihydroxy-ursan-28-oicacid(见图 6-28E)。化合物 C、D、E 抑制人肺癌细胞 A549 的 IC_{50} 值分别为 280.56 μg/mL、12.61 μg/mL、68.40 μg/mL,三个化合物都是从乙酸乙酯部位分离得到,由此可见乙酸乙酯部位为有效部位。三个化合物抑制小鼠黑色素瘤 B16F10 的 IC_{50} 值分别为 37.33 μg/mL、211.07 μg/mL、129.47 μg/mL;化合物 D 抑制人乳腺癌细胞 MDA-MB-231 和人肝癌细胞 HEPG2 的 IC_{50} 值分别为 170.58 μg/mL、65.35 μg/mL;化合物 A 抑制小鼠黑色素瘤 HEPG2 的 IC_{50} 值为 41.78 μg/mL;化合物 B 抑制人乳腺癌细胞 MDA-MB-231 的 IC_{50} 值为 91.35 μg/mL[28]。

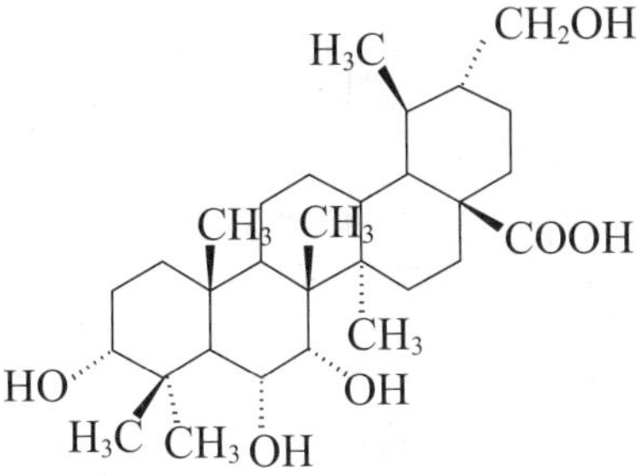

图 6-28 琼岛染木树中抗肿瘤成分

马甲子 [*Paliurus ramosissimus* (Lour.) Poir.](见图 6-29)为鼠李科马甲子属植物,又名铁篱笆、一条龙、铜钱树。其叶皂苷的提取分离工艺如下:取叶 20 kg,粉碎,用 10 倍量的 95% 乙醇浸泡 3 天,收集浸提液,减压浓缩得浸膏约 1.5 kg。总浸膏用水分散后依次用石油醚、乙酸乙酯和正丁醇萃取,得到乙酸乙酯萃取物 450 g。再将萃取物经硅胶柱色谱分离,用氯仿-甲醇(100∶0~0∶100,V/V)梯度洗脱,TLC 检测得到 7 个流分(Fr. A~Fr. G)。Fr. F(约 38 g)经 MCI 柱分离,用乙醇-水系统(50%~95%)梯度洗脱,用 HPLC 检测收集,得到 4 个流分(Fr. F1~Fr. F4)。Fr. F4 经 HPLC(流动相:63%乙腈水溶液)纯化得 2α-O-顺式对羟基肉桂酰基-3α-羟基-27-O-反式对羟基肉桂酰基白桦脂酸(25.1 mg,t_R = 22.5 min)(见图 6-30A)。Fr. F4 经 HPLC(流动相:63%乙腈水溶液)纯化得 Messagenic acid A (22.2 mg,t_R = 25.5 min)(见图 6-30B)。Fr. F4 经 HPLC(流动相:63%乙腈水溶液)纯化得 2α-O-反式对羟基肉桂酰基-3α-羟基-27-O-顺式对羟基肉桂酰基白桦脂酸(24.3 mg,t_R = 25.5 min)(见图 6-30C)。化合物 A、C、B 抑制人肝癌细胞 BEL7404 的 IC_{50} 值分别为 3.87 μmol/L、2.50 μmol/L、5.49 μmol/L,抑制人肝癌细胞 QGY7703 的 IC_{50} 值分别为 5.44 μmol/L、4.23 μmol/L、13.88 μmol/L[29]。

图 6-29 马甲子

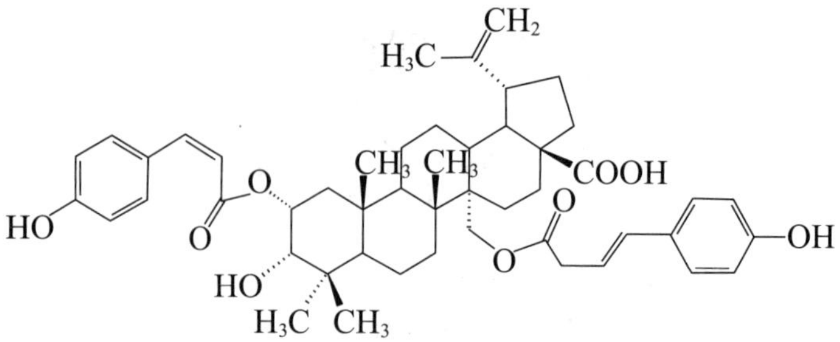

图 6-30 马甲子中抗肿瘤成分

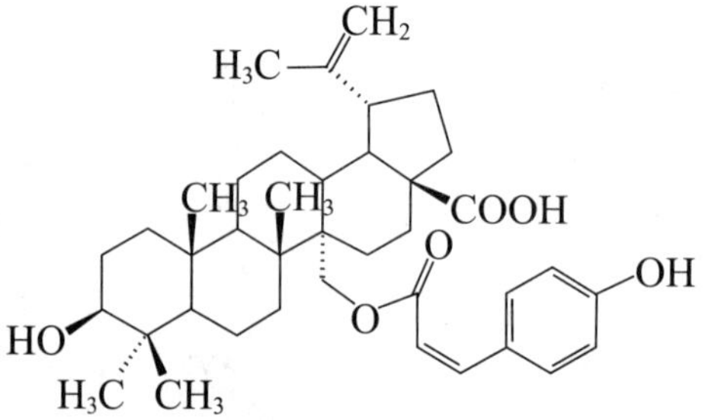

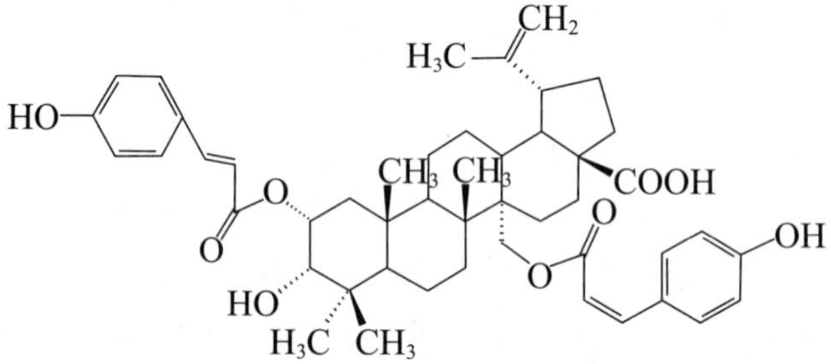

雷公藤(*Tripterygium wilfordii* HOOK. F.)(见图 6-31)是卫矛科雷公藤属植物。其叶皂苷的提取分离工艺如下：取干燥的雷公藤叶 50 kg，粉碎后用 80%乙醇回流提取 3 次，每次 2 h，提取液经减压浓缩、蒸去乙醇后，得水提取液。水提取液用乙酸乙酯萃取 3 次，萃取液经减压浓缩后得到乙酸乙酯萃取物，将其通过聚酰胺柱层析，硅胶柱层析用氯仿-甲醇(1:0～10:1)梯度洗脱后，再过硅胶柱层析，用氯仿-甲醇(80:1～10:1)梯度洗脱，通过中压柱

色谱、凝胶柱层析、高效液相制备色谱分离得到。结果显示二萜类化合物Tripterlide F(见图6-32)、异雷公藤内酯醇(见图6-33)、雷公藤内酯醇(见图6-34)、雷醇内酯(见图6-35)、雷公藤乙素(见图6-36)具有抑制HIF-1活性作用,其中尤以雷公藤内酯醇活性最强(IC_{50}值为0.02 $\mu mol/L$);Triptersinine N(见图6-37)、Triptersinine O(见图

图6-31 雷公藤

6-38)具有抑制人结肠癌细胞株HCT-8活性作用;雷公藤内酯醇、雷醇内酯对5种人肿瘤细胞株(人结肠癌细胞HCT-8、人肝癌细胞Bel-7402、人胃癌细胞BGC-823、人肺癌细胞A549、人卵巢癌细胞A2780)具有抑制作用[30]。

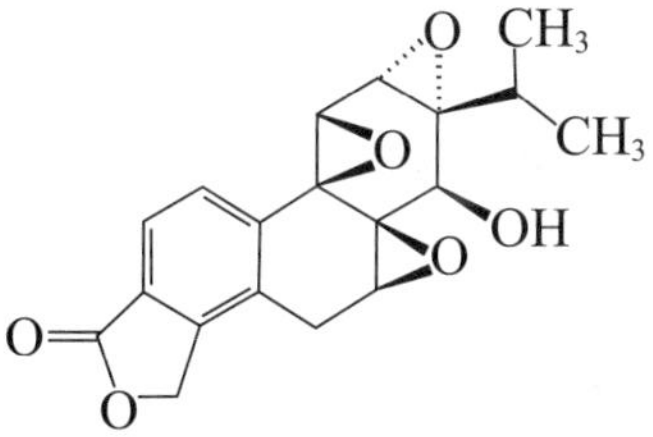

图6-32 Tripterlide F

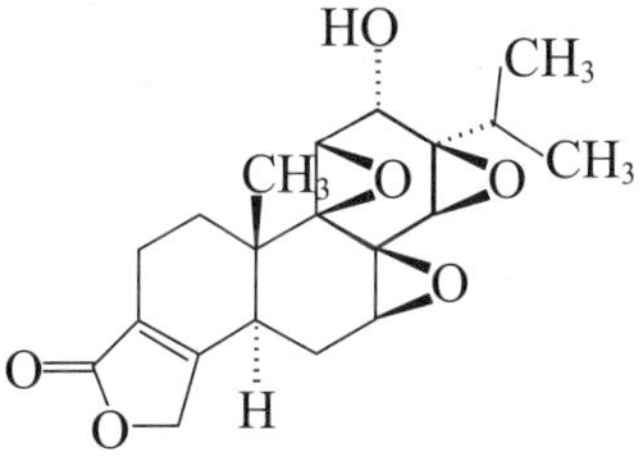

图6-33 异雷公藤内酯醇

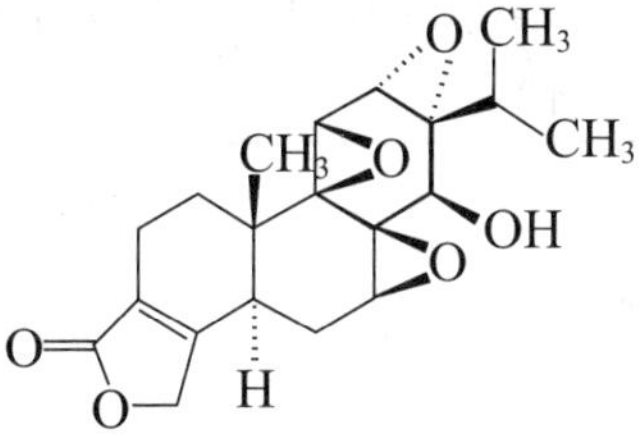

图6-34 雷公藤内酯醇

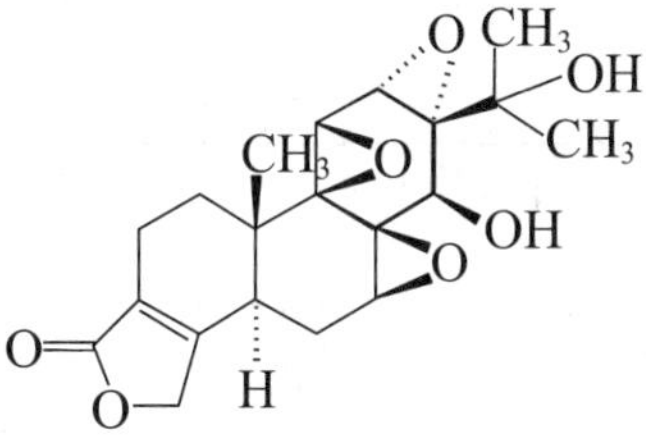

图6-35 雷醇内酯

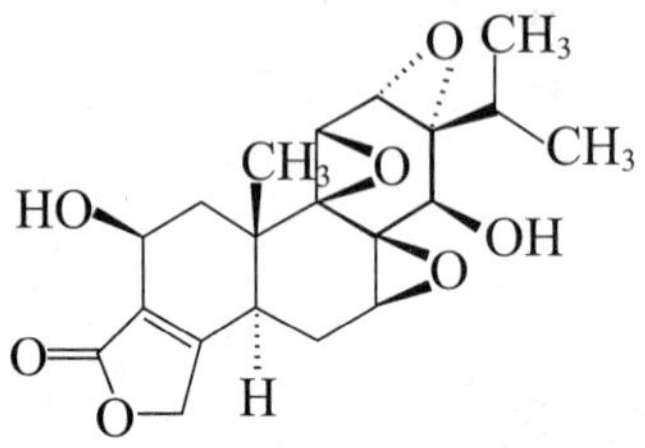

图 6-36　雷公藤乙素 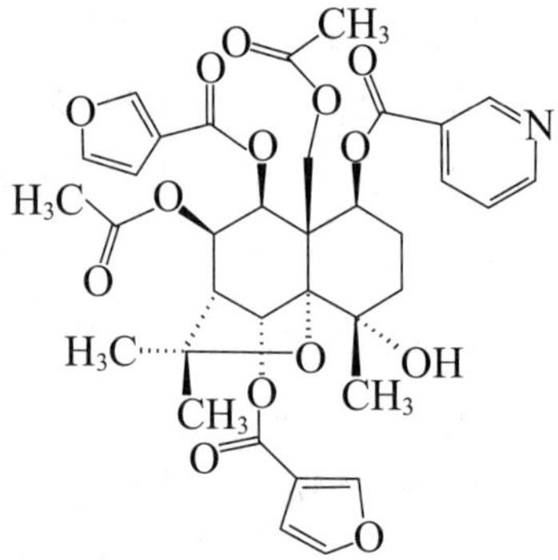　　　图 6-37　Triptersinine N

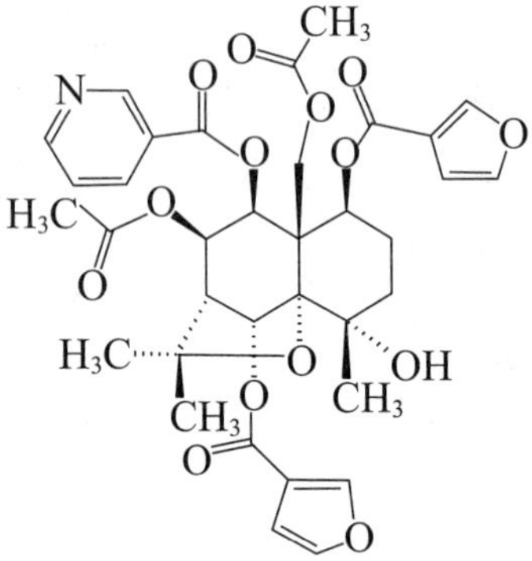

图 6-38　Triptersinine O

对上述植物茎叶萜类、皂苷抗癌作用的文献调研，如表 6-6 所示。

表 6-6　植物茎叶萜类、皂苷的抗癌作用

序号	植物部位	活性及剂量	阳性对照	文献
1	滇重楼茎叶	抑制肝癌细胞 HepG2 增殖（浓度为 10～160 μg/mL）	无	[21]
2	辽东楤木叶	3-O-β-D-吡喃葡萄糖基(1→4)-β-D-吡喃葡萄糖基齐墩果酸抑制 HL60（IC_{50} 值为 15.62 μmol/L）、A549（IC_{50} 值为 11.25 μmol/L）和 DU145（IC_{50} 值为 7.95 μmol/L）细胞	弱于依托泊苷	[22]
3	人参茎叶	灵芝菌液体发酵使人参茎叶对 SMMC-7721 细胞的抑制率从 51.775% 提高至 72.623%（浓度为 20 mg/L）	无	[23]

续表

序号	植物部位	活性及剂量	阳性对照	文献
4	毛果南烛叶	抑制 HL-60（IC$_{50}$ 值为 16.35 μmol/L）、MCF-7（IC$_{50}$ 值为 17.05 μmol/L）、SMMC-7221（IC$_{50}$ 值为 17.66 μmol/L）、A-549（IC$_{50}$ 值为 15.87 μmol/L）和 SW480（IC$_{50}$ 值为 12.30 μmol/L）细胞	抑制 MCF-7、A-549 和 SW480 活性均强于顺铂	[24]
5	匙羹藤茎	皂苷 gymsylvestroside A、gymsylvestroside B、gymsylvestroside C、gymsylvestroside D 对 K562 肿瘤细胞的抑制率为 23%~26%（浓度为 10 μg/mL）	无	[25]
6	云南鼠尾草	马斯里酸、熊果酸抑制鸡胚绒毛尿囊膜新生血管（浓度为 0.8 nmol/egg）	熊果酸强于地塞米松	[26]
7	忧遁草枝叶	羽扇豆醇抑制人肝癌 BEL-7402 细胞（IC$_{50}$ 值为 42.5 μmol/L）	弱于紫杉醇	[27]
8	琼岛染木树茎	3α,30-dihydroxy-6-one-ursan-28-oic acid 抑制人肺癌细胞 A549 和人肝癌细胞 HEPG2（IC$_{50}$ 值为 12.61 μg/mL、65.35 μg/mL）；3α,6α,30- trihydroxy-ursan-28-oic acid 抑制小鼠黑色素瘤 B16F10（IC$_{50}$ 值为 37.33 μg/mL）；3-乙酰基齐墩果醛抑制小鼠黑色素瘤 HEPG2（IC$_{50}$ 值为 41.78 μg/mL）；21-H-Hop-22（29）-ene-3,30- diol 抑制人乳腺癌细胞 MDA-MB-231（IC$_{50}$ 值为 91.35 μg/mL）	无	[28]
9	马甲子叶	2α-O-顺式对羟基肉桂酰基-3α-羟基-27-O-反式对羟基肉桂酰基白桦脂酸、2α-O-反式对羟基肉桂酰基-3α-羟基-27-O-顺式对羟基肉桂酰基白桦脂酸、Messagenic acid A 抑制人肝癌细胞 BEL7404、QGY7703（IC$_{50}$ 值为 2.50~13.88 μmol/L）	强于 5-氟尿嘧啶	[29]
10	雷公藤叶	雷公藤内酯醇抑制 HIF-1（IC$_{50}$ 值为 0.02 μmol/L）；Triptersinine N、Triptersinine O 抑制人结肠癌细胞株 HCT-8；雷公藤酯醇、雷醇内酯抑制人肿瘤细胞（HCT-8、Bel-7402、BGC-823、A549、A2780）	弱于紫杉醇	[30]

6.7 皂苷的提取分离与保护心脑作用

TNF-α 主要由活化的单核巨噬细胞、小胶质细胞、星形胶质细胞和神经元产生,是体内最为重要的炎症介质之一。脑缺血早期即出现 TNF-α 表达水平上调,其可激活炎性细胞,诱导 IL-6、IL-1β 等多种细胞因子的表达,从而促进神经细胞凋亡、坏死和形成脑水肿,TNF-α 在脑缺血早期分泌或合成增加是脑梗死形成的主要原因[31]。西洋参(Panax quinquefolius L.)茎叶皂苷(100 mg/kg、200 mg/kg)可明显减轻缺血再灌注大鼠的脑神经功能损伤和脑水肿程度,降低缺血脑组织髓过氧物酶(MPO)的活性,降低缺血脑组织和血清 TNF-α 和 IL-6 的含量,对脑缺血再灌注损伤起到一定的保护作用[32]。

NO 是一种新型生物信息传递分子,广泛分布于生物体内各组织中,特别是神经组织中。研究发现,NO 在脑缺血再灌注损伤中的作用机制复杂,具有神经保护和神经毒性双重作用。一氧化氮合酶(NOS)是 NO 生物合成的重要限速酶,是决定 NO 发挥损伤或保护作用的关键因素[33]。目前,已经确定的一氧化氮合酶有 3 种亚型,即神经元型一氧化氮合酶(nNOS)、血管内皮型一氧化氮合酶(eNOS)、诱导型一氧化氮合酶(iNOS)。eNOS 催化生成的 NO 在脑缺血早期升高,然后迅速下降,持续时间短,可通过调节脑血流减轻脑损伤,起到保护脑的作用;nNOS 催化生成的 NO 在脑缺血早期可产生神经毒性作用,但其催化生成 NO 量少,且半衰期短,因此,对神经系统的毒性作用影响较小;iNOS 主要在脑缺血中后期大量生成,持续时间长,可催化生成大量的 NO,是脑缺血中后期脑损伤加重的重要原因[34]。西洋参(Panax quinquefolium L.)茎叶皂苷(100 mg/kg、200 mg/kg)可明显改善大鼠脑缺血再灌注后神经功能损伤,降低缺血脑组织 NOS 和 iNOS 的活性,进而减少 NO 的生成[35]。

尽早恢复组织血供,是目前防治心肌缺血损伤最有效的措施。但研究发现,缺血一定时间的心肌在重新恢复血液供应后,损伤反而加重,可出现心肌顿抑、心功能低下、恶性心律失常等,即心肌缺血/再灌注(ischemia/reperfusion, I/R)损伤。内质网(endoplasmic reticulum, ER)是细胞中调控蛋白质折叠、稳态的细胞器之一,它对应激非常敏感,缺血、缺氧、葡萄糖或营养物质匮乏、三磷酸腺苷耗竭、大量自由基产生及 Ca^{2+} 稳态破坏等均可导致内质网功能障碍,因而触发内质网应激(endoplasmic reticulum stress,ERS)。一定程度的 ERS 通过上调葡萄糖调节蛋白类(glucose-regulated proteins,GPRs)、钙网蛋白(calrticulin,CRT)、蛋白质折叠酶等,促进内质网功能恢复,持续或严重的 ERS 则破坏细胞稳态、上调促凋亡因子 CCAAT/增强子结合蛋白同源蛋白(CCAAT/enhancer-bingding protein-homologous protein,CHOP)及 caspase12 的表达和活化,诱导 ERS 相关细胞凋亡,加重 I/R 损伤。当灌胃剂量为 270 mg/kg·d 时,西洋参茎叶总皂苷可减轻心肌缺血再灌注损伤,其机制与增加抗凋亡因子 Bcl-2 和降低促凋亡因子 Bax 的表达有关,可减轻 I/R 心肌诱导的严重 ERS,表现为降低 I/R 后 CRT 的过表达,抑制 CHOP、caspase12 等内质网凋亡通路的激活,减少过度 ERS 介导的细胞凋亡[36]。

线粒体(mitochondria)是细胞内的"能量加工厂",通过氧化磷酸化产生 ATP 为细胞活动提供能量。研究证实,线粒体功能障碍是造成心肌 I/R 损伤、诱导 I/R 心肌细胞凋亡的重要病理机制之一。线粒体膜通透性转换孔(mitochondrial permeability transition pore,mPTP)在再灌注初期持续性开放,是造成线粒体功能障碍的主要原因。mPTP 存在于线粒体内膜上,是一个具有高导电性的蛋白复合通道。近年研究发现,I/R 会诱导线粒体膜通透性增加、离子平衡失调、线粒体膜电位(mitochondrial membrane potential,$\Delta\Psi m$)丧失,从而造成 mPTP 开放。研究证明,通过直接干预 mPTP 组成部分或间接减少造成孔道开放的诱因(如 Ca^{2+} 超载、ROS 大量产生、pH 升高),可抑制 mPTP 持续性开放,对预防线粒体功能障碍及心肌 I/R 损伤具有重要作用。磷脂酰肌醇 3-激酶/蛋白激酶 B(phosphatidylinositol 3-kinase/protein kinase B,PI3K/Akt)信号通路是体内重要的细胞信号通路,糖原合成酶激酶-3(glycogen synthase kinase 3β,GSK-3β)是 PI3K/Akt 通路的作用底物之一。激活 PI3K/Akt 通路能促进 GSK-3β 磷酸化,磷酸化的 GSK-3β 可通过与 mPTP 亚基之间的相互作用抑制 mPTP 开放。当灌胃剂量为 200 mg/kg 时,西洋参茎叶总皂苷可显著减轻大鼠心肌 I/R 损伤,减少心肌细胞凋亡,其机制与保护线粒体结构、维持 $\Delta\Psi m$ 稳定、抑制再灌注初期 mPTP 开放及线粒体凋亡通路的激活有关。西洋参茎叶总皂苷通过激活 PI3K/Akt 通路、上调 GSK-3β 磷酸化水平以抑制 mPTP 开放,减轻缺氧/复氧(H/R)诱导的乳大鼠心肌细胞凋亡[37]。

急性心肌梗死（acute myocardial infarction，AMI）后心室重构（ventricular remodeling，VR）包括梗死区扩展、心室扩张和非梗死区代偿性肥厚，是引起AMI后心衰的病理基础，与缺血后心肌细胞凋亡、肥大、延长、侧向滑移及心肌间质纤维化等密切相关。心肌缺血触发的ERS是引起细胞凋亡的主要信号通路。ERS信号通路能诱导CHOP与其他转录因子结合，诱导促凋亡基因表达。CHOP介导的ERS相关凋亡途径，参与大鼠心肌I/R损伤及心肌细胞H/R损伤。当灌胃剂量为50 mg/kg、100 mg/kg、200 mg/kg时，西洋参茎叶总皂苷可减轻AMI后大鼠心脏结构变化、功能损伤和纤维化程度，减轻AMI后心室重构。当灌胃剂量为200 mg/kg时，西洋参茎叶总皂苷通过抑制CHOP介导的ERS相关凋亡而减轻AMI后非梗死区心肌细胞凋亡。当灌胃剂量为160 μg/kg时，西洋参茎叶总皂苷减轻内质网应激诱导剂（毒胡萝卜素）诱导的心肌细胞凋亡，其机理可能与抑制过度ERS相关凋亡有关。西洋参茎叶总皂苷预处理可产生类似蛋白激酶R样内质网激酶（protein rinase R-like ER kinase，PERK）对心肌细胞凋亡和细胞活性的效应，并且减轻PERK过表达导致的心肌细胞凋亡，机理可能与抑制ERS的PERK-eIF2α-ATF4-CHOP凋亡途径有关[38]。

对上述植物茎叶皂苷保护心脑作用的文献调研，如表6-7所示。

表6-7 植物茎叶皂苷的保护心脑作用

序号	植物部位	活性及剂量	阳性对照	文献
1	西洋参茎叶	减轻缺血再灌注大鼠的脑神经功能损伤和脑水肿程度，降低缺血脑组织MPO的活性，降低缺血脑组织和血清TNF-α和IL-6的含量（灌胃剂量为100 mg/kg、200 mg/kg）	无	[32]
		改善大鼠脑缺血再灌注后神经功能损伤，降低缺血脑组织NOS和iNOS的活性，进而减少NO的生成（灌胃剂为100 mg/kg、200 mg/kg）可减轻心肌缺血再灌注损伤，其机制与增加抗凋亡因子Bcl-2和降低促凋亡因子Bax的表达有关，可减轻I/R心肌诱导的严重ERS，表	无	[35]

续表

序号	植物部位	活性及剂量	阳性对照	文献
1	西洋参茎叶	现为降低 I/R 后 CRT 的过表达,抑制 CHOP、caspase12 等内质网凋亡通路的激活,减少过度 ERS 介导的细胞凋亡(灌胃剂量为 270 mg/kg)	无	[36]
		可显著减轻大鼠心肌 I/R 损伤,减少心肌细胞凋亡,其机制与保护线粒体结构、维持 $\Delta\Psi m$ 稳定、抑制再灌注初期 mPTP 开放及线粒体凋亡通路的激活有关。西洋参茎叶总皂苷通过激活 PI3K/Akt 通路、上调 GSK-3β 磷酸化水平以抑制 mPTP 开放,减轻缺氧/复氧(H/R)诱导的乳大鼠心肌细胞凋亡(灌胃剂量为 200 mg/kg)	环孢霉素 A	[37]
		可减轻 AMI 后大鼠心脏结构变化、功能损伤和纤维化程度,减轻 AMI 后心室重构(灌胃剂量为 50～200 mg/kg)。通过抑制 CHOP 介导的 ERS 相关凋亡而减轻 AMI 后非梗死区心肌细胞凋亡(灌胃剂量为 200 mg/kg)。减轻内质网应激诱导剂(毒胡萝卜素)诱导的心肌细胞凋亡,其机理可能与抑制过度 ERS 相关凋亡有关(灌胃剂量为 160 μg/kg)。西洋参茎叶总皂苷预处理可产生类似 PERK 对心肌细胞凋亡和细胞活性的效应,并且减轻 PERK 过表达导致的心肌细胞凋亡,机理可能与抑制 ERS 的 PERK-eIF2α-ATF4-CHOP 凋亡途径有关	牛磺酸	[38]

6.8 皂苷元的提取分离与壮阳作用

西洋参茎叶皂苷的降解工艺方法一:取茎叶总皂苷 70 g、氢氧化钠 70 g、丙二醇 1 L,共同置于 GS 型高压反应釜中,将反应釜密闭;调节反应釜控制仪,设定反应温度为 230 ℃;待反应釜内压力上升至 50 kPa 时开始计时,反应时间为 6 h;反应结束后使其自然冷却,冷却后取出反应物,用水反复洗至中性,得西洋参茎叶总皂苷高温高压碱降解产物Ⅰ。方法二:取茎叶总皂苷

70 g、氢氧化钠 105 g、丙二醇 1 L,共同置于 GS 型高压反应釜中,将反应釜密闭;调节反应釜控制仪,设定反应温度为 230 ℃;待反应釜内压力上升至 50 kPa 时开始计时,反应时间为 7.5 h;反应结束后使其自然冷却,冷却后取出反应物,用水反复洗至中性,得西洋参茎叶总皂苷高温高压碱降解产物Ⅱ。取高温高压碱降解产物Ⅰ 5 g,用正相柱层析硅胶干法装柱,用相应洗脱剂洗脱,薄层层析监控,所得流分再用硅胶柱色谱、C-18 反相柱色谱、制备高效液相法、反复重结晶等方法进行分离纯化。高温高压碱降解产物Ⅱ 5 g 用正相柱层析硅胶干法装柱,用相应洗脱剂洗脱,薄层层析监控,所得流分再用高效液相法、反复重结晶等方法进行分离纯化。对降解产物进行分离纯化,共得到 9 个单体化合物,依据理化性质及波谱学方法对其结构进行鉴定,分别为达玛-20(21),24-二烯-3β,12β-二醇(见图 6-39 Ⅰ)、20(S)-人参二醇(见图 6-39 Ⅱ)、(20S,24R)-达玛-3-酮-20,24-环氧-6α,12β,25-三醇(见图 6-39 Ⅲ)、20(S)-原人参二醇(见图 6-39 Ⅳ)、24(R)-奥克梯隆(见图 6-39 Ⅴ)、伪人参皂苷 DQ(见图 6-39 Ⅵ)、24(S)-奥克梯隆(见图 6-39 Ⅶ)、20(S)-原人参三醇(见图 6-39 Ⅷ)和 20(S)-达玛-25(26)-烯-3β,6α,12β,20-四醇(见图 6-39 Ⅸ)。当总皂苷降解产物灌胃剂量为 150 mg/kg·d 时,总皂苷降解产物可显著改善老龄雄性大鼠的性功能,表现为缩短大鼠捕捉潜伏期、骑乘潜伏期、提高骑乘次数、血 NO 含量;调节性激素水平,促进睾酮分泌;提高下丘脑单胺类神经递质 5-HT 和 DA 的含量[39],如表 6-8 所示。

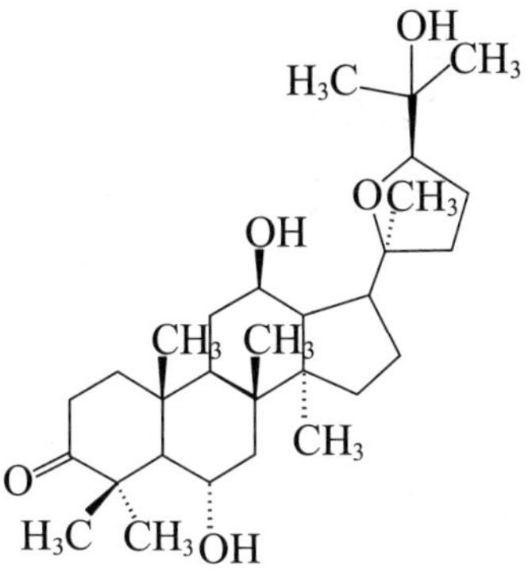

第6章 植物茎叶萜类、皂苷的提取分离及活性研究

III

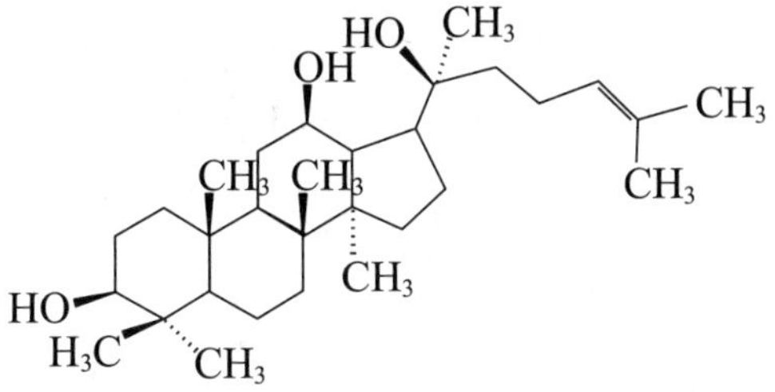

IV

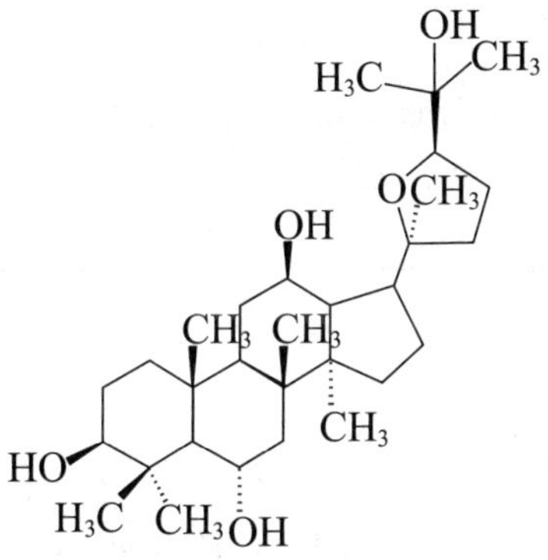

V

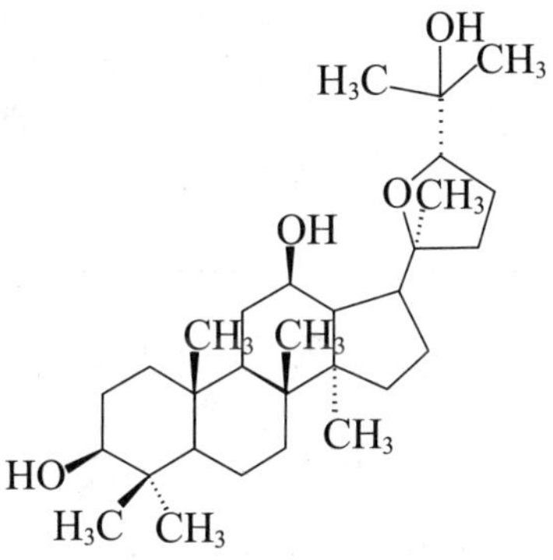

VI

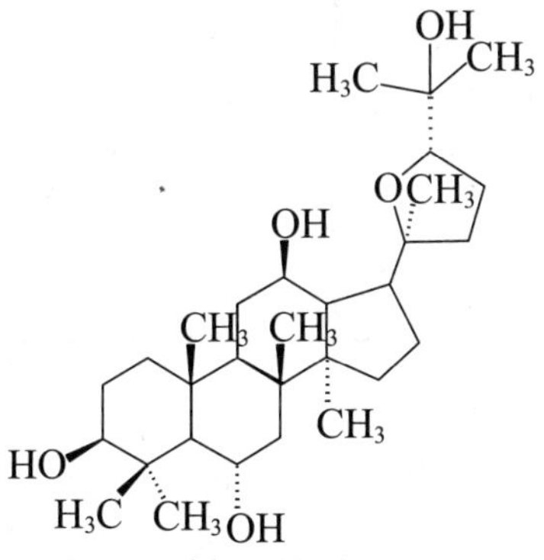

VII

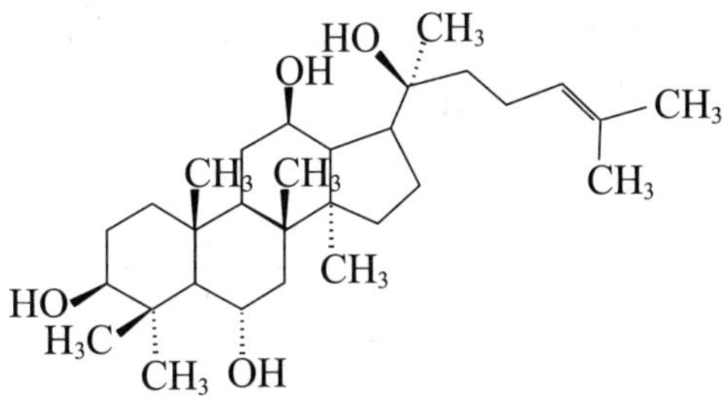

VIII

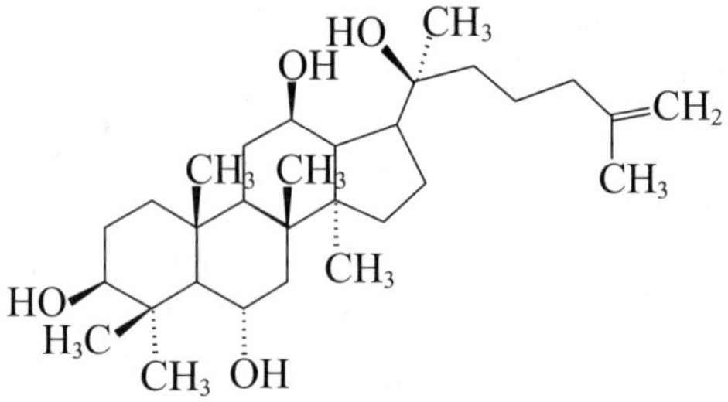

图 6-39　西洋参茎叶皂苷高温高压碱降解产物

表 6-8　植物茎叶皂苷元的壮阳作用

序号	植物部位	活性及剂量	阳性对照	文献
1	西洋参茎叶	缩短大鼠捕捉潜伏期、骑乘潜伏期,提高骑乘次数、血 NO 含量;调节性激素水平,促进睾酮分泌;提高下丘脑单胺类神经递质 5-羟色胺和多巴胺的含量(灌胃剂量为 150 mg/kg·d)	安特尔、万艾可	[39]

6.9　皂苷的提取分离与抗血栓作用

竹节参(*Panax japonicas* C. A. Mey.)别名为竹节三七、竹根七、竹节人参、北三七、大叶三七,为五加科人参属植物。其茎叶皂苷的提取工艺如下:取茎叶,加入 15 倍量的 60％乙醇,浸泡 2 h,回流提取 2 h,过滤;重复提取 2 次,合并滤液,减压回收乙醇至无醇味,加水至 150 mL;用正丁醇分次萃取,每次 100 mL,合并正丁醇提取液,回收溶剂,再减压干燥(65 ℃)。当竹节参茎叶总皂苷浓度为 0.005 mg/mL、0.5 mg/mL、5 mg/mL、50 mg/mL 时,竹节参茎叶总皂苷对血栓溶解率分别为 56.59％、57.30％、59.08％、64.58％[40],如表 6-9 所示。

表 6-9　植物茎叶皂苷的抗血栓作用

序号	植物部位	活性及剂量	阳性对照	文献
1	竹节参茎叶	对血栓的溶解率分别为 56.59％、57.30％、59.08％、64.58％(浓度为 0.005～50 mg/mL)	强于尿激酶	[40]

参考文献

[1] 韦蒙,许新恒,李俊龙,等. 滇重楼茎叶总皂苷提取工艺优化及其体外抗氧化活性分析[J]. 天然产物研究与开发,2015,27(10):1794−1800.

[2] 潘航,俞佳,史悦,等. 口服人参茎叶皂苷减缓环磷酰胺诱导的氧化应激作用研究[J]. 中兽医医药杂志,2015 (1):45−47.

[3] 钟方丽,王文姣,王晓林,等. 微波辅助双水相萃取黄芪茎总皂苷及其抗氧化活性[J]. 天津科技大学学报,2016,31 (5):25−29,68.

[4] 张婷婷,任鹏宇,刘嘉祺,等. 西洋参茎叶皂苷对 PC12 细胞氧糖剥夺损伤的保护作用[J]. 牡丹江医学院学报,2017,38 (1):28−30,80.

[5] 李吉萍,袁野,张文友. 西洋参茎叶皂苷对糖尿病大鼠氧化损伤和血管内皮功能的影响[J]. 中国药理学通报,2017,33 (12):1698−1702.

[6] 孙莉,荀平. 西洋参茎叶皂苷抗大鼠心肌缺血再灌注损伤的作用及机制[J]. 中国实验方剂学杂志,2014,20 (24):176−179.

[7] 关峰,张凤兰,郝丽珍,等. 薤白总皂苷的抗氧化活性[J]. 植物生理学报,2014,50 (4):382−388.

[8] 李斌,李元瑄,孟宪军,等. 北五味子藤茎三萜抗氧化活性研究[J]. 食品工业科技,2012,33(3):121−123,128.

[9] 吴月娴,吕寒,简曒昱,等. 不同类型枇杷叶三萜酸类成分含量及降糖活性的比较[J]. 植物资源与环境学报,2017,26(4):101−103.

[10] Ines Khlif, Khaled Hamden, Mohamed Damak, et al. A new triterpene from *Olea europea* stem with antidiabetic activity [J]. Chemistry of Natural Compounds, 2012, 48(5):799−802.

[11] 何忠梅,王晓慧,李国峰,等. 靶向亲和-液质联用技术对人参茎叶总皂苷中α-葡萄糖苷酶抑制剂的快速筛选[J]. 分析化学,2013,41(11):1694−1698.

[12] 孟凡丽. 人参叶皂苷对醛糖还原酶的抑制作用[J]. 黑龙江农业科学,2017(1):110−113.

[13] 江瑛. 苦瓜茎叶部分三萜成分的纯化、结构鉴定及其抗脂肪沉积功能的初步研究[D]. 合肥:合肥工业大学,2016.

[14] 牛长山. 美丽马醉木茎的化学成分及药理活性研究、大八角根中倍半萜类化学成分研究[D]. 北京:北京协和医学院,2014.

[15] 张甜甜,高莎莎,侯俊杰,等. 牛白藤的化学成分及其免疫抑制活性研究[J].

中国中药杂志,2015,40(12):2357—2362.

[16]Rebamang A. Mosa, Mandlakayise L. Nhleko, Thandeka V. Dladla, et al. Antibacterial activity of two triterpenes from stem bark of *Protorhus longifolia*[J]. Journal of Medicinal Plant Research, 2014, 8(18):686—702.

[17] MCY Fomogne-Fodjo, DT Ndinteh, DK Olivier, et al. Secondary metabolites from *Tetracera potatoria* stem bark with anti-mycobacterial activity[J]. Journal of Ethnopharmacology, 2017,195:238—245.

[18]杨鹤,宋述尧,许永华,等. 人参茎叶总皂苷对黄瓜白粉病菌的活性影响研究[J]. 中国现代中药,2017,19(7):1001—1003.

[19]奚广生,王二欢,杨鹤. 人参茎叶总皂苷对小菜蛾取食、解毒酶及乙酰胆碱酯酶的影响[J]. 东北林业大学学报,2017,45(8):97—100.

[20]张中奇,郑彩娟,陈光英,等. 海南天料木茎化学成分和抗菌活性的研究[J]. 中成药,2015,37(10):2203—2208.

[21]许新恒,康梦瑶,匡坤燕,等.滇重楼茎叶总皂苷抗肝癌 HepG2 细胞活性[J]. 基因组学与应用生物学,2016,35(8):1865—1870.

[22]Yan Zhang, Zhiqiang Ma, Chong Hu, et al. Studies on cytotoxic triterpene saponins from the leaves of *Aralia elata* [J]. Food chemistry, 2012, 83(4):806—811.

[23]贾雪巍,董金香,于洋,等. 灵芝菌液体发酵人参茎叶总皂苷化学成分变化及其抗肿瘤活性[J]. 吉林大学学报(医学版),2017,43(3):543—549.

[24]滕杨,张涵淇,周俊飞,等. 毛果南烛叶中的三萜皂苷化合物及其抗肿瘤活性[J]. 有机化学,2017,37 (9):2416—2422.

[25]徐锐. 匙羹藤茎化学成分及活性研究[D]. 北京:中国人民解放军军事医学科学院,2015.

[26]向诚,朱路平,庄文婷,等. 云南鼠尾草茎叶中化学成分及其抗血管生成活性研究[J]. 中国中药杂志,2013,38 (6):835—838.

[27]黄茂莘,蔡杨靖,刘寿柏,等. 忧遁草枝叶的化学成分及体外抗肿瘤活性研究[J]. 中国药房,2017,28 (7):895—898.

[28]张大帅. 琼岛染木树茎的化学成分及药理活性研究[D]. 海口:海南师范大学,2013.

[29]卢辛未,谢莹,王京,等. 马甲子叶中两个新化合物[J]. 有机化学,2017,37(2):520—525.

[30]王超. 雷公藤叶的化学成分及生物活性研究[D]. 北京:北京协和医学

院,2013.

[31] Kang GH, Yan BC, Cho GS, et al. Neuroprotective effect of fucoidin on lipopolysaccharide accelerated cerebral ischemic injury through inhibition of cytokine expression and neutrophil infiltration[J]. J Neurol Sci,2012,318(1-2):25−30.

[32]任鹏宇,关亚新,张婷婷,等. 西洋参茎叶皂苷对大鼠局灶性脑缺血损伤炎症反应的影响[J]. 中国现代医生,2017,55(19):33−35,56.

[33] Jiang Z, Li C, Arrick DM, et al. Role of nitric oxide synthases in early blood-brain barrier disruption following transient focal cerebral ischemia[J]. PLoS One,2014,9(3):1−9.

[34] Liu H, Li J, Zhao F, et al. Nitric oxide synthase in hypoxic or ischemic brain injury[J]. Rev Neurosci,2015,26(1):105−117.

[35]任鹏宇,关亚新,张婷婷,等. 西洋参茎叶皂苷对缺血再灌注损伤大鼠脑组织 NO 和 NOS 表达的影响[J]. 牡丹江医学院学报,2017,38(2):19−21.

[36]王琛. 西洋参茎叶总皂苷减轻心肌缺血/再灌注损伤的研究[D]. 北京:中国中医科学院,2012.

[37]李冬. 西洋参茎叶总皂苷通过调节线粒体功能减轻心肌缺血/再灌注损伤的研究[D]. 北京:北京中医药大学,2015.

[38]刘蜜. 西洋参茎叶总皂苷抑制内质网应激相关凋亡改善大鼠急性心肌梗死后心室重构的研究[D]. 北京:中国中医科学院,2013.

[39]刘海宇. 西洋参茎叶总皂苷高压碱降解成分及生物活性的研究[D]. 长春:吉林大学,2013.

[40]沈金阳,杨中林. 竹节参根和茎叶中总皂苷抗血栓活性研究[J]. 海峡药学,2014,26(3):149−151.

第 7 章
植物茎叶生物碱的提取分离及活性研究

7.1 生物碱的提取分离与神经保护、保肝作用

如第 3 章文献[11],从小黄皮(*Clausena emarginata* Huang)茎枝中分离出的化合物 Murrayanine(见图 7-1A)、Clausine Z(见图 7-1C)和 Indizoline(见图 7-2),当其浓度为 10 μmol/L 时对鱼藤酮损伤 PC12 细胞具有保护作用,表现为神经保护作用。此外,Indizoline 对谷氨酸损伤 SK-N-SH 细胞具有保护作用,表现出较明显的神经保护作用;Claulansine G(见图 7-3)表现出损伤 SK-N-SH 细胞的作用,显示出细胞毒作用;3-Methylcarbazole(见图 7-1B)、Murrayanine、Hortiamide(见图 7-4)在 10 μmol/L 浓度条件下与扑热息痛合用,对后者引起的 HepG2 细胞损伤有显著的保护作用,具有保肝作用,如表 7-1 所示。

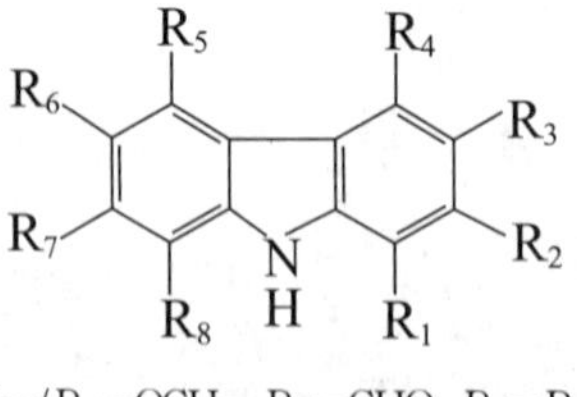

图 7-1 A:Murrayanine(R_1=OCH$_3$, R_3=CHO, R_2=R_4=R_5=R_6=R_7=H)
B:3-Methylcarbazole(R_3=CH$_3$, R_1=R_2=R_4=R_5=R_6=R_7=H)
C:Clausine Z(R_1=R_6=OH, R_3=CHO, R_2=R_4=R_5=R_7=H)

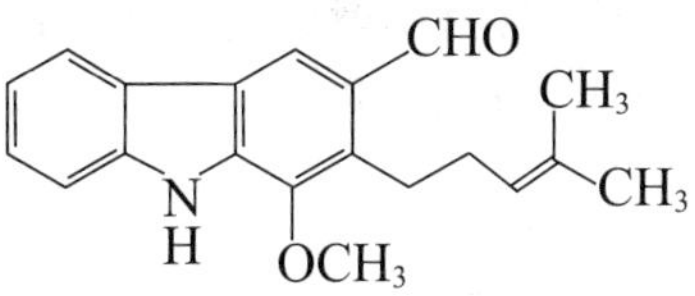

图 7-2　Indizoline

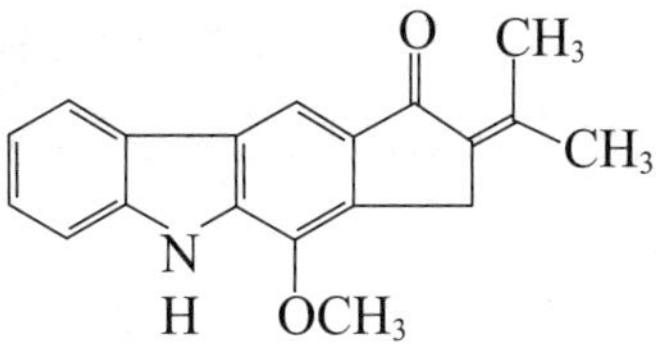

图 7-3　Claulansine G

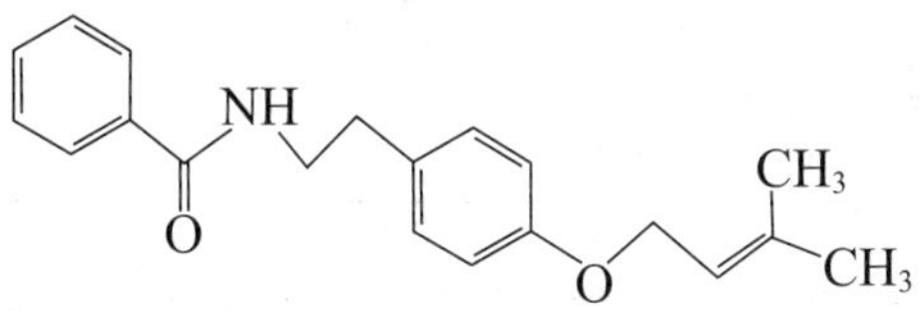

图 7-4　Hortiamide

表 7-1　植物茎叶生物碱的神经保护、保肝作用

序号	植物部位	活性及剂量	阳性对照	文献
1	小黄皮茎枝	Murrayanine、Clausine Z 和 Indizoline 对鱼藤酮损伤 PC12 细胞具有保护作用。Indizoline 对谷氨酸损伤 SK-N-SH 细胞具有保护作用。Claulansine G 表现出损伤 SK-N-SH 细胞的作用。3-methylcarbazole、Murrayanine、Hortiamide 对扑热息痛引起的 HepG2 细胞损伤有显著的保护作用，具有保肝作用(浓度为 10 μmol/L)	无	第 3 章 [11]

7.2　生物碱的提取分离与抗氧化作用

茉莉花[*Jasminum samba*(L.)Ait.]亦称茉莉，状语称"华闷擂"，为木犀科植物(见图 7-5)。其叶总生物碱的提取分离方法如下：将茉莉花叶自然风干，用捣碎机捣碎，取样品 500 g 置于 1000 mL 容量瓶中，采用乙醇加热法提取茉莉花叶中的总生物碱。抽滤，合并 2 次滤液，减压浓缩，浓缩液经 2% HCl 酸化，用 1∶1 体积的氯仿水溶液洗去杂质，水溶液用氨水调 pH 为 10~11，然后用氯仿萃取 3 次，萃取液用无水硫酸钠干燥过夜，过滤，浓缩脱溶得总生物碱。当样品体积为 0.1~0.5 mL 时，总还原力随着样品量的增加而逐步增

图 7-5　茉莉花

强。当样品体积为 50 μL 时,叶总物碱对 ABTS 自由基的清除率为79.77%;当样品体积为 5 μL 时,叶总生物碱对羟自由基的清除率为 56.52%[1],如表 7-2 所示。

表 7-2 植物茎叶生物碱的抗氧化作用

序号	植物部位	活性及剂量	阳性对照	文献
1	茉莉花叶	总还原力(样品体积为 0.1～0.5 mL)、清除 ABTS 自由基(样品体积为 10～50 μL)、清除羟自由基(样品体积为 1～5 μL)	无	[1]

7.3 生物碱的提取分离与促进骨质细胞增殖作用

如第 4 章文献[96],从大果榕(*Ficus auriculata* Lour)茎中分离出化合物 Scorpione(见图 7-6),当 Scorpione 浓度为 1 μmol/L 时,具有较好的促进乳鼠成骨细胞增殖的作用[成骨细胞存活率为(118.20±5.48)%],如表 7-3 所示。

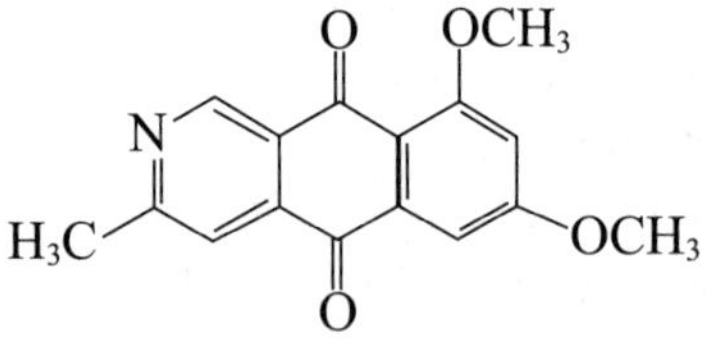

图 7-6 Scorpione

表 7-3 植物茎叶生物碱促进骨质细胞增殖作用

序号	植物部位	活性及剂量	阳性对照	文献
1	大果榕茎	Scorpione 具有显著的促进成骨细胞增殖的作用(浓度为 1 μmol/L)	无	第 4 章[96]

参考文献

[1]刘燕,马宇颖,程世嘉,等. 茉莉花叶总生物碱的体外抗氧化活性研究[J]. 食品工业,2017,38(2):94−96.

第8章
植物茎叶其他成分的提取分离及活性研究

8.1 其他成分的提取分离与抗菌、杀虫作用

油橄榄(*Olea europaea* L.)中的橄榄苦苷(oleuropein)(见图 8-1)是一种无毒、易被人体吸收的苯酚类裂环环烯醚萜苷类化合物。其提取分离工艺如下：取叶干燥粉末 5 g,按料液比 1∶25 加入 80%甲醇,超声波提取 40 min,抽滤,然后用石油醚萃取 3 次,用乙酸乙酯萃取 5 次,将乙酸乙酯层浓缩,过硅胶柱,用甲醇-乙酸乙酯(1∶13)洗脱,得橄榄苦苷。当橄榄苦苷浓度为 10 mg/mL 时,橄榄苦苷对大肠杆菌、金黄色葡萄球菌、枯草芽孢杆菌的抑菌圈直径分别为(20.77±0.47)mm、(19.23±0.44)mm、(11.48±0.60)mm(抑菌圈直径>15 mm,表明该菌对橄榄苦苷高度敏感,抑菌圈直径为 10~15 mm,表明该菌对橄榄苦苷中度敏感,抑菌圈直径<10 mm,表明该菌对橄榄苦苷低度敏感),MIC 分别为 0.025 mg/mL、0.05 mg/mL、0.4 mg/mL[1]。

如第 4 章文献[68],薜荔(*Ficus pumila* L.)茎中化合物 8,9-dihydro-8,9-dihydroxy-megastigmatrienone(见图 8-2)和(*E*,4*R*)-4-hydroxy-4,5,5-trimethyl-3-(3-oxobut-1-enyl) cyclohex-2-enone(见图 8-3)对大肠杆菌表现出较强

的抑制活性，MIC 值均为 1.25 μg/mL。

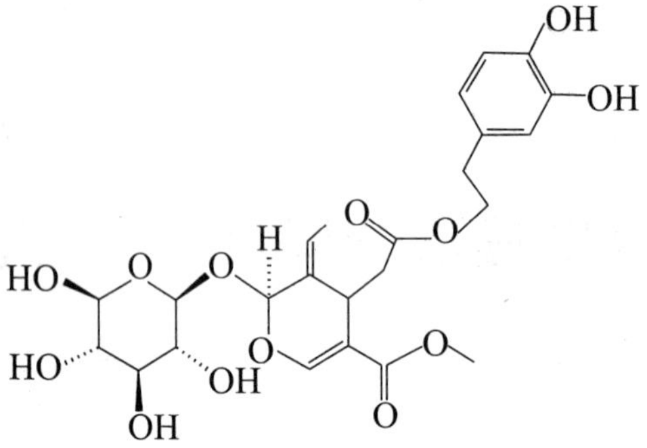

图 8-1　橄榄苦苷

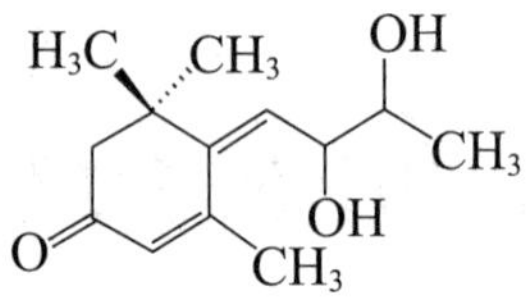

图 8-2　8,9-dihydro-8,9-dihydroxy-megastigmatrienone

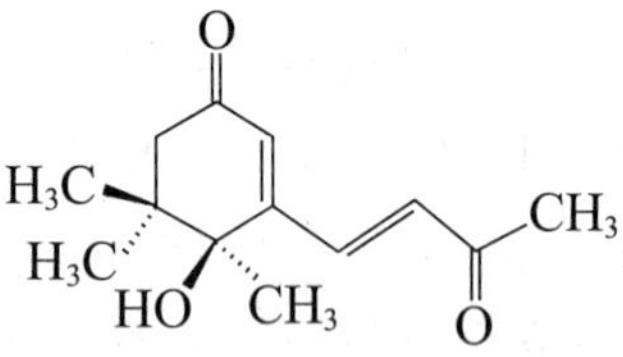

图 8-3　(E,4R)-4-hydroxy-4,5,5-trimethyl-3-(3-oxobut-1-enyl)cyclohex-2-enone

利用含氮和含卤素的试剂对银杏叶中聚戊烯醇（GBP）末端羟基进行含氮和含卤素的衍生化改性，结果得到 5 种衍生物，即聚戊烯基邻苯二甲酰亚胺（GPH）、氨基聚戊烯醇（GAM）、聚戊烯基季铵盐（GAS）、聚戊烯基三氟乙酰（GTF）和聚戊烯基氯乙酰（GCH）（见图 8-4）。GAS 对大肠杆菌和金黄色葡萄球菌的抗菌活性最高，抑菌圈直径为 19.1～19.8 mm，MIC 均为 31.3 mg/L。GAS 在亚抑菌质量浓度（15.6 mg/L）条件下，对大肠杆菌和金黄色葡萄球菌在 48 h 内具有一定的抗菌性；在前 8 h 内，GAS 对大肠杆菌和金黄色葡萄球菌的杀菌作用较强，致使菌群数量迅速下降；在 8 h 以后，两种菌群都有不同程度的再生，此时抑菌活性减弱[2]。

如第 6 章文献[20]，从海南天料木（*Homalium stenophyllum* Merr. et Chun）茎中分离 Fr.3 组分反复使用 Sephadex LH-20 凝胶柱（溶剂为丙酮）

进行分离,制备硅胶板纯化,得到 4-乙氧基-3-羟甲基苯酚(见图 8-5)。Fr. 5 组分反复使用 Sephadex LH-20 凝胶柱进行分离纯化,溶剂为氯仿/甲醇(1:1, V/V),然后上 Agilent XDB-C$_{18}$ 半制备色谱柱 (10 mm×250 mm,5 μm;流动相为 25%甲醇水溶液;体积流量为 1 mL/min),得丁香醛(见图 8-6)。4-乙氧基-3-羟甲基苯酚具有广谱抗菌作用,可抑制大肠杆菌,MIC 值为 1.25 μg/mL。丁香醛和 4-乙氧基-3-羟甲基苯酚能明显抑制枯草芽孢杆菌,MIC 值为 1.25 μg/mL。

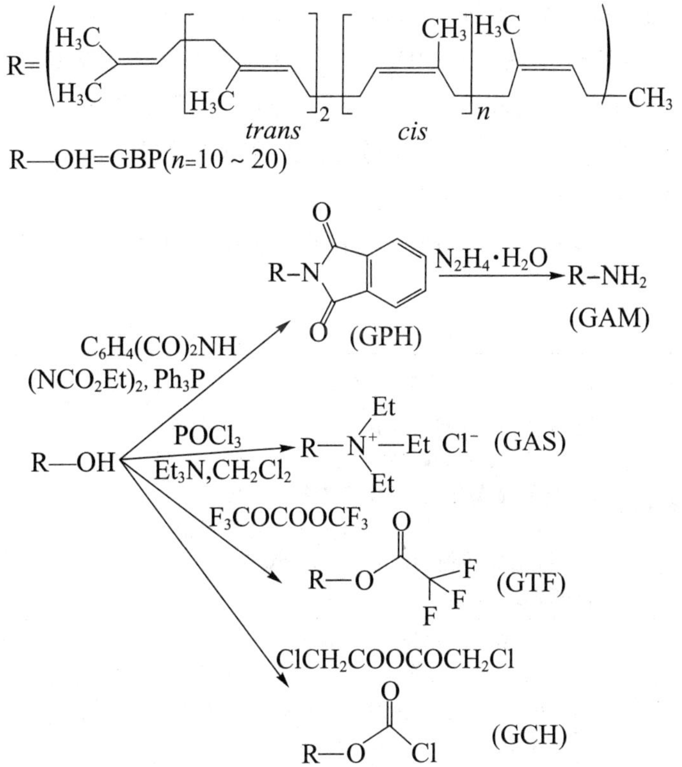

图 8-4 5 种衍生物合成步骤

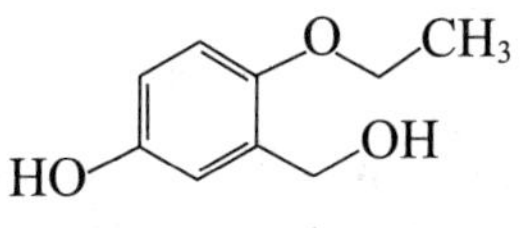

图 8-5 4-乙氧基-3-羟甲基苯酚 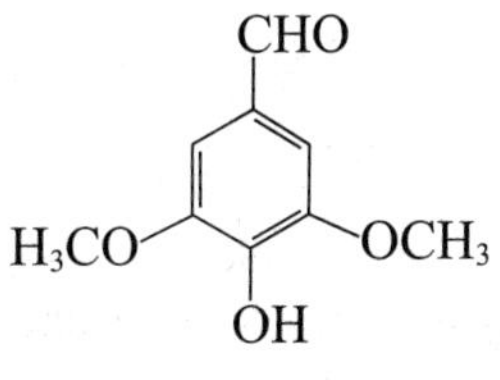   图 8-6 丁香醛

垂枝红千层(*Callistemon viminalis*)俗名为串钱柳,是桃金娘科红千层

属植物。其叶化学成分的提取分离工艺如下:取叶 10 kg,充分粉碎,用95%乙醇室温浸泡3次,每次约3天,合并滤液,减压浓缩得浸膏约1000 g。向浸膏中加入水形成悬浊液,依次用正己烷、乙酸乙酯萃取,回收溶剂后得正己烷部分80 g、乙酸乙酯部分340 g。将乙酸乙酯部分过硅胶柱(80~100目),用正己烷-乙酸乙酯(20:1~0:1,V/V)梯度洗脱,经TLC薄层层析检测,合并主点相同的流分,得7个组分:Fr. A~Fr. G。Fr. D组分(25 g)过反相 C_{18} 柱,甲醇水溶液(50%~100%)梯度洗脱,得两个组分 Fr. D1 和 Fr. D2。Fr. D1组分再过凝胶柱色谱 Sephadex LH-20,用氯仿-甲醇(1:1)洗脱,合并相同流分后,再过硅胶柱,用氯仿-甲醇(10:1~5:1)梯度洗脱,得 2,6-二羟基-4-甲氧基异戊烯基间苯三酚。当2,6-二羟基-4-甲氧基异戊烯基间苯三酚的浓度为10000 ppm时,该化合物对二龄末甜菜夜蛾具有一定的杀虫活性,对幼虫作用48 h 的校正死亡率达到 58.26%[3]。

对上述植物茎叶中其他成分的抗菌、杀虫作用的文献调研,如表 8-1 所示。

表 8-1 植物茎叶中其他成分的抗菌、杀虫作用

序号	植物部位	活性及剂量	阳性对照	文献
1	油橄榄叶	橄榄苦苷可抑制大肠杆菌[抑菌圈直径为(20.77±0.47)mm,MIC 为 0.025 mg/mL]、金黄色葡萄球菌[抑菌圈直径为(19.23±0.44)mm,MIC 为 0.05 mg/mL]、枯草芽孢杆菌[抑菌圈直径为(11.48±0.60)mm,MIC 为 0.4 mg/mL]	无	[1]
2	薜荔茎	8,9-dihydro-8,9-dihydroxy-megastigmatrienone 和 (E,4R)-4-hydroxy-4,5,5-trimethyl-3-(3-oxobut-1-enyl) cyclohex-2-enone 可抑制大肠杆菌(MIC 为 1.25 μg/mL)	弱于环丙沙星	第4章 [68]
3	银杏叶	聚戊烯基季铵盐(GAS)对大肠杆菌和金黄色葡萄球菌的抗菌活性最高(抑菌圈直径为 19.1~19.8 mm,MIC 均为31.3 mg/L)	弱于硫酸庆大霉素	[2]
4	海南天料木茎	4-乙氧基-3-羟甲基苯酚可抑制大肠杆菌(MIC 为 1.25μg/mL)。4-乙氧基-3-羟甲基苯酚和丁香醛抑制枯草芽孢杆菌(MIC 为 1.25 μg/mL)	弱于环丙沙星	第6章 [20]

续表

序号	植物部位	活性及剂量	阳性对照	文献
5	垂枝红千层叶	2,6-二羟基-4-甲氧基异戊烯基间苯三酚对二龄末甜菜夜蛾具有一定的杀虫活性（浓度为 10000 ppm）	与鱼藤酮相当	[3]

8.2 其他成分的提取分离与抗阿尔茨海默病作用

阿尔茨海默病（Alzheimer's disease，AD）是老年人群中最常见的神经退行性疾病，其发病可能与 β 淀粉样蛋白（β-amyloid protein，$A\beta$）诱导的神经元凋亡密切相关。PC12 细胞系细胞具有神经嵴源性和神经细胞特点，经神经生长因子（nerve growth factor，NGF）诱导后可产生神经元样细胞，这是目前公认的用来制作 AD 模型的细胞之一。$A\beta$ 是一种相对分子质量为 4200 的多肽，含 39～42 个氨基酸，是许多正常细胞内的 β 淀粉样前体蛋白（β-amyloid precursor protein，APP）的裂解产物。$A\beta$ 通常以 $A\beta_{1-40}$ 和 $A\beta_{1-42}$ 两种形式存在，其中 $A\beta_{1-42}$ 更易沉积，是老年斑的主要成分。$A\beta_{25-35}$ 是 $A\beta$ 生物活性片段，25～35 位氨基酸序列呈 β 折叠是引起神经毒性的必需结构。研究表明，凝聚态 $A\beta_{25-35}$ 在体内或离体条件下皆可表现出神经细胞毒性作用，从而诱导细胞凋亡，故 $A\beta_{25-35}$ 常被广泛应用于体内外 AD 模型制备的研究[4-5]。在正常细胞中，乳氢酸脱氢酶（lactate dehydrogenase，LDH）是主要存在细胞内的胞浆酶，细胞凋亡裂解时，LDH 会释放到细胞外基质液中。因此，可以通过测定细胞培养液中 LDH 的含量来反映细胞损伤的程度[6]。机体受到伤害性刺激时，细胞内 ROS 的产生与抗氧化防御之间失去平衡，导致活性氧（reactive oxygen species，ROS）在体内蓄积，损伤细胞功能直至细胞死亡。丙二醛（malonaldehyde，MDA）是神经元脂质过氧化反应的产物，可结合蛋白质、磷脂等物质，使细胞膜的通透性增加，引起细胞膜内外离子浓度失衡，造成细胞损伤。因此，细胞培养液中 ROS、MDA 水平也可评价细胞损伤的程度。

当银杏叶聚戊烯醇浓度为 50 $\mu g/mL$、100 $\mu g/mL$、200 $\mu g/mL$、400 $\mu g/mL$ 时，与 $A\beta_{25-35}$ 处理组比较，实验组 dPC12 细胞的存活率明显升高，这提示聚戊烯醇可减轻 $A\beta_{25-35}$ 诱导的神经毒性，对 dPC12 细胞有一定的保护作用。100 $\mu g/mL$、200 $\mu g/mL$ 银杏叶聚戊烯醇试验组细胞培养液中 LDH、ROS 和 MDA 水平以及 50 $\mu g/mL$ 银杏叶聚戊烯醇试验组细胞培养液中的 ROS 水平显著降低,且呈一定的浓度依赖性[7],如表 8-2 所示。

表 8-2　植物茎叶其他成分抗阿尔茨海默病作用

序号	植物部位	活性及剂量	阳性对照	文献
1	银杏叶	银杏叶聚戊烯醇(浓度为 50~400 μg/mL)预处理 dP12 细胞后,再用 Aβ_{25-35} 诱导细胞损伤,结果与 Aβ_{25-35} 处理组相比细胞存活率明显升高。50 μg/mL 聚戊烯醇可降低细胞培养液内 ROS 水平,100~200 μg/mL 聚戊烯醇可降低细胞培养液内 LDH、ROS 和 MDA 水平。	无	[7]

8.3　其他成分的提取分离与神经保护作用

如第 3 章文献[11],从小黄皮茎枝中分离的化合物 Clauemargines M(见图 8-7)、Clauemargines N(见图 8-8)、21,23-dihydro-21-hydroxy-23-oxozapoterin(见图 8-9)、21,23-dihydro-23-hyroxy-21-oxozapoterin(见图 8-10)对谷氨酸损伤 SK-N-SH 细胞具有保护作用。10 μmol/L 浓度的 21,23-dihydro-21-hydroxy-23-oxozapoterin 对鱼藤酮损伤 PC12 细胞具有保护作用,如表 8-3 所示。

表 8-3　植物茎叶其他成分的神经保护作用

序号	植物部位	活性及剂量	阳性对照	文献
1	小黄皮茎枝	Clauemargines M、Clauemargines N、21,23-dihydro-21-hydroxy-23-oxozapoterin、21,23-dihydro-23-hyroxy-21-oxozapoterin 对谷氨酸损伤 SK-N-SH 细胞具有保护作用。21,23-dihydro-21-hydroxy-23-oxozapoterin 对鱼藤酮损伤 PC12 细胞具有保护作用(浓度为 10 μmol/L)	无	第 3 章[11]

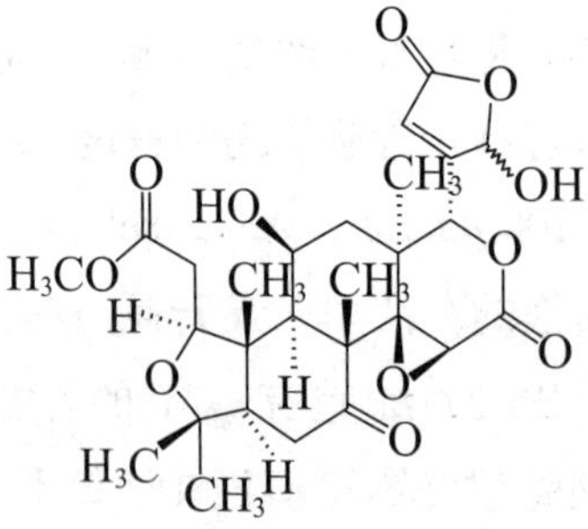

图 8-7　Clauemargines M

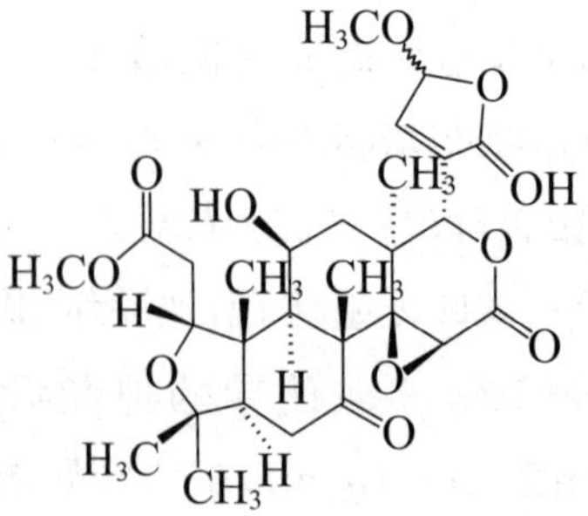

图 8-8　Clauemargines N

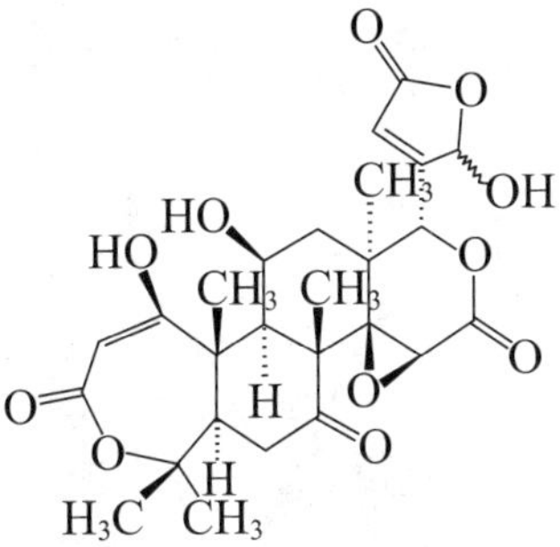

图 8-9　21, 23-dihydro-21-hydroxy-23-oxozapoterin

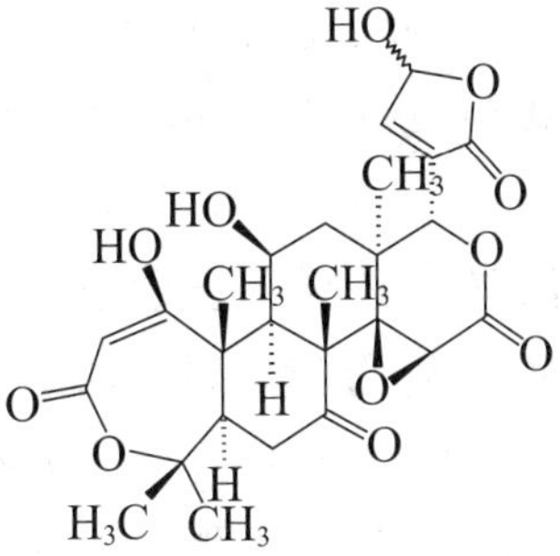

图 8-10　21, 23-dihydro-23-hyroxy-21-oxozapoterin

8.4　其他成分的提取分离与抗氧化作用

柿(*Diospyros kaki* Thunb.)叶成分的提取分离工艺如下:将 50 kg 柿叶打粗粉后,用约 2 倍量的乙醇浸泡过夜,然后分别用 10 倍量的乙醇和 50%乙醇提取,合并提取液,减压回收乙醇至密度为 1.10～1.05 g/cm³,得浸膏。浸膏用水混悬,依次用石油醚、乙酸乙酯萃取,减压回收溶剂,分别得到石油醚部位和乙酸乙酯部位。取乙酸乙酯部位 950 g 过硅胶柱,用二氯甲烷-甲醇梯度洗脱得 5 个流分 Fr. 1～Fr. 5。取流分 Fr. 2 过聚酰胺柱,用甲醇-水梯度洗脱得 Fr. 1-1～1-Fr. 4。流分 Fr. 1-1 过 ODS 中低压色谱柱,用甲醇-水梯度洗脱,分离得 6 个子流分 Fr. 1-1-1～Fr. 1-1-6。流分 Fr. 1-1-1 过硅胶柱,用二氯甲烷-甲醇(20:1、15:1)两个比例等度洗脱后经 TLC 检识得 5 个流分 Fr. 1-1-1-1～Fr. 1-1-1-5,其中流分 Fr. 1-1-1-4(113 mg) 和 Fr. 1-1-1-5 (150 mg) 分别经半制备型 HPLC(12%甲醇水溶液)分离纯化得化合物羟基酪醇、3-(4-羟基-3-甲氧苯基)-1,2-丙二醇和原儿茶酸。三者清除 DPPH 自由基和 ABTS 自由基的 IC_{50} 分别为 0.7～36.0 $\mu g/mL$ 和 3.6～6.1 $\mu g/mL$[8]。

鲁梅克斯(*Rumex patientia*)(见图 8-11)为蓼科酸模属多年生宿根草本植物,既是一种新型的高蛋白饲料,又可作为蔬菜或食品加工原料。其叶蛋白提取纯化及抗氧化肽制备工艺如下:取叶簇期新鲜鲁梅克斯(学名巴天酸模,又称洋铁叶子,俗称高直菠菜)叶片 100 g,洗净切段,按 1:5 的比例加入 0.4% NaCl 溶液,搅碎制成匀浆;将匀浆用 40 kHz 超声波处理 30 min,促进叶蛋白溶解,再用 4 层 200 目滤布过滤除去残渣;将滤液 pH 调为 10,60 ℃水浴处理 30 min,使叶蛋白充分絮凝沉淀;离心 10 min(5000 r/min),弃去上清液,将沉淀置于 60 ℃恒温干燥箱中烘干。配制 2 份 50 mL 0.6 mg/mL 叶蛋白,90 ℃水浴处理10 min,25 ℃ 40 kHz 超声 30 min,以促进叶蛋白溶解,用透析袋透析脱盐 24 h,将叶蛋白按酶/底物为 5000 U/g 的比例分别加入胰蛋白酶和胃蛋白酶,37 ℃水浴处理 2 h。胰蛋白酶处理的叶蛋白溶液 pH 为 8.0,胃蛋白酶处理的叶蛋白溶液 pH 为 1.8。2 h 后,离心(3000 r/min)5 min,取上清液,将其置于 60 ℃恒温干燥箱中,制成

图 8-11 鲁梅克斯

抗氧化肽粉末。当肽浓度分别为 0.5 mg/mL、1 mg/mL、8 mg/mL、0.2 mg/mL 时,胰蛋白酶酶解肽的还原力、对 DPPH 自由基的清除率、对羟自由基的清除率和对 Fe^{2+} 的螯合能力显著高于胃蛋白酶酶解肽;当肽浓度为 80 mg/mL 时,胃蛋白酶酶解肽对超氧阴离子自由基的抑制率则显著高于胰蛋白酶酶解肽。鲁梅克斯叶蛋白酶解物具有一定的抗氧化效果,鲁梅克斯叶蛋白进入体内经消化酶解后可有效清除人体内的自由基,减少自由基带来的氧化损伤[9]。

对上述植物茎叶其他成分的抗氧化作用的文献调研,如表 8-4 所示。

表 8-4 植物茎叶其他成分的抗氧化作用

序号	植物部位	活性及剂量	阳性对照	文献
1	柿叶	羟基酪醇、3-(4-羟基-3-甲氧苯基)-1,2-丙二醇、原儿茶酸可清除 DPPH 自由基(IC_{50} 为 0.7~36.0 μg/mL)和 ABTS 自由基(IC_{50} 为 3.6~6.1 μg/mL)	无	[8]
2	鲁梅克斯叶	胰蛋白酶酶解肽的还原力、对 DPPH 自由基的清除率、对羟自由基的清除率和对 Fe^{2+} 的螯合能力显著高于胃蛋白酶酶解肽(浓度分别为 0.5 mg/mL、1 mg/mL、8 mg/mL、0.2 mg/mL);胃蛋白酶酶解肽对超氧阴离子自由基的抑制率则显著高于胰蛋白酶酶解肽(浓度为 80 mg/mL)	无	[9]

8.5　其他成分的提取分离与抗肿瘤作用

柔毛鸦胆子(*Brucea mollis*)是苦木科鸦胆子属植物,又名大果鸦胆子、

毛鸦胆子。其茎化学成分的提取分离工艺如下：取 6.5 kg 干燥茎粉碎，用 95％乙醇回流提取 3 次，每次 2 h。将提取液减压浓缩成浸膏后悬浮于水中，依次用石油醚、乙酸乙酯和正丁醇萃取，分别得 60 g、82 g、102 g 萃取物。正丁醇部位萃取物过 Diaion HP-20 柱色谱，分别用水、30％乙醇、50％乙醇、95％乙醇洗脱，得 4 个组分（Fr. A～Fr. D）。Fr. B 先经 Sephadex LH-20 柱色谱（甲醇洗脱）分离纯化，得 3 个流分 Fr. B1～Fr. B3。Fr. B3 经制备液相色谱（15％乙腈，5 mL/min）分离，得苦木素类成分 Indaquassin X（3 mg，t_R = 41 min）（见图 8-12）。Indaquassin X 对人结肠癌细胞 HT-29、人肝癌细胞 HepG2、人胃癌细胞 BGC-823 和人卵巢癌细胞 SKOV3 具有显著的细胞毒活性，其 IC_{50} 分别为 2.25 μmol/L、3.97 μmol/L、3.63 μmol/L、0.84 μmol/L[10]。

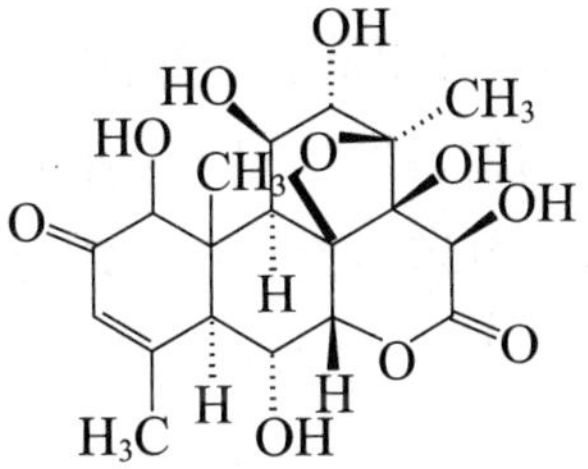

图 8-12 Indaquassin X

钝叶瓦松[*Orostachys malacophylla* (Pall.) Fisch.]（见图 8-13）是景天科瓦松属二年生肉质草本植物。其茎成分的提取分离工艺如下：取干燥茎约 2 kg，粉碎，在室温条件下用甲醇浸泡，超声提取 3 次，每次 30 min。滤过，收集提取液，合并 3 次提取液，浓缩干燥得提取物 56.2 g。然后，将提取物悬于水中，用乙酸乙酯进行萃取，萃取液经浓缩得到乙酸乙酯萃取物 22.3 g。将乙酸乙酯萃取物经硅胶柱色谱分离，用石油醚-乙酸乙酯-甲醇混合溶剂梯度洗脱[100％石油醚、石油醚-醋酸乙酯（1∶10～1∶3）、石油醚-醋酸乙酯-甲醇 10∶3∶1]，经 TLC 检测，合并得到的组分，经硅胶柱色谱反复进行分离纯化，得瓦松酚酸（见图 8-14）。其对宫颈癌 HeLa 细胞的细胞毒活性的 IC_{50} 值为 111.5 μmol/L[11]。

图 8-13 钝叶瓦松 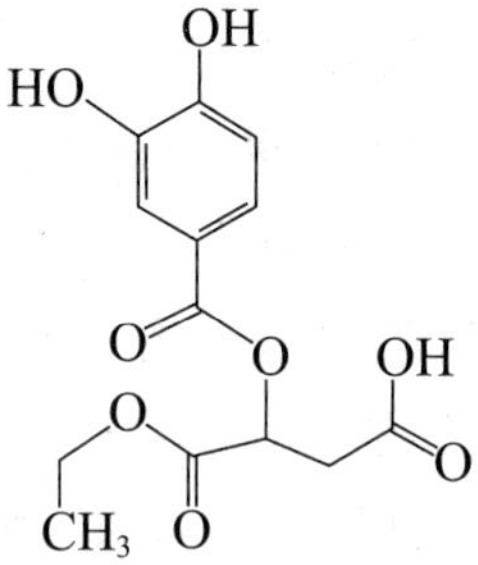   图 8-14 瓦松酚酸

肉桂（*Cinnamon tamala*）叶化学成分的提取工艺如下：将叶干燥、粉碎，然后加入甲醇浸渍提取 1 周。将甲醇提取物溶于水，依次用正己烷、氯仿、正丁醇萃取。正己烷萃取物过柱洗脱（正己烷：氯仿为 1∶1），得乙酸龙脑酯（见图 8-15），洗脱液用制备薄层色谱分离（正己烷：氯仿为 40∶60），得到石竹素（见图 8-16）。乙酸龙脑酯、石竹素对人卵巢癌细胞株 A-2780 有明显的抑制作用，抑制率分别为 $(90.16\% \pm 1.06)$、$(84.40 \pm 1.53)\%$，IC_{50} 值分别为 $53.0\ \mu g/mL$、$8.94\ \mu g/mL$[12]。

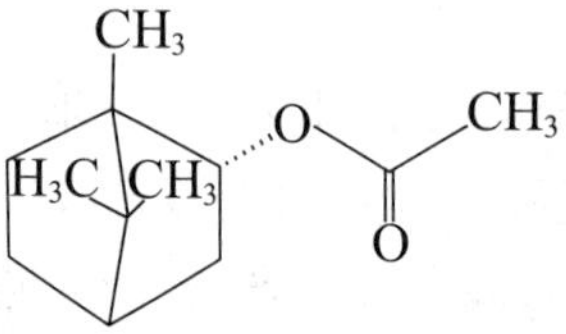

图 8-15 乙酸龙脑酯 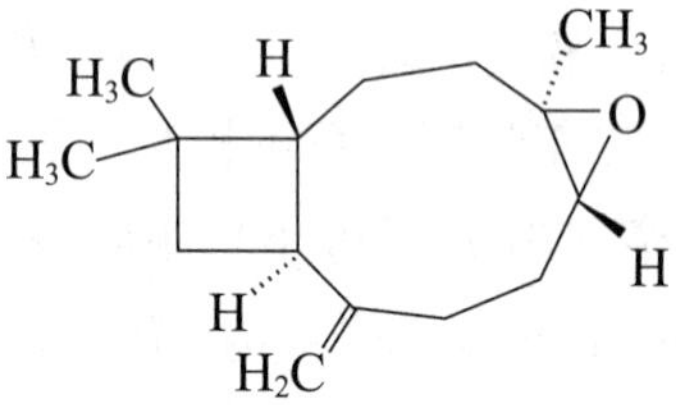   图 8-16 石竹素

对上述植物茎叶其他成分的抗肿瘤作用的文献调研，如表 8-5 所示。

表 8-5 植物茎叶其他成分的抗肿瘤作用

序号	植物部位	活性及剂量	阳性对照	文献
1	柔毛鸦胆子茎	Indaquassin X 抑制人源肿瘤细胞 HT-29、HepG2、BGC-823 和 SKOV3（IC_{50} 为 $0.84 \sim 3.97\ \mu mol/L$）	无	[10]
2	钝叶瓦松茎	瓦松酚酸对宫颈癌 HeLa 细胞有细胞毒活性（IC_{50} 为 $111.5\ \mu mol/L$）	未知	[11]

续表

序号	植物部位	活性及剂量	阳性对照	文献
3	肉桂叶	乙酸龙脑酯(IC_{50}为53.0 μg/mL)、石竹素(IC_{50}为8.94 μg/mL)可抑制人卵巢癌细胞株A-2780生长,抑制率分别为$(90.16±1.06)\%$、$(84.40±1.53)\%$	无	[12]

参考文献

[1]吴遵秋,姜友军,苏光灿,等. 油橄榄叶中橄榄苦苷的体外抗氧化和抑菌活性[J]. 食品科学,2014,35(21):94-99.

[2]陶冉,王成章,叶建中,等. 银杏叶聚戊烯醇含氮和含卤素衍生物的抑菌活性研究[J]. 林产化学与工业,2016,36(6):29-34.

[3]黎灿,谭海波,邱声祥,等. 垂枝红千层叶化学成分的研究[J]. 天然产物研究与开发,2017,29:954-958.

[4]D'Ursi AM,Armenante MR,Guerrini R,et al. Solution structure of amyloid β-peptide(25-35) in different media [J]. Journal of medical Chemistry,2004,47(17):4231-4238.

[5]Giunta S,Galeazzi R,Valli MB,et al. Transferrin neutralization of amyloid $β_{25-35}$ cytotoxicity[J]. Clinica Chimica Acta,2004,350(1):129-136.

[6]苏如维,林旭文,庄晓峰. 黄芩素对过氧化氢致PC12细胞损伤的保护作用研究[J]. 中国药房,2008,19(15):1141-1143.

[7]陈卫卫,梁迪,赵其秀,等. 银杏叶聚戊烯醇对$Aβ_{25-35}$诱导dPC12细胞损伤的保护作用研究[J]. 中国药房,2017,28(7):881-884.

[8]乔金为,黄顺旺,宋少江,等. 柿叶化学成分研究[J]. 中药材,2016,39(11):2513-2517.

[9]李延琪,徐永清,苗宇,等. 鲁梅克斯叶蛋白的抗氧化肽活性及功能性质研究[J]. 食品工业科技,2017,38(2):104-110.

[10]陈辉,柏健,方振峰,等. 柔毛鸦胆子茎的化学成分及其肿瘤细胞毒活性研究[J]. 中国中药杂志,2013,38(14):2321-2324.

[11]尹秀梅,金春梅,王思宏. 长白山地区钝叶瓦松茎提取物的成分及活性研究[J]. 中草药,2017,48(5):859-862.

[12] Durre Shahwar, Sami Ullah, Mohammad Akmal Khan, et al. Anticancer activity of *Cinnamon tamala* leaf constituents towards human ovarian cancer cells [J]. Pakistan Journal of Pharmaceutical Sciences,2015, 28 (3):969—972.

第 9 章
植物茎叶提取物的提取分离及活性研究

9.1 提取物的提取分离与抗氧化作用

桑叶为桑科植物桑（*Morus alba* L.）的干燥叶。其叶成分的提取工艺如下：取江西永新"强桑 1 号"桑叶粉 0.5 g，置于 50 mL 离心管中，加入 70% 乙醇 30 mL，300 W 超声提取 2 次，每次 30 min，合并提取液，用 70% 乙醇定容至 100 mL，4 ℃ 保存，抽滤。江西永新"强桑 1 号"桑叶提取物对 DPPH 自由基（69.6 μmol TE/g DW）的清除能力和铁离子还原能力（FRAP）能力最强（120.74 μmol AAE/g DW），有一定的 ABTS 自由基清除能力[1]。

三叶木通［Akebia trifoliate（Thunb）Koidz.］（见图 9-1）又称八月炸、八月瓜等，为木通科木通属落叶藤本植物。其总黄酮和多酚的提取工艺如下：取约 1 g 样品粉末，加入 70% 甲醇 50 mL，用 60 ℃ 热水浸泡

图 9-1 三叶木通

45 min,超声处理 45 min,抽滤,得总黄酮和多酚。三叶木通各部位提取物中清除 DPPH 自由基、ABTS 自由基能力最强的部位是藤茎部位,DPPA 自由基清除能力(DPPA)、ABTS 自由基清除能力(ABTS)分别为 380.860 μmol Trolox/g、337.181 μmol Trolox/g。FRAP 法测得抗氧化活性大小的顺序为藤茎>叶片,藤茎的抗氧化活性最强(387.406 μmol Trolox/g)[2]。

窄叶鲜卑花[*Sibiraea angustata* (Rehd.)Hand. Mazz.](见图 9-2)为蔷薇科鲜卑花属植物。其叶提取物的提取工艺如下:叶经低温干燥后粉碎,过 60 目筛,按料液比 1:62.2(m/V)加入 63.7% 乙醇,浸泡 60 min,250 W 超声提取 67.2 min,抽滤,即得。叶提取物清除 DPPH 自由基的 IC_{50} 值为 0.469 mg/mL。0.80 mg/mL 窄叶鲜卑花叶提取物对

图 9-2 窄叶鲜卑花

DPPH 自由基的清除能力与 0.02 mg/mL VC 相当,清除率为 82.0%[3]。

胡桃楸(*Juglans mandshurica* Maxim.)(见图 9-3)又名胡桃楸、楸子、山核桃,为胡桃科胡桃属落叶乔木。其叶提取物提取工艺如下:取烘干并粉碎的胡桃楸叶片,按料液比 1:20 加入 60% 乙醇,30 ℃超声提取 40 min,过滤,得到总黄酮和多酚混合物。7 月采摘的胡桃楸的叶提取物对 DPPH 自由基的清除作用最强,IC_{50} 值为 0.21±0.01 mg/mL,是 VC 清除自由基作用的 58%。5 月采摘的胡桃楸的茎皮提取物对 DPPH 自由基的清除作用最强,IC_{50} 值为 0.12 mg/mL[4]。

图 9-3 胡桃楸

雪莲(*Smallanthus sonchifolius*)(见图 9-4)为菊科向日葵属多年生草本植物,又称雪莲薯、亚龙果、亚贡。其叶提取物的提取分离工艺如下:取干燥叶 200 g,捣碎后,按料液比 1:15(m/V)加入 70% 乙醇 3 L,浸泡后回流提取 3 次,每次 2 h,过滤后合并提取液,取 1/4 提取液减压浓缩至干,得粗提物 25.85 g;另外 3/4 提取液减压浓缩至无醇味,依次用石油醚、乙酸乙酯、正丁

醇按照1∶1的比例进行萃取,各萃取3次,合并萃取液,将各萃取液分别浓缩至浸膏状,分别得石油醚萃取物5.48 g、乙酸乙酯萃取物2.58 g、正丁醇萃取物3.93 g,水留层部位14.47 g。其中,乙酸乙酯萃取物对自由基清除活性最强,清除DPPH自由基、ABTS自由基及羟自由基的SC_{50}值分别为(37.96 ± 0.43) $\mu g/mL$、(29.46 ± 1.05) $\mu g/mL$、$(1.67\pm0.03)\mu g/mL$,活性高于人工合成抗氧化试剂2,6二叔丁基-4-甲基苯酚(butylated hydroxytoluene,BHT)[5]。

图9-4 雪 莲

迷果芹(*Sphallerocarpus gracilis*)(见图9-5)是伞形科迷果芹属多年生草本。其茎叶多酚的提取工艺如下:取1 g粗粉,按料液比1∶35(m/V)加入75%乙醇,在超声功率200 W、超声频率80 Hz和提取温度70 ℃条件下超声提取30 min。在0.1~0.6 mg/mL质量浓度范围内,迷果芹茎叶多酚对羟自由基、DPPH自由基的清除率略高于BHT[6]。

图9-5 迷果芹

辣木(*Moringa Oleifera* Lam.)叶多酚的提取工艺如下:取辣木叶粉样品2 g,按料液比1∶30(m/V)加入蒸馏水,常温浸泡30 min后,在超声功率250 W、温度20.2 ℃条件下超声提取19.5 min,得到多酚提取物。辣木叶多酚具有一定的清除DPPH自由基、超氧阴离子自由基能力,EC_{50}值分别为159.75 $\mu g/mL$、79.05 $\mu g/mL$。当多酚质量浓度为4000 $\mu g/mL$时,辣木叶多酚还原力达到同等质量浓度VC还原力的81.25%[7]。

大叶白麻[*Poacynum hendersonii*(Hook. f.)Woods.](见图9-6)又称大花罗布麻、罗布白麻、野麻,是夹竹桃科白麻属直立半灌木。其茎多酚的提取工艺如下:取大叶白麻茎3 g,按料液比1∶17加入乙酸乙酯,410 W超声提取60 min,过滤,滤液经过浓缩处理后,加入溶液体积1/4的乙酸乙酯,合并有机相,浓缩,冷冻干燥得粗多酚固体,将粗多酚固体充分溶解后,用氯仿萃取出其中的植物碱,再用乙酸乙酯萃取出水相中的多酚,减压蒸馏、真空干燥得大叶白麻茎多酚固体。大叶白麻茎多酚清除羟自由基、超氧阴离子自由基、DPPH自由基的IC_{50}分别为35.5 mg/L、35.0 mg/L、18.0 mg/L。当大叶白麻茎多酚浓度为10～110 mg/L时,还原力强于VC和茶多酚[8]。

图9-6 大叶白麻

香椿[*Toona sinensis*(A. Juss.) Roem.]为楝科香椿属落叶乔木。其叶提取物的提取工艺如下:取香椿叶10.0 g,按料液比1:25(m/V)加入50%乙醇,360 W超声辅助提取30 min,过滤,滤渣再提取1次,合并2次滤液,45℃减压浓缩,得深红色浆状物(香椿叶提取物)。提取物清除DPPH自由基、羟自由基的IC_{50}分别为34.87 μg/mL、16.07 μg/mL[9]。

香椿叶醇提取物的提取工艺如下:新鲜叶片晾晒至可捏碎,每10 g叶粉末加入250 mL 60%乙醇,60℃超声波辅助提取1 h,过滤,滤渣在相同的条件下再提取1次,合并2次乙醇提取液,减压蒸发浓缩,干燥得到醇粗提取物。对羽化10 h内未交配的雌雄果蝇饲喂不同质量分数(0、10.1%、1%、10%)的香椿叶醇提取物,可使其体内蛋白质含量和SOD活性提高,MDA含量降低[10]。

乌饭树(*Vaccinium bracteatum* Thunb.)(见图9-7)是杜鹃花科越橘属植物,又名南烛,古称染菽,别名米饭花、沙莲子、牛筋、零丁子等。其叶提取物的提取工艺如下:取4 g剪碎的鲜叶或干叶,加入相应的提取溶剂(水或乙醇)60 mL,回流提取2 h,得4种不同的提取物。在鲜叶水提取物浓度为3.96～253.60 μg/mL的条件下,鲜叶水提取物

图9-7 乌饭树

对DPPH自由基、ABTS自由基的清除作用较干叶水提取物和乙醇提取物作用强[11]。

铁核桃(*Juglans sigillata*)是胡桃科胡桃属植物。其叶多酚的提取工艺如下:新鲜叶片 0.5 g,加入 50%甲醇 10 mL,研磨制备成匀浆液,于50 ℃、40 kHz条件下超声波辅助提取 40 min,提取 2 次,合并提取液;提取液经 8000 r/min 离心 10 min,过滤收集滤液,减压浓缩至膏状,用50%甲醇定容至 5 mL,即为多酚提取液。铁核桃叶(8、9 月叶片)多酚提取液对 DPPH 自由基(IC_{50}为 0.8~1.2 mg/mL)、ABTS 自由基(IC_{50}为 0.3~0.6 mg/mL)的清除作用和 FRAP 还原能力(0.30~0.40 mmol/g FW)较强[12]。

阿尔茨海默病是以进行性认知功能障碍和行为损害为主的中枢神经退行性疾病,其主要病理特征是 β 淀粉样蛋白(Aβ) 沉积。淀粉样前体蛋白(APP)可以被 α-分泌酶、β-分泌酶和 γ-分泌酶降解,但是 APP 基因突变使 APP 蛋白更易于被 β-分泌酶、γ-分泌酶降解,从而产生更多的 Aβ。Aβ 既是氧化应激的诱因,又是结果,这种具有高度氧化还原活性的肽,能产生大量的活性氧(ROS),ROS 会引起细胞膜损伤,并最终导致细胞死亡。核因子 E2 相关因子 2(Nrf2)/血红素加氧酶 1(Heme oxygenase-1,HO-1)被认为是机体内最重要的内源性抗氧化信号通路[13]。在氧化应激情况下,Nrf2 由细胞质转移至细胞核内,与抗氧化反应元件结合[14],参与下游Ⅱ相代谢酶基因的转录,其中就包含血红素加氧酶-1(HO-1)[15]。HO-1 具有抗氧化损伤和保护神经元的作用[16],在 AD 患者脑内含量明显升高,并与神经元纤维缠结共同存在。HO-1 表达增加并不促进 Aβ 的生成[17]。20E2 细胞株是携带瑞典突变 APP 基因的 HEK293 细胞,相比正常神经细胞可产生更多的 $Aβ_{1-40}$ 和 $Aβ_{1-42}$,可用作 AD 的转基因细胞模型。

柿叶提取物的提取工艺如下:柿叶经乙醇回流提取,水沉淀除杂后用正丁醇萃取,回收正丁醇,干燥得到柿叶提取物[主要成分为原儿茶酸(6.26%)、芦丁(7.80%)、金丝桃苷(10.70%)、山奈酚-3-O-β-D-吡喃葡萄糖苷(3.27%)、山奈酚-3-O-β-D-吡喃半乳糖苷(9.55%)、杨梅素(1.06%)、槲皮素(10.2%)、柚皮素(0.18%)和山奈酚(4.3%)]。当柿叶提取物浓度为 3 μg/mL 时,柿叶提取物使 AD 模型 HEK293-APPswe(20E2)的 ROS 表达减少、细胞外 $Aβ_{1-42}$ 浓度降低、细胞核内 Nrf2 表达增多、HO-1 蛋白含量增加。作用机制可能是通过激活 Nrf2/HO-1 信号途径,促进 Nrf2 合成和核转位,从而促进下游抗氧化蛋白 HO-1 的表达[18]。

山楂(*Crataegus pinnatifida* Bge.)叶粗多酚的酶法提取工艺如下:将

采摘的叶放置于鼓风干燥箱中,60 ℃干燥 24 h,粉碎,过 50 目筛。将叶粉置于烧杯中,按料液比为 1∶5(m/V)加入石油醚,置于磁力搅拌器上,室温搅拌 24 h 脱脂脱蜡,静置分层,旋转蒸发回收上层石油醚,下层再加入适量石油醚,重复以上操作。向预处理的山楂叶粉中加入 0.20 mg/mL 复合酶(纤维素酶和果胶酶的质量比为 1∶1),在 pH 5.0、酶解温度 50 ℃条件下酶解 120 min,过滤,收集滤液。在滤渣中加入 70%乙醇 40 mL,50 ℃浸提 2 h,抽滤,合并提取液,减压蒸馏回收溶剂。山楂叶粗多酚具有较好的总还原能力,其清除 DPPH 自由基的 IC_{50} 值为 1.02 μg/mL,螯合 Fe^{2+} 的 IC_{50} 值为 55.62 μg/mL,清除羟自由基的 IC_{50} 值为 11.23 μg/mL[19]。

沙棘(*Hippophae rhamnoides* L.)叶多酚的提取纯化工艺如下:取过 20 目筛的叶粉,置于具塞锥形瓶中,按料液比 1∶8 加入乙醇,60~70 ℃超声提取 30 min,得沙棘叶多酚粗提物,将粗提物置于旋转蒸发仪上浓缩,除去大量溶剂后置于冻干机上冷冻干燥,得提取物 A。取提取物 A,用温水溶解,慢慢倒入层析柱内,流速为 1.5 mL/min。用蒸馏水洗脱,再依次使用 50%~90%乙醇洗脱,收集洗脱液,置于旋转蒸发仪上脱去大部分乙醇,冷冻干燥,得多酚提取物除杂后的提取物 B。提取物 A、提取物 B 清除 DPPH 自由基的 IC_{50} 值分别为 20.19 μg/mL、8.60 μg/mL,总抗氧化能力分别为 6.09 mg VC/g、9.78 mg VC/g[20]。

忍冬(*Lonicera japonica* Thunb.)茎叶醇提取物的提取工艺如下:取茎叶粗粉 5 kg,用重蒸工业乙醇浸提 4 次,每次 1 天,浸提温度为 50 ℃,过滤,滤液减压浓缩得浸膏 514 g;将醇提浸膏过大孔吸附树脂柱,依次用 4~6 个柱体积的水、20%乙醇、40%乙醇、60%乙醇、80%乙醇、无水乙醇洗脱得到 6 个流分的洗脱液,分别减压浓缩得到各部分浸膏。其中,忍冬叶 40%乙醇洗脱部分清除 DPPH 自由基、超氧阴离子自由基的 IC_{50} 值分别为 44.2 μg/mL、138.9 μg/mL,忍冬叶 20%乙醇洗脱部分清除羟自由基的 IC_{50} 值为 54.0 μg/mL。20%乙醇和 40%乙醇洗脱部分经分离得到 β-谷甾醇、阿魏酸、咖啡酸、绿原酸、槲皮素和 5,4′-二羟基-7-甲氧基异黄酮等单一化合物[21]。

人心果[*Manilkara zapota* (Linn.) van Royen](见图 9-8)是山榄科铁线子属常绿乔木,果实成熟后呈灰色或锈褐色,果肉为黄褐色,因果实长得像人的心脏,得名"人心果"。其叶提取物的提取工艺如下:取叶片干粉 2 g,按液料比 1∶30 加入 50%乙醇,超声提取 40 min,提取完毕后过滤,用旋转蒸发仪蒸发溶剂至干,得粗提物。当精提取浓度为 0.01~0.7 mg/mL 时,粗提物清除 DPPH 自由基的 IC_{50} 值为 0.094 mg/mL,略高于 VC(0.081 mg/mL);当粗提物浓度为 1.2~1.4 mg/mL 时,粗提物清除 ABTS 自由基的能力强于 VE。粗提物的 FRAP 总抗氧化能力为 0.766 mmol/L $FeSO_4$[22]。

图 9-8 人心果

人参(*Panax ginseng* C. A. Mey.)叶提取物的提取工艺如下:叶按料液比为 1:10 加入 50% 乙醇,提取 3 次,每次提取时间为 20 min,过滤,合并滤液。利用乙醇损伤氧化小鼠模型,连续灌胃 30 d,高剂量组(2.5 g/kg)人参叶提取物可显著降低模型小鼠血浆中的 MDA、脂质氧化产物蛋白质羰基(Prot)含量,增加 GSH 含量[23]。

青钱柳[*Cyclocarya paliurus*(Batal.)Iljinskaya]叶香豆素、黄酮的提取工艺如下:叶粉用 65% 甲醇浸泡 24 h,在温度 45~55 ℃,频率 $85×10^3$~$100×10^3$ Hz 条件下,超声波浸提 2 次,合并滤液,用旋转蒸发仪浓缩,得浸膏(含黄酮和香豆素)。浸膏清除羟自由基的 IC_{50} 为 194.4 μg/mL[24]。

芹菜(*Apium graveolens* L.)为伞形科芹属植物。其叶芹菜素的提取工艺如下:叶粉碎过 40 目筛,以料液比 1:45(*m/V*)加入 90% 乙醇,80 ℃ 回流提取 150 min,抽滤,得提取液。提取液的抗氧化性强弱与芹菜素的含量高低有相关性。当提取液中芹菜素含量为 0.027 mg/mL 时,提取液对 DPPH 自由基的清除率为 48.78%;当芹菜素含量为 0.3125 mg/mL 时,提取液对羟自由基的清除率为 38.04%;当芹菜素含量为 0.463 mg/mL 时,提取液对超氧阴离子自由基的清除率为 56.65%[25]。

啤酒花(*Humulus lupulus* Linn.)(见图 9-9)又叫麦酒、忽布、蛇麻花、酵母

图 9-9 啤酒花

花、酒花,为大麻科葎草属多年生雌雄异株草本蔓生植物。其茎多酚的提取工艺如下:取茎粉 1 g,按料液比 1:12 加入 60% 丙酮超声提取 20 min,提取 4

次,过滤,合并提取液。啤酒花茎多酚对 DPPH 自由基的最大清除率为 90.70%,SC_{50} 为 22.81 μg/mL,接近 VC(SC_{50} 为 17.80 μg/mL)[26]。

龙利叶为大戟科植物龙脷叶(*Sauropus spatulifolius* Beille)的干燥叶。其叶提取物的提取工艺如下:取叶干燥粉末 50 g,加入 10 倍量 75%乙醇室温浸泡 1 h,再加热回流提取 2 h,抽滤,滤液用旋转蒸发仪除去溶剂,烘干制成浸膏。乙醇提取物清除 DPPH 自由基的 IC_{50} 为 0.349 mg/mL,且对 Fe^{3+} 有较强的还原能力[27]。

兔眼蓝莓(*Vaccinium asheireade*)(见图 9-10)是杜鹃花科越橘亚科越橘属多年生落叶或常绿灌木。其叶多酚的提取工艺如下:将冷藏的兔眼蓝莓置于液氮中磨碎,加入 70%乙醇,室温震荡提取 24 h,离心 30 min(5000 r/min),低温蒸干乙醇,使用 HPD-400 大孔树脂纯化,流出液浓缩后冻干。兔眼蓝莓叶多酚提取物清除 ABTS 自由基的 IC_{50} 值为

图 9-10 兔眼蓝莓

90.33 μg/mL,效果明显低于芦丁(IC_{50} 为 270.00 μg/mL);清除 DPPH 自由基的 IC_{50} 值为 7.37 μg/mL,低于芦丁(IC_{50} 为 15.84 μg/mL);清除羟自由基的 IC_{50} 值为 32.06 μg/mL,高于芦丁(IC_{50} 为 4.75 μg/mL);还原力的 IC_{50} 值为 78.35 μg/mL,高于芦丁(IC_{50} 为 131.47 μg/mL);清除亚硝酸盐的 IC_{50} 值为 127.77 μg/mL,高于芦丁(IC_{50} 为 7374.79 μg/mL);FRAP 值为 7.71 mmol $FeSO_4$/g,高于芦丁(5.89 mmol $FeSO_4$/g);清除氧化自由基能力(ORAC 值)为 11063.45 μmol Trolox/g,高于芦丁(1244.53 μmol Trolox/g)[28]。

簕菜(见图 9-11)学名为白簕[*Acanthopanax trifoliatus*(Linn.)Merr.],为五加科攀援状灌木植物。其茎、叶提取物的提取工艺如下:将新鲜茎、叶干燥粉碎,取 100 g 加入乙醇(料液比 1∶10,m/V),煮沸 2 h,过滤,醇提取物真空干燥后重溶解于蒸馏水中,按 1∶1 的体积比加入石油醚,上下混合 10 次,静置 1 h 后,收集石油醚层。以上萃取过程共进行 3 次,将收集到的石油醚层真空干燥,得石油醚提取物。其后按同样萃取方法依次用乙酸乙酯和正丁醇萃取,真空干燥,分别得到乙酸乙酯提取物、正丁醇提取物。茎(叶)提取物清除 DPPH 自由基、ABTS 自由基、FRAP 值和 ORAC 值分别为 0.78(1.84)μmol

TE/mg AT、0.61(0.96)μmol TE/mg AT、0.59(1.79)μmol TE/mg AT、2.00(4.04)μmol TE/mg AT。茎的乙酸乙酯(正丁醇)提取物清除 DPPH 自由基、ABTS 自由基、FRAP 值和 ORAC 值分别为 1.28(0.57)μmol TE/mg AT、1.22(0.65)μmol TE/mg AT、1.62(1.20)μmol TE/mg AT、5.37(5.30)μmol TE/mg AT[29]。

图 9-11 箣菜

兔眼蓝莓叶总酚的提取工艺如下:将新鲜叶置于 55 ℃干燥箱中干燥,粉碎过 20 目筛得叶粉末,分别取叶粉末 6 份,按料液比 1∶40(m/V)加入不同提取溶剂(蒸馏水、甲醇、乙醇、乙酸乙酯、氯仿、石油醚),加热回流提取 3 次,每次 2 h;抽滤后得不同溶剂提取液,在旋转蒸发仪上减压浓缩至近干时,用少量溶剂溶解并转移到蒸发皿中,经冷冻干燥得蓝莓叶不同溶剂提取物。其中,水提取物具有较强的抗氧化活性,其清除 DPPH 自由基和 ABTS 自由基的 EC_{50} 分别为(12.78±0.10)μg/mL、(6.35±0.03)μg/mL,抑制 β-胡萝卜素淬灭的 IC_{50} 值为(25.33±0.02)μg/mL[30]。

辣木(*Moringga oleifera* Lam.)叶醇提取物的提取工艺如下:取 1.0 g 叶粉,按料液比 1∶30 加入 60%乙醇,90 ℃回流提取 1.5 h,趁热减压抽滤得乙醇粗提物。粗提物对 DPPH 自由基、ABTS 自由基和羟自由基具有较好的清除效果,其 EC_{50} 值分别为 86 μg/mL、31 μg/mL、140 μg/mL,对 DPPH 自由基、ABTS 自由基和羟自由基的清除率分别达到相同质量浓度 BHT 的 98.26%(粗提物浓度为 0.2 mg/mL)、99.04%(粗提物浓度为 0.1 mg/mL)和 96.63%(粗提物浓度为 0.4 mg/mL)[31]。

对上述植物茎叶提取物的抗氧化作用的文献调研,如表 9-1 所示。

表 9-1 植物茎叶提取物的抗氧化作用

序号	植物部位	活性及剂量	阳性对照	文献
1	桑叶	70%乙醇提取物具有清除 DPPH 自由基、ABTS 自由基能力和 FRAP 能力	无	[1]

续表

序号	植物部位	活性及剂量	阳性对照	文献
2	三叶木通藤茎	70%甲醇提取物具有清除DPPH自由基、ABTS自由基能力和FRAP能力	无	[2]
3	窄叶鲜卑花叶	63.7%乙醇提取物可清除DPPH自由基（IC_{50}值为0.469 mg/mL）	与0.02 mg/mL VC相当（浓度为0.80 mg/mL）	[3]
4	胡桃楸叶	7月采摘叶的60%乙醇提取物可清除DPPH自由基（IC_{50}为0.21 mg/mL），5月采摘茎皮的60%乙醇提取物可清除DPPH自由基（IC_{50}为0.12 mg/mL）	茎皮60%乙醇提取物弱于VC	[4]
5	雪莲叶	乙酸乙酯萃取物可清除DPPH自由基、ABTS自由基及羟自由基[SC_{50}值分别为(37.96±0.43)μg/mL、(29.46±1.05)μg/mL、(1.67±0.03 μg/mL)]	强于BHT	[5]
6	迷果芹茎叶	75%乙醇提取物可清除DPPH自由基（浓度为0.1~0.6 mg/mL）	略强于BHT	[6]
7	辣木叶	水提取物可清除DPPH自由基、超氧阴离子自由基（EC_{50}为159.75 μg/mL、79.05 μg/mL），还原力达到同等质量浓度VC还原力的81.25%（多酚质量浓度为4000 μg/mL）	接近VC	[7]
8	大叶白麻茎	茎多酚可清除羟自由基（IC_{50}为35.5 mg/L）、超氧阴离子自由基（IC_{50}为35.0 mg/L）、DPPH自由基（IC_{50}为18.0 mg/L），有较强还原力（浓度为10~110 mg/L）	强于VC和茶多酚	[8]
9	香椿叶	香椿叶提取物可清除DPPH自由基、羟自由基（IC_{50}为34.87 μg/mL、16.07 μg/mL）	弱于BHT（清除DPPH自由基）；强于BHT（清除羟自由基）	[9]
9	香椿叶	香椿叶醇提取物可提高雌雄果蝇体内蛋白质含量和SOD活性，降低MDA含量（提取物的含量分数为0.1%、1%、10%）	无	[10]
10	乌饭树叶	鲜叶水提取物对DPPH自由基、ABTS自由基的清除作用较干叶水提取物、乙醇提取物作用强（浓度为7.93~253.60 μg/mL）	无	[11]

续表

序号	植物部位	活性及剂量	阳性对照	文献
11	铁核桃叶	叶多酚提取液(8、9月叶片)对DPPH自由基(IC_{50}为0.8~1.2 mg/mL)、ABTS自由基(IC_{50}为0.3~0.6 mg/mL)的清除作用和FRAP还原能力(0.30~0.40 mmol/g FW)较强	无	[12]
12	柿叶	提取物可使AD模型HEK293-APPswe(20E2)的ROS表达减少、细胞外$A\beta_{1-42}$浓度降低、细胞核内Nrf2表达增多、HO-1蛋白含量增加(浓度为3 μg/mL)	无	[18]
13	山楂叶	纤维素酶和果胶酶酶解后,70%乙醇提取物可清除DPPH自由基(IC_{50}为1.02 μg/mL)、羟自由基(IC_{50}为11.23 μg/mL),同时具有螯合Fe^{2+}的能力(IC_{50}为55.62 μg/mL)	无	[19]
14	沙棘叶	醇提取物A(IC_{50}为20.19 μg/mL)、醇提取物B(IC_{50}为8.60 μg/mL)可清除DPPH自由基,总抗氧化能力分别为6.09 mg VC/g、9.78 mg VC/g	弱于VC	[20]
15	忍冬叶	40%乙醇洗脱部分对DPPH自由基(IC_{50}为44.2 μg/mL)、超氧阴离子自由基(IC_{50}为138.9 μg/mL)的清除活性最强,20%乙醇洗脱部分对羟自由基(IC_{50}为54.0 μg/mL)的清除活性最强	弱于VC	[21]
16	人心果叶	50%乙醇提取物可清除DPPH自由基(IC_{50}为0.094 mg/mL),且清除ABTS自由基的能力强于VE(浓度为1.2~1.4 mg/mL),FRAP总抗氧化能力为0.766 mmol/L $FeSO_4$	稍弱于VC(清除DPPH);强于VE(清除ABTS)	[22]
17	人参叶	50%乙醇提取物可显著降低模型小鼠的MDA、Prot含量,增加GSH含量[高剂量组(2.5 g/kg)灌胃30 d]	无	[23]
18	青钱柳叶	65%甲醇浸膏清除羟自由基(IC_{50}为194.4 μg/mL)	无	[24]

续表

序号	植物部位	活性及剂量	阳性对照	文献
19	芹菜叶	90%乙醇提取物对DPPH自由基的清除率为48.78%(芹菜素含量为0.027 mg/mL),对羟自由基的清除率为38.04%(芹菜素含量为0.3125 mg/mL),对超氧阴离子自由基的清除率为56.65%(芹菜素含量为0.463 mg/mL)	弱于VC	[25]
20	啤酒花茎	60%丙酮提取物对DPPH自由基的最大清除率为90.70%(SC_{50}值为22.81 μg/mL)	接近VC	[26]
21	龙胴叶	乙醇提取物可清除DPPH自由基(IC_{50}为0.349 mg/mL),且对Fe^{3+}有较强的还原能力	无	[27]
22	兔眼蓝莓叶	70%乙醇提取物可清除ABTS自由基、DPPH自由基、羟自由基、亚硝酸盐(IC_{50}值分别为90.33 μg/mL、7.37 μg/mL、32.06 μg/mL、127.77 μg/mL),具有较强的还原力(IC_{50}为78.35 μg/mL),FRAP值为7.71 mmol $FeSO_4$/g,ORAC值为11063.45 μmol Trolox/g	综合比较强于芦丁	[28]
23	蒉菜茎、叶	茎(叶)提取物清除DPPH自由基、ABTS自由基、FRAP值和ORAC值分别为0.78(1.84)μmol TE/mg AT、0.61(0.96)μmol TE/mg AT、0.59(1.79)μmol TE/mg AT、2.00(4.04)μmol TE/mg AT。茎的正丁醇提取物抗氧化能力较强	无	[29]
24	兔眼蓝莓叶	水提取物清除DPPH自由基[IC_{50}为(12.78±0.10)μg/mL]、ABTS自由基[IC_{50}为(6.35±0.03)μg/mL],抑制β-胡萝卜素淬灭[IC_{50}为(25.33±0.02)μg/mL]	清除DPPH自由基、ABTS自由基的能力强于BHT,抗脂质过氧化能力弱于BHT	[30]
25	辣木叶	60%乙醇粗提物清除DPPH自由基(IC_{50}为86 μg/mL)、ABTS自由基(IC_{50}为31 μg/mL)和羟自由基(IC_{50}为140 μg/mL)	接近BHT	[31]

9.2 提取物的提取分离与抗癌作用

如本章文献[4],取悬干的胡桃楸样品 20 mg,然后用 10 mL 杜尔贝科改良伊格尔培养基(Dulbecco's Modified Eagle's Medium,DMEM)和少量二甲基亚砜辅助溶解,配制成浓度为 2.0 mg/mL 的样品溶液。将其浓度稀释为 1.0 mg/mL 时,6 月和 7 月胡桃楸叶样品溶液对人乳腺癌 MCF-7 细胞增殖的抑制率分别为 77.26%、73.38%。随着药物浓度增大,细胞碎裂,胞质变得粗糙,细胞与细胞之间的黏附性降低,细胞死亡数明显增多。

紫薇(*Lagerstroemia indica* L.)(见图 9-12)为千屈菜科紫薇属植物,又名紫金花、痒痒花、蚊子花、西洋水杨梅、百日红等。其茎叶提取物的提取工艺如下:取干燥茎叶 10 kg,用 95%乙醇回流提取 3 次,每次 1.5 h;合并提取液,减压浓缩后得到浸膏 1.5 kg;将浸膏分散于水中,依次用三氯甲烷、乙酸乙酯、正丁醇萃取,得三氯甲烷部位 156 g、乙酸乙酯部位 428 g、正丁

图 9-12 紫 薇

醇部位 255 g、水部位 560 g。其中,三氯甲烷部位对人肝癌 HepG2 细胞有细胞毒活性,IC_{50} 值为 34.862 μg/mL;乙酸乙酯部位对人肝癌 HepG2 细胞和人卵巢癌细胞 A2780 有细胞毒活性,IC_{50} 值分别为 43.261 μg/mL、46.673 μg/mL[32]。

毛果鱼藤藤茎为豆科植物毛果鱼藤(*Derris eriocarpa* How)的干燥藤茎,毛果鱼藤又名土甘草。其藤茎的提取分离工艺如下:将藤茎粉碎成粗粉(24 目),取粗粉 50 g,加入 95%乙醇,采用微波萃取仪进行提取(功率为 400 W、提取温度为 70 ℃),提取 2 次,每次 20 min,合并提取液,浓缩,依次用石油醚、氯仿、乙酸乙酯、正丁醇萃取,分别浓缩得到不同部位的浸膏。分别取浸膏 2 mg,用吐温 80 助溶(终浓度小于千分之一),用 RPMI1640(洛斯维·帕克纪念研究所 1640 培养基,英文为 Roswell Park Memorial Institute 1640)细胞培养液稀释,配成不同浓度的石油醚部位溶液、氯仿部位溶液、乙酸乙酯部位溶液、正丁醇部位溶液。其中,氯仿部位溶液抑制人宫颈癌细胞 Hela 的 IC_{50} 值为 0.09 mg/mL[33]。

细胞凋亡是一个极其复杂且由多基因参与调控的过程。在细胞发生凋

亡的早期，线粒体膜的通透性增加，导致细胞外膜破裂，使线粒体发生不可逆的损伤，释放细胞色素C等，激活Caspase级联反应，引发细胞凋亡。鱼腥草(*Houttuynia cordata* Thunb.)地下茎的提取工艺如下：取地下茎(以形态学从上到下生根的第一个节为界)粉末100 g，加入95%乙醇500 mL，浸泡24 h，抽滤，滤渣分别用500 mL 95%乙醇浸泡48 h，72 h，抽滤，合并滤液，浓缩得到浸膏，置于4 ℃冰箱冷藏备用，使用前用二甲基亚砜溶解。在50～800 mg/L浓度范围内，地下茎提取物可抑制胃癌SGC-7901细胞增殖。其机制可能是地下茎提取物使SGC-7901细胞提高$p53$基因的表达，使凋亡促进因子Bax、Bid、Bak表达上调，凋亡抑制因子Bcl-2表达下调；通过调节线粒体膜电位的变化，进而诱导细胞凋亡。另外，提取物可使SGC-7901细胞中Caspase-3和Caspase-9的活性增加，可能通过影响线粒体的功能，激活线粒体凋亡途径，诱导人胃癌细胞SGC-7901凋亡[34]。

亮叶杨桐(*Adinandra nitida* Merr. ex Li)(见图9-13)别名为亮叶黄瑞木、亮叶红淡，为山茶科杨桐属灌木或乔木。杨桐(*Adinandra Millettii*)为其同属植物。二者叶提取工艺如下：取样品2 g，倒入高速组织捣碎机中，加80%丙酮120 mL(4 ℃冷却)，高速搅打5 min；混合液倒入250 mL高脚杯中，在冰浴条件下用均质机均质提取5 min(12000 g)；

图9-13 亮叶杨桐

真空抽滤，用80%丙酮(4 ℃冷却)冲洗滤渣，重复提取至滤液无色透明；滤液在45 ℃条件下真空旋转浓缩至原体积的10%，收集旋蒸瓶中的溶液并用超纯水定容至10 mL；将定容后的溶液分装到离心管中，4 ℃离心5 min(12000 g)，把上清液分装到1.5 mL离心管中，每管1 mL，密封保存。亮叶杨桐叶、杨桐叶提取物对人肝癌HepG2细胞的抑制效果较好，EC_{50}值分别为(1.49±0.023)mg/mL、(1.05±0.089)mg/mL；对人乳腺癌细胞MCF-7的抑制效果也较好，EC_{50}值分别为(2.26±0.19)mg/mL、(2.43±0.23)mg/mL[35]。

文冠果(*Xanthoceras sorbifolia* Bunge)叶提取工艺如下：取新鲜叶1000 g，阴干，粉碎，分别加入3倍量的蒸馏水和30%乙醇、50%乙醇、70%乙醇及95%乙醇，加热回流3次，每次3 h，合并提取液，提取液浓缩后冷冻干燥得水提物(A)、30%乙醇提取物(B)、50%乙醇提取物(C)、70%乙醇提取物(D)、95%乙醇提取物(E)。其中,抗肝癌活性最强的是D,当样品浓度为2.5 mg/mL时,D对人肝癌细胞HepG2增殖的抑制率为74.27%[36]。

肿瘤的生长需要形成新生血管以获取血液供应。研究发现,NO能促进肿瘤血管形成,并能促进内皮细胞黏附和增加血管通透性,因而能加速肿瘤的生长和转移[37]。NO是由一氧化氮合酶(NOS)氧化L-精氨酸产生的,可通过细胞膜扩散到临近细胞并与鸟苷酸环化酶结合,催化产生cGMP,激活蛋白激酶G,在介导细胞内第二信使cGMP的信号转导中发挥重要作用。NO生物合成主要受NOS调节,NOS包括神经元型(nNOS)、内皮型(eNOS)和诱导型(iNOS)三种亚型[38]。血管内皮细胞内eNOS诱导产生的NO以旁分泌的方式进入血管平滑肌细胞,并与鸟苷酸环化酶结合,增加其活性,使胞内cGMP浓度升高、血管平滑肌松弛,从而降低血管张力;增加微循环通透性,有利于基质成分的改变和内皮细胞迁移,促使肿瘤血管生成[39]。由此可见,NO、NOS和cGMP在肿瘤新生血管形成中发挥重要的调节作用[40]。

榄绿粗叶木[*Lasianthus japonicus* Miq. var. lancilimbus (Merr.) Lo](见图9-14)为茜草科粗叶木属植物日本粗叶木的一个变种。其茎甲醇提取物的提取工艺如下:取榄绿粗叶木茎,水洗干净后晒干,用刀切成长2~3 cm、宽0.5~1 cm的小块。取1 kg小块,放入10 L玻璃瓶中,按料液比为1∶10(m/V)加入甲醇。浸泡15 d,过滤,取上清液,

图9-14　榄绿粗叶木

用旋转蒸发仪浓缩,得甲醇提取物浸膏。提取物浸膏浓度为0.2 mg/mL、0.4 mg/mL时,作用24 h后对人食管鳞癌EC-9706细胞增殖的抑制率高于环磷酰胺组;提取物浸膏浓度为0.1 mg/mL、0.2 mg/mL、0.4 mg/mL时,作用48 h、72 h后,抑制率均高于环磷酰胺组。随着提取物浓度的增加,EC-9706细胞的NO活性及NOS、cGMP含量呈降低趋势[41]。

日本栗(*Castanea crenata*)(见图9-15)是壳斗科栗属乔木植物。其叶提取物的提取工艺如下:叶干燥,粉碎,用甲醇提取,过滤,减压浓缩,冷冻干燥。

最新研究表明,肿瘤干细胞通过 NF-E2 相关因子 2(Nrf2)介导抗氧化酶的高表达,因而保持相对低水平的活性氧(ROS)。当提取物浓度为 50 μg/mL 时,提取物可降低乳腺癌 NF-E2 相关因子 2(Nrf2)的核迁移,抑制人乳腺癌细胞 MCF-7 引发的肿瘤干细胞中抗氧化酶的表达。提取物可通过抑制 Nrf2 信号通路提高肿瘤干细胞对紫杉醇的敏感性[42]。

图 9-15　日本栗

玉米(Zea mays L.)是禾本科玉蜀黍属一年生草本植物。其叶提取工艺如下:取玉米种子播种后 10 d 的叶子,用自来水洗净,并用滤纸擦干褶皱叶片之间多余的水分,备用;按照叶水比重 1 g/mL 将叶片和水加入离心管,低速离心,取澄清提取液;再分别取叶 1 g 和甲醇或氯仿 1 mL,同样操作,将上层液干燥(60 ℃),避光,溶解于二甲基亚砜中。当叶提取物浓度为 20 mg/mL、作用时间为 1 h 时,叶提取物可促进喉癌细胞凋亡。除氯仿提取物外,水和甲醇提取物具有与 H_2O_2 相同的细胞毒性作用,其中甲醇提取物的作用较强[43]。

番木瓜(Carica papaya L.)(见图 9-16)又称木瓜、乳瓜、万寿果,是番木瓜科番木瓜属植物。其体外消化工艺如下:叶用自来水洗净,再用超纯水冲洗;室温晾干,去除叶脉,转入研钵中捣碎,用干净棉布过滤,收集滤液,冻干(黑暗条件下进行)。叶提取物消化在电热板上进行,经口、胃、肠三步处理,温度为 37 ℃,转速为 55 rpm。人工唾液用 PBS 缓冲液制备(1∶5 稀释),PBS 缓冲液含 1.336 mmol/L 氯化钙、0.174 mmol/L 硫酸镁、12.8 mmol/L 磷酸二氢钾、23.8 mmol/L 碳酸氢钠和食品酪蛋白(2 g/L)。取 10 mL 木瓜叶汁,在 5 mL 人工唾液(含 α-淀粉酶 1000～1500 U/mL)中消化 10 min;加入 0.5 mL 胃蛋白酶(40 μg/L),用 0.1 mol/L 盐酸调节 pH 为 2,

图 9-16　番木瓜

消化 1 h;再加入 2.5 mL 肠液(将 1.4 μg/L 猪胰酶和 8.6 μg/L 猪胆汁加入 0.1 mol/L 碳酸氢钠),用 0.1 mol/L 碳酸氢钠调节 pH 为 6.5,消化 2 h。将消化的液汁提取物冻干,−80 ℃保存。当番木瓜液汁浓度为 0.1~1 mg/mL 时,液汁提取物作用 24 h,48 h,72 h 后,对前列腺癌 PC-3 细胞增殖具有抑制作用。液汁中等极性部分(0.003~0.03 mg/mL)作用 72 h 后,除了对正常细胞(RWPE-1、WPMY-1)产生作用外,对前列腺细胞具有强烈的抑制作用(IC_{50} 值为 0.02~0.07 mg/mL),有利于治疗前列腺疾病,包括前列腺癌。流式细胞仪分析显示,癌细胞 S 期细胞周期阻滞和细胞凋亡可能是其作用机制[44]。

香茶菜(*Plectranthus stocksii* Hook. f.)为唇形科香茶菜属植物。其叶、茎提取工艺如下:将叶和茎阴干,粉碎,过 80 目筛,分别加入 150 mL 石油醚、氯仿、乙酸乙酯、丙酮和甲醇,用索氏提取器提取 12 h,提取物于 40 ℃减压浓缩,挥干溶剂。当香茶菜提取物浓度为 0.1~100 μg/mL 时,所有提取物均能抑制 RAW 264.7、人乳腺癌 MCF-7 细胞和人克隆结肠腺癌 Caco-2 细胞增殖,且浓度高于 5 μg/mL 时抑制率达到 50%;当浓度高于 30 μg/mL 时,抑制率达到 90%[45]。

单面针(*Zanthoxylum dissitum* Hemsl)(见图 9-17)又名蚬壳花椒,为芸香科花椒属植物。其茎提取工艺如下:取茎药材 1.5 kg,用 75%乙醇回流提取 3 次,每次提取 2 h,减压回收乙醇,浓缩得浸膏;用少量水将浸膏分散成流体状,分别用氯仿、乙酸乙酯、正丁醇进行系统萃取,回收溶剂得到相应浸膏,备用。取氯仿、乙酸乙酯、正丁醇浸膏 10 mg,均以

图 9-17 单面针

1 mL 二甲基亚砜超声溶解,备用。氯仿浸膏的抑制活性最强,对乳腺癌 MCF-7 细胞的 IC_{50} 值为 0.235 mg/mL,正丁醇浸膏部分的 IC_{50} 值为 0.319 mg/mL,乙酸乙酯浸膏部分则相对最弱,其 IC_{50} 值为 0.647 mg/mL[46]。

对上述植物茎叶提取物的抗肿瘤作用的文献调研,如表 9-2 所示。

表 9-2 植物茎叶提取物的抗肿瘤作用

序号	植物部位	活性及剂量	阳性对照	文献
1	胡桃楸叶	6月和7月桃楸叶样品溶液可抑制乳腺癌 MCF-7 细胞的增殖（抑制率分别为 77.26%、73.38%）	无	[4]
2	紫薇茎叶	三氯甲烷部位可抑制人肝癌 HepG2 细胞（IC_{50} 为 34.862 $\mu g/mL$），乙酸乙酯部位可抑制人肝癌 HepG2 细胞（IC_{50} 为 43.261 $\mu g/mL$）和人卵巢癌 A2780 细胞（IC_{50} 为 46.673 $\mu g/mL$）	无	[32]
3	毛果鱼藤藤茎	氯仿部位可抑制人宫颈癌细胞 Hela（IC_{50} 为 0.09 mg/mL）	无	[33]
4	鱼腥草地下茎	乙醇提取物可抑制胃癌 SGC-7901 细胞增殖。其机制可能是提高 $p53$ 基因的表达，使凋亡促进因子 Bax、Bid、Bak 表达上调，抑制凋亡因子 $Bcl-2$ 表达下调。另外，提取物可使 SGC-7901 细胞中 Caspase-3 和 Caspase-9 的活性增加（浓度为 50～800 mg/L）	无	[34]
5	亮叶杨桐叶、杨桐叶	亮叶杨桐叶、杨桐叶的 80% 丙酮提取物可抑制 HepG2 细胞[EC_{50} 值分别为 (1.49±0.23) mg/mL、(1.05±0.089) mg/mL、MCF-7 细胞[EC_{50} 值分别为 (2.26±0.19) mg/mL、(2.43±0.23) mg/mL]	无	[35]
6	文冠果叶	95% 乙醇提取物对人肝癌细胞 HepG2 增殖的抑制率为 74.27%（样品浓度为 2.5 mg/mL）	无	[36]
7	榄绿粗叶木茎	甲醇提取物作用 48 h、72 h 后，对人食管鳞癌 EC-9706 细胞增殖的抑制率高于环磷酰胺组（浓度为 0.1～0.4 mg/mL）；另外，甲醇提取物可降低 EC-9706 细胞的 NO 活性及 NOS、cGMP 含量	EC-9706 细胞增殖抑制率高于环磷酰胺	[41]
8	日本栗叶	甲醇提取物可降低 Nrf2 的核迁移，抑制 MCF-7 引发的肿瘤干细胞中抗氧化酶的表达（浓度为 50 $\mu g/mL$）	无	[42]
9	玉米叶	水和甲醇提取物可促进喉癌细胞凋亡，具有与 H_2O_2 相同的细胞毒性作用，其中甲醇提取物的作用较强（浓度为 20 mg/mL，作用 1 h）	H_2O_2	[43]

续表

序号	植物部位	活性及剂量	阳性对照	文献
10	番木瓜叶	体外消化液汁可抑制前列腺癌 PC-3 细胞增殖(浓度为 0.1~1 mg/mL,24~72 h)。液汁中等极性部分除对正常细胞(RWPE-1、WPMY-1)产生作用外,对前列腺细胞具有强烈的抑制作用(IC_{50} 为 0.02~0.07 mg/mL,作用 72 h)	无	[44]
11	香茶菜茎、叶	提取物均能抑制 RAW 264.7、人乳腺癌 MCF-7 细胞和人克隆结肠腺癌 Caco-2 细胞增殖,浓度高于 5 μg/mL 时抑制率达 50%,浓度高于 30 μg/mL 时抑制率达 90%	无	[45]
12	单面针茎	氯仿浸膏、正丁醇浸膏、乙酸乙酯浸膏可抑制乳腺癌细胞 MCF-7 细胞株(IC_{50} 为 0.235 mg/mL、0.319 mg/mL、0.647 mg/mL)	氯仿与正丁醇浸膏强于 5-氟尿嘧啶	[46]

9.3 提取物的提取分离与降糖作用

柿叶提取工艺如下:取叶粗粉 30 g,加入 75% 乙醇 300 mL,85 ℃回流 2 h 两次,过滤,合并滤液,回收溶剂并于 80 ℃真空干燥得总提取物;将提取物分别用蒸馏水充分溶解后,依次用石油醚、氯仿、乙酸乙酯、正丁醇萃取,减压蒸馏回收溶剂,于 80 ℃真空干燥,分别得到不同部位提取物。其中,石油醚和正丁醇提取部位可抑制 α-糖苷酶活性,其 IC_{50} 值为 0.05~1.61 μg/mL,强于阿卡波糖的抑制效果(IC_{50} 为 229 μg/mL)[47]。

如本章文献[32],当紫薇茎叶提取物浓度达到 250 μg/mL 时,乙酸乙酯部位对 α-葡萄糖苷酶的抑制率最高,为 73.60%,三氯甲烷部位对 α-淀粉酶的抑制率较强,为 61.46%。

HepG2 细胞是人肝胚胎瘤细胞株,因表型与肝细胞相似,故保留肝细胞的许多生物学特性,其表面表达高亲和力的胰岛素受体。当胰岛素受体数目下调到一定程度时,HepG2 细胞便对胰岛素作用产生抵抗,抵抗程度与胰岛素水平和作用时间成正比。

广西民间常用壮药金花茶叶为山茶科山茶属植物金花茶 [*Camellia chrysantha* (Hu) Tuyama](见图 9-18)的叶片。其叶提取工艺如下:叶经

50%乙醇渗漉提取得浸膏,将浸膏溶于水中,依次用乙酸乙酯、正丁醇萃取,得到乙酸乙酯部位、正丁醇部位和水部位。其中,正丁醇部位和乙酸乙酯部位在10%和5%的含药血清浓度下均能显著增加胰岛素抵抗HepG2细胞的葡萄糖消耗量,说明提取物可促进细胞对葡萄糖的消耗,改善细胞胰岛素抵抗状态。当给药量为6 g(生药)/kg时,在给药

图9-18 金花茶

28 d后均能显著降低糖尿病小鼠血糖值和餐后血糖,同时可显著降低总胆固醇含量、甘油三酯含量及低密度脂蛋白含量,改善Ⅱ型糖尿病小鼠的高血糖、高血脂症状[48]。

  油橄榄(*Olea europaea* L.)叶提取工艺如下:取叶250 g,用60%乙醇回流提取2次,每次1 h,滤过,合并2次滤液,减压回收乙醇,浓缩液用蒸馏水定容至1000 mL,得提取液。取提取液150 mL,减压真空干燥(45 ℃),得部位A。再取提取液150 mL,过大孔吸附树脂柱(20 cm×2 cm,1 BV=20 mL),用6 BV蒸馏水洗脱,洗脱液置于55 ℃条件下减压浓缩,减压干燥(45 ℃),得部位B。分别取提取液150 mL共4份,过大孔吸附树脂柱,用6 BV蒸馏水洗脱,弃洗脱液,再分别用6 BV不同质量分数(30%、50%、70%、90%)的乙醇洗脱,分别收集洗脱液,洗脱液置于55 ℃条件下减压浓缩,减压干燥(45 ℃),分别得部位C、D、E、F。其中,提取部位D对α-淀粉酶、蛋白质非酶糖基化抑制作用较强,IC_{50}分别为34.1 mg/mL、61.5 mg/mL;且剂量为0.8 g/kg时,表现出较明显的降血糖活性。蛋白质非酶糖基化是指在无需酶参与的条件下,还原性糖的醛基与蛋白质氨基发生反应,最终形成一系列不可逆的蛋白质糖基化终末产物(AGEs),AGEs严重干扰正常组织的功能与结构,从而对机体造成广泛影响。蛋白质非酶糖基化不会因为血糖得到控制而停止,最终可造成糖尿病慢性并发症[49]。

  沙枣(*Elaeagnus angustifolia* L.)(见图9-19)为胡颓子科胡颓子属植物,维药名为吉嘎旦,在新疆作为防风林的主要植物。其叶提取工艺如下:取干燥叶50 g,用石油醚脱脂后,滤渣依次用乙酸乙酯和正丁醇进行索氏提取,再加水回流提取,过滤,滤液减压浓缩,干燥,得到乙酸乙酯提取物、正丁醇提

取物和水取提物。当乙酸乙酯提取物浓度为 0.0075 g/L 时,其对 α-葡萄糖苷酶的抑制率为 76.62%,IC_{50} 值为 9.28 mg/L,活性强于阿卡波糖(IC_{50} 值为 891.38 mg/L)[50]。

胰脂肪酶是膳食中脂肪水解过程的关键酶,负责代谢 50%～70% 的甘油三酯。因此,抑制胰脂肪酶的活性可有效抑制膳食中脂肪的水解和吸收,从而减少人体内脂肪的沉积,达到预防与治疗肥胖的目的。

图 9-19 沙枣

霜桑叶(即初霜后采集的桑叶)的提取工艺如下:叶粉碎,过 60 目筛。取叶粉末装入三角烧瓶中,按料液比 1:5 加入 70% 乙醇,浸提过夜,真空抽滤收集滤液,减压浓缩得浸膏;将浸膏分散于水中,依次用正己烷、二氯甲烷、乙酸乙酯、正丁醇萃取至萃取层无色,分别合并各部位萃取液,浓缩得各部位提取物。霜桑叶提取物中对胰脂肪酶的抑制活性由强到弱依次是正己烷提取物(IC_{50} 为 1.14 mg/mL)、二氯甲烷提取物(IC_{50} 为 8.51 mg/mL)、乙酸乙酯提取物(IC_{50} 为 13.60 mg/mL)[51]。

桑叶的提取纯化工艺如下:将叶粉置于平底烧瓶中,按料液比 1:21 加入 71% 乙醇,60 ℃提取 148 min,提取 2 次,抽滤,得提取液;提取液按上样 pH 为 2、浓度为 0.8 mg/mL、流速为 1.5 BV/h 的条件过 001×7 阳离子交换树脂柱,将洗脱液浓缩、冷冻干燥得到提取物(主要成分为 1-脱氧野尻霉素)。提取物在体外对 α-葡萄糖苷酶具有较强的抑制作用(IC_{50} 为 0.350 mg/mL),是阳性对照阿卡波糖(IC_{50} 为 0.982 mg/mL)的 2.7 倍[52]。

如本章文献[20],沙棘叶多酚提取物 B 对猪胰 α-淀粉酶具有一定的抑制作用,其 IC_{50} 值为 0.25 mg/mL,属于可逆反竞争抑制。

Brownlee 提出的统一机制学说认为,8-羟基脱氧鸟苷(8-OHdG)是自由基与 DNA 蛋白质和脂类反应后的氧化产物,可以作为反映自由基水平或者氧化应激反应的标志物[53]。8-OHdG 在体内稳定存在,是代谢的终产物,而且只能通过 DNA 氧化损伤途径形成,经肾脏排泄[54]。氧化应激能诱导胰岛素抵抗的发生,其主要通过干扰胰岛素受体(insulin receptor,IR)和胰岛素受体底物(insulin receptor substrate,IRS)的磷酸化,影响磷脂酰肌醇 3-激酶(phosphatidy linositol 3-kinase, PI3K)的活化,抑制葡萄糖转运子 4 (glucose transporter 4, GLUT4)的转位以及损伤细胞骨架等与胰岛素信号传递有关的生理活动[55]。

以青钱柳(*Cyclocarya paliurus*)叶为主要原料,常用中药葛根配伍,具有养阴清热、生津止渴功效,可用于防治糖尿病。青钱柳叶和葛根用蒸馏水煮沸提取,得水提液,水提液经浓缩后冷冻干燥成粉末。水提物低剂量组(0.14 g/kg)从治疗第 1 周开始即表现出良好的降糖作用,至第 4 周时降糖效果仍持久稳定;另外,水提物低剂量(0.14 g/kg)组可使糖尿病大鼠血糖曲线下面积、胰岛素抵抗指数显著降低,对胰岛细胞形态有一定的改善作用,能使胰岛素含量显著升高。中、高剂量(0.28 g/kg、0.86 g/kg)组可使糖尿病大鼠肾脏 8-OHdG 水平显著下降,水提物中剂量组使其 SOD 水平显著升高,高剂量组使大鼠肝脏 SOD、CAT、GSH-Px 水平显著升高[56]。

辣椒叶的提取工艺如下:将收集的新鲜叶切细,取 1 g,加入 70%乙醇 10 mL,振荡提取 16 h,取出后以 4000 r/min 离心 15 min,取其上清液,4 ℃储存待测。提取物抑制猪小肠麦芽糖酶、猪小肠蔗糖酶均表现出抑制活性,其 IC_{50} 值分别为 162.9 μg/mL、178.7 μg/mL,这说明辣椒叶提取物对蔗糖和麦芽糖的分解具有较强的抑制效果[57]。

飞龙掌血 [*Toddalia asiatica* (L.) Lam.](见图 9-20)是芸香科飞龙掌血属植物。其叶提取工艺如下:叶洗净,室温阴干,粉碎;取粉末适量,先后用石油醚(60～80 ℃)和甲醇提取,分别将提取液减压浓缩得不同部位的提取物。当灌胃剂量为 400 mg/kg 时,石油醚和甲醇提取物对正常大鼠作用 8 h 后有明显的降低血糖作用,降

图 9-20 飞龙掌血

低率分别为 5.89%、7.14%;对高血糖大鼠作用 4 h 后有明显的降低血糖作用,降低率分别为 25.07%、27.88%;对链脲佐菌素(STZ)诱导的糖尿病动物作用 10 h 后有降低血糖(单剂量)作用,降低率分别为 41.08%、58.60%;对 STZ 诱导的糖尿病动物作用 14 d 后有降低血糖(多剂量)作用,降低率分别为 52.66%、65.59%。甲醇提取物对 STZ 诱导的糖尿病动物具有降低 TG、

总胆固醇(TC)、总胆红素、肌酐、低密度脂蛋白(LDL)和极低密度脂蛋白(VLDL)作用。体外实验表明,甲醇提取物对α-淀粉酶有明显的抑制作用,其IC_{50}值为88.29 μg/mL[58]。

地桃花(*Urena lobata* L.)(见图9-21)是锦葵科梵天花属植物。其叶提取工艺如下:取2份叶粉末,每份50 g,一份加入250 mL热水,90 ℃提取30 min;另一份加入250 mL乙醇,水浴振摇提取4 h,重复2次;分别将两种提取液浓缩得到不同部位提取物。其中,乙醇提取物对二肽基肽酶IV(DPP-IV)显示出较强的抑制作用,其

图9-21 地桃花

IC_{50}值为1654.64 μg/mL。化学分析表明,乙醇提取物中主要成分为豆甾醇和β-谷甾醇[59]。

调料九里香(*Murraya koenigii*)是芸香科九里香属植物。其叶提取工艺如下:取叶粗粉,依次加入正己烷、乙酸乙酯、乙醇和水进行索氏提取,过滤收集滤液,浓缩,在加入下一个溶剂提取前将滤渣置于40 ℃条件下烘干。乙醇提取物和水提取物抑制α-葡萄糖苷酶的IC_{50}值分别为174.74 μg/mL、287.00 μg/mL[60]。

夹竹桃(*Nerium indicum* Mill.)为夹竹桃科夹竹桃属常绿直立大灌木。其叶提取工艺如下:取2.5 kg叶干燥粉末,分别用石油醚(60~80 ℃)、氯仿、95%乙醇、氯仿-水浸渍室温提取7 d,偶尔振摇,过滤得提取液,将提取液浓缩、室温干燥,得提取物。氯仿提取物(500 mg/kg)和乙醇提取物(300 mg/kg)对四氧嘧啶诱发糖尿病大鼠有显著的降血糖作用,作用7天后处理组大鼠的血糖值分别为113.33 mg/dL、169.33 mg/dL,而模型组大鼠的血糖值为413.50 mg/dL。在口服葡萄糖耐量试验中,氯仿提取物(500 mg/kg)治疗后模型组大鼠的血糖值为164.33 mg/dL(作用30 min后)、121.00 mg/dL(作用90 min后),而乙醇提取物(300 mg/kg)治疗后模型组大鼠的血糖值为174.16 mg/dL(作用30 min后)、128.00 mg/dL(作用90 min后)[61]。

Hymenocardia acida Tul.是叶下珠科植物。其叶提取工艺如下:取500 g干燥叶粉末,用80%乙醇浸渍提取48 h,不间断地振摇,过滤,收集滤

液,将滤液置于40℃烘箱中烘干。当灌胃剂量为250 mg/kg、500 mg/kg、1000 mg/kg时,提取物可明显降低四氧嘧啶糖尿病大鼠的血糖水平;当灌胃剂量为500 mg/kg时,提取物降低血糖的作用强度与格列苯脲(2 mg/kg)相当[62]。

木紫珠(*Callicarpa arborea* Roxb.)(见图9-22)为马鞭草科紫珠属植物。其茎皮的提取工艺如下:将阴干茎皮粉碎,过40目筛;取100 g茎皮粉末,加入1000 mL 70%乙醇,冷浸渍24 h,重复3次,合并提取液,减压浓缩,得到半固体糊状物,−40℃冷冻干燥。在糖耐量实验中,与正常对照组相比,当灌胃剂量为250 mg/kg、500 mg/kg时,提取物可降

图9-22 木紫珠

低血浆葡萄糖水平。同前灌胃剂量,提取物可显著降低链脲佐菌素诱导的高血糖大鼠的血糖水平、胰岛素、肝糖原、体重,同时降低其TG、血清总胆固醇(TC)、LDL、血清总蛋白(TPR)、各氨酸转氨酶(AST)、丙氨酸转氨酶(ALT)和碱性磷酸酶(ALKP)水平,提高高密度脂蛋白(HDL)、肌酐(CRTN)水平[63]。

美味猕猴桃[*Actinidia chinensis* var. deliciosa (A. Chev.) A Chev.]是猕猴桃科猕猴桃属大型落叶藤本植物。其叶提取工艺如下:取鲜叶140 g,加入10倍体积的甲醇,室温提取1周,将提取液减压浓缩,得到粗提物;取粗提物粉末8 g,加入水、乙酸乙酯(1:1)萃取,分别挥干溶剂;水部分按1:1加入正丁醇提取,分别得到水提取物、正丁醇提取物,乙酸乙酯部分加入90%甲醇-正己烷(1:1)提取,分别得到90%甲醇提取物、正己烷提取物。其中,正丁醇提取物抑制α-葡萄糖苷酶的IC_{50}值为33.9 μg/mL,90%甲醇提取物抑制α-淀粉酶的IC_{50}值为42.9 μg/mL[64]。

Eugenia singampattiana Bedd是桃金娘科植物。其叶提取工艺如下:将叶阴干,研磨粉碎,取100 g粉末,用乙醇进行索氏提取,浓缩得提取液。当灌胃剂量为150 mg/kg、300 mg/kg时,乙醇提取物对角叉菜胶炎症模型大鼠足趾肿胀有明显的抑制作用,其中300 mg/kg剂量作用3 h的抑制率为59.5%,与吲哚美辛(10 mg/kg)的作用强度相当(抑制率为60.1%)[65]。

磷酸二酯酶4(PDE4)是一种新型抗炎靶标,其抑制剂可作为治疗哮喘等呼吸道疾病药物。枇杷[*Eriobotrya japonica*(Thunb.)Lindl.]叶的提取工艺如下:将叶晒干、粉碎,取10 g药末,加入10倍量的95%乙醇,加热回流提取2次,每次1 h,过滤,合并提取液,浓缩得浸膏,干燥备用。当药物浓度为5 mg/L时,不同产地枇杷叶对PDE4靶标抑制活性差异明显,20个样品中11个样品对PDE4的抑制率大于80%,其中8个样品的抑制率大于90%[66]。

树葡萄[*Myrciaria cauliflora*(DC.)Berg](见图9-23)又名肖桂柳桃金娘、珍宝果、嘉宝果、拟爱神木,为桃金娘科拟香桃木属植物。其叶提取工艺如下:将新鲜叶片与70%乙醇按料液比1∶10用粉碎机粉碎

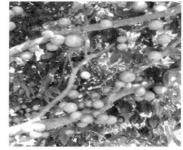

图9-23 树葡萄

1 min,摇床振荡(28 ℃,180 r/min)提取16 h,取出后用6000 r/min离心15 min,取上清液。4个树葡萄品种(沙巴、四季早生、福冈、阿根廷)的嫩/老叶醇提物对α-葡萄糖苷酶的IC_{50}值为1.99~38.71 mg/L,抑制活性均远高于阿卡波糖(IC_{50}值为3133.47 mg/L)[67]。

对上述植物茎叶提取物的降糖作用的文献调研,如表9-3所示。

表9-3 植物茎叶提取物的降糖作用

序号	植物部位	活性及剂量	阳性对照	文献
1	柿叶	石油醚和正丁醇提取部位可抑制α-糖苷酶活性,IC_{50}值为0.05~1.61 μg/mL	强于阿卡波糖	[47]
2	紫薇茎叶	乙酸乙酯部位对α-葡萄糖苷酶的抑制率为73.60%,三氯甲烷部位对α-淀粉酶的抑制率为61.46%(提取物浓度为250 μg/mL)	弱于阿卡波糖	[32]
3	金花茶叶	正丁醇提取物和乙酸乙酯提取物可显著增加胰岛素抵抗HepG2细胞的葡萄糖消耗量,显著降低糖尿病小鼠血糖值和餐后血糖,同时可降低总胆固醇、甘油三酯、低密度脂蛋白含量[给药量为6 g(生药)/kg,28天]	接近吡格列酮	[48]

续表

序号	植物部位	活性及剂量	阳性对照	文献
4	油橄榄叶	提取部位 D 可抑制 α-淀粉酶（IC_{50} 为 34.1 mg/mL）、蛋白质非酶糖基化（IC_{50} 为 61.5 mg/mL），且具有降血糖活性（剂量为 0.8 g/kg）	降血糖活性弱于二甲双胍	[49]
5	沙枣叶	在 0.0075 g/L 浓度条件下时，乙酸乙酯提取物对 α-葡萄糖苷酶的抑制率为 76.62%（IC_{50} 为 9.28 mg/L）	强于阿卡波糖	[50]
6	霜桑叶	提取物对胰脂肪酶的抑制活性由强到弱依次是正己烷提取物（IC_{50} 为 1.14 mg/mL）、二氯甲烷提取物（IC_{50} 为 8.51 mg/mL）、乙酸乙酯提取物（IC_{50} 为 13.60 mg/mL）	弱于奥利司他	[51]
7	桑叶	71% 乙醇提取物在纯化后可抑制 α-葡萄糖苷酶（IC_{50} 为 0.350 mg/mL）	强于阿卡波糖	[52]
8	沙棘叶	沙棘叶多酚提取物 B 抑制猪胰 α-淀粉酶活性（IC_{50} 为 0.25 mg/mL）	无	[20]
9	青钱柳叶和葛根	低剂量组（0.14 g/kg）1～4 周降糖作用明显，降低糖尿病大鼠血糖曲线下面积，胰岛素抵抗指数，改善胰岛细胞形态萎缩现象，升高胰岛素含量。中、高剂量组（0.28 g/kg，0.86 g/kg）降低肾脏 8-OhdG 水平，高剂量组升高肝脏 SOD、CAT、GSH-Px 水平，中剂量组升高 SOD 水平	接近或弱于二甲双胍	[56]
10	辣椒叶	70% 乙醇提取物可抑制猪小肠麦芽糖酶（IC_{50} 为 162.9 μg/mL）、猪小肠蔗糖酶（IC_{50} 为 178.7 μg/mL）	弱于阿卡波糖、伏格列波糖	[57]
11	飞龙掌血叶	石油醚和甲醇提取物可明显降低正常大鼠、高血糖大鼠的血糖（灌胃剂量为 400 mg/kg），降低 STZ 诱导的糖尿病动物的（单剂量）和（多剂量）血糖。甲醇提取物可明显降低 STZ 诱导的糖尿病动物的甘油三酯、总胆固醇、总胆红素、肌酐、LDL 和 VLDL 水平，对 α-淀粉酶有明显的抑制作用（IC_{50} 为 88.29 μg/mL）	弱于格列本脲、阿卡波糖	[58]

续表

序号	植物部位	活性及剂量	阳性对照	文献
12	地桃花叶	乙醇提取物可抑制 DPP-IV（IC_{50} 为1654.64 μg/mL）	弱于维达列汀	[59]
13	调料九里香叶	乙醇提取物和水提取物抑制 α-葡萄糖苷酶的 IC_{50} 值分别为 174.74μg/mL、287.00 μg/mL	弱于阿卡波糖	[60]
14	夹竹桃叶	氯仿和乙醇提取物对四氧嘧啶诱发糖尿病大鼠有显著的降糖作用	弱于格列本脲	[61]
15	*Hymenocardia acida Tul*. 叶	乙醇提取物可明显降低四氧嘧啶糖尿病大鼠的血糖水平（灌胃剂量为 250 mg/kg、500 mg/kg、1000 mg/kg）。当灌胃剂量为 500 mg/kg 时，提取物作用强度与格列苯脲（2 mg/kg）相当	弱于格列本脲	[62]
16	木紫珠茎皮	70％乙醇提取物可显著降低链脲佐菌素诱导的高血糖大鼠的血糖、胰岛素、肝糖原、体重，同时降低其 TG、TC、LDL、TPR、AST、ALT、ALKP 水平，提高 HDL、CRTN 水平（灌胃剂量为 250 mg/kg、500 mg/kg）	二甲双胍	[63]
17	美味猕猴桃叶	正丁醇提取物可抑制 α-葡萄糖苷酶（IC_{50} 为 33.9 μg/mL），90％甲醇提取物可抑制 α-淀粉酶（IC_{50} 为 42.9 μg/mL）	伏格列波糖	[64]
18	*Eugenia singampattiana* Bedd 叶	乙醇提取物具有明显抑制角叉菜胶炎症模型大鼠足趾肿胀（灌胃剂量为 150 mg/kg、300 mg/kg）作用，其中灌胃剂量为 300 mg/kg，作用 3 h 的抑制率为 59.5％	弱于吲哚美辛	[65]
19	枇杷叶	不同产地枇杷叶对 PDE4 靶标抑制活性差异明显，20 个样品中 11 个样品对 PDE4 的抑制率大于 80％，其中 8 个样品的抑制率大于 90％（浓度为 5 mg/L）	无	[66]
20	树葡萄叶	4 个树葡萄品种（沙巴、四季早生、福冈、阿根廷）的嫩/老叶 70％乙醇提取物可抑制 α-葡萄糖苷酶（IC_{50} 值为 1.99～38.71 mg/L）	远高于阿卡波糖	[67]

9.4 提取物的提取分离与抑菌、杀虫、抗病毒作用

郁金为姜科植物温郁金(Curcuma wenyujin Y. H. Chen et C. Ling)、姜黄(Curcuma longa L.)、广西莪术(Curcuma kwangsiensis S. G. Lee et C. F. Liang)或蓬莪术(Curcuma phaeocaulis Val.)的干燥块根。其茎叶提取工艺如下:取适量茎叶粉,加入10倍量的95%乙醇,40 Hz室温超声提取30 min,再浸泡6 h,然后分别按10倍和5倍比例加入95%乙醇,重复提取2次,合并3次提取液,用旋转蒸发仪在40 ℃水浴下浓缩,得浸膏。醇提物对油菜菌核菌、辣椒灰霉菌、小麦赤霉菌、山葵墨入菌四种植物病原真菌均有抑制效果,它们的EC_{50}值分别是1.6634 mg/mL、2.1653 mg/mL、2.9687 mg/mL、3.3164 mg/mL[68]。

薏苡(Coix lacryma-jobi L.)(见图9-24)为禾本科薏苡属植物,别名为药玉米、水玉米、六谷迷、苡米等。其茎提取方法如下:取茎粉末0.5 kg,用3倍体积的95%乙醇室温浸泡3 d,50 ℃回流提取5 h,提取2次,然后合并滤液,减压浓缩至无醇味,得粗提物;将粗提物分散于水中形成悬混液,用石油醚萃取,回收石油醚得6.1 g黄绿色油状物。当脂溶性成分浓度达5 mg/mL时,其对表皮葡萄球菌的抑制效果强于碘伏;当脂溶

图9-24 薏苡

性成分浓度达15 mg/mL时,其对金黄色葡萄球菌的抑制效果强于碘伏;当脂溶性成分浓度达10 mg/mL时,其对大肠杆菌的抑制效果强于碘伏,对伤寒杆菌的抑制作用弱于碘伏[69]。

狭叶十大功劳[Mahonia fortunei(Lindl.)Fedde](见图9-25)为小檗科十大功劳属植物。其茎提取工艺如下:将干燥茎粉碎,过40目筛,用样品体积5倍量的甲醇浸泡,每日搅拌2~3次,3 d后滤出浸提液,重复1次,合并2次浸提液并减压浓缩,得提取物浸膏。当甲醇提取液的有效成分浓度为30 mg/mL时,提取物对水稻白叶枯病病菌、水稻细菌性条斑病病菌、柑橘溃疡病病菌、大豆细菌性斑疹病病菌的抑菌圈直径分别为43.50 mm、42.50 mm、16.50 mm、12.50 mm。当甲醇提取液的有效成分浓度为0.5 mg/mL时,提取物对玉米大斑病病菌、水稻玉米小斑病病菌、甘蓝黑斑病病菌和香蕉弯孢

霉叶斑病病菌的抑菌作用最强,抑菌率均为 100%;提取物对柑橘绿霉病病菌、水稻稻瘟病病菌的抑菌率超过 85%,对烟草棒孢霉叶斑病病菌、芒果拟盘多毛孢叶枯病病菌、茉莉叶点霉叶斑病病菌、柑橘树脂病病菌和茉莉枝枯病病菌的抑菌率超过 60%。当甲醇提取物有效成分浓度为 1 mg/mL 时,施药 15 d 后,提取物对水稻细菌性条斑病的防治效果达 57.45%[70]。

图 9-25 狭叶十大功劳

天兰草(*Lantana camara* L.)(见图 9-26)学名为五色梅、马鞭,为马鞭草科马缨丹属植物。其茎、叶提取纯化方法如下:取茎、叶干燥粉末各 10 g,分别用 200 mL 甲醇室温浸泡,提取 3 次,每次 24 h;合并甲醇提取液,加 5 g 活性炭,于室温搅拌脱色,抽滤,得提取液;提取液于 50 ℃真空旋转蒸发,得粗提物浸膏;将浸膏悬浮于 50 mL 甲醇水溶液 (1∶7,V/V) 中,用等体积氯仿萃取 3 次,合并萃取液,于 50 ℃真空旋转蒸发

图 9-26 天兰草

得粗提物。茎、叶粗提物对金黄色葡萄球菌的抑菌圈直径分别为 9.5 mm、13.4 mm,与粗提物成分中马缨丹烯 A(见图 9-27)的浓度呈正比关系(浓度分别为 149 μg/mL、343 μg/mL)[71]。

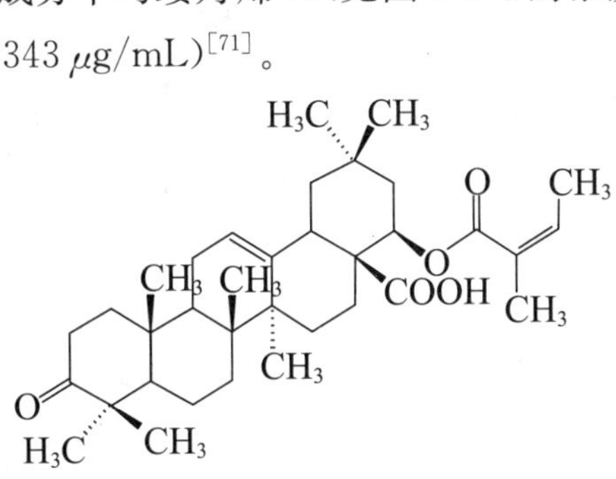

图 9-27 马缨丹烯 A

桃叶系蔷薇科植物桃(Amygdalus persica L.)的叶子。桃树在我国广泛种植,是一种来源广泛的天然可再生资源。其提取方法一:分别取10 g经阴干、晒干、先晒后阴、40 ℃热风烘干的桃叶,置于4个烧杯中,按液料比10∶1加入60%乙醇,在80 ℃条件下浸提1.5 h,浸提液用多层纱布过滤,滤液即为浸提液,浓缩干燥后备用。提取方法二:取40 ℃烘干的桃叶10 g,按液料比10∶1加入石油醚、乙酸乙酯、丙酮、60%乙醇、95%乙醇和蒸馏水6种不同极性的溶剂,在80 ℃条件下分别浸提桃叶粉1.5 h,收集滤液,浓缩干燥后备用。当提取物浓度为10 g/L时,阴干、晒干、先晒后阴和40 ℃热风烘干的桃叶的60%乙醇提取物对大肠杆菌、金黄色葡萄球菌、枯草芽孢杆菌的抑菌效果均较好,抑菌圈直径为14.3～19.3 mm。40 ℃烘干桃叶的60%乙醇、90%乙醇和蒸馏水提取物对以上3种供试菌的抑菌效果最好,抑菌圈直径为14.4～17.6 mm[72]。

葡萄(Vitis vinifera L.)为葡萄科葡萄属落叶藤本植物,是世界最古老的植物之一。其叶提取工艺如下:将叶置于50 ℃热空气干热消毒箱内烘干,粉碎,过60目筛;取葡萄叶粉末2 g,置于250 mL索氏提取器中,按照料液比1∶30加入70%乙醇,70 ℃提取3 h,提取液经减压蒸馏回收乙醇,真空干燥得提取物。提取物对4种菌的抑菌作用由强到弱依次为金黄色葡萄球菌、大肠杆菌、白假丝酵母菌、枯草芽孢杆菌,抑菌圈直径分别为13.27 mm、9.85 mm、8.16 mm、7.05 mm[73]。

大乌泡叶为蔷薇科悬钩子属植物大乌泡(Rubus multibracteatus Levl. et Vant.)(见图9-28)的干燥叶。大乌泡叶提取工艺如下:取叶粗粉500 g,用10倍量的80%乙醇回流提取3次,每次3 h,减压抽滤、收集提取液;合并3次抽滤液,用旋转蒸发仪回收乙醇,蒸干得80%醇提物(得率为18.6%);醇提物用水混悬后,先用石油醚萃取,剩余药液再依次用乙酸乙酯、正丁醇萃取,余下药液为水层;用旋转蒸发仪减压回收不同极

图9-28 大乌泡

性溶剂,真空干燥,分别得石油醚、乙酸乙酯、正丁醇、水层部位(得率分别为1.5%、2.8%、3%、6%)。80%醇提物对5种细菌(金黄色葡萄球菌、表皮葡

萄球菌、大肠埃希菌、痢疾志贺菌、普通变形杆菌)的 MIC、MBC 分别为 6.25~12.5 mg/mL、12.5~25 mg/mL,乙酸乙酯部位的 MIC、MBC 分别为 3.13 mg/mL、6.25 mg/mL,正丁醇部位的 MIC、MBC 分别为 3.13~6.25 mg/mL、6.25~12.5 mg/mL[74]。

两面针[*Zanthoxylum nitidum* (Roxb.) DC.](见图 9-29)为芸香科花椒属植物。其茎提取工艺如下:茎用 12 倍量的 70%乙醇回流提取,回收溶剂得浸膏,用水混悬,依次用石油醚、乙酸乙酯和正丁醇萃取,分别回收溶剂,冷冻干燥,得不同部位提取物。其中,乙酸乙酯部位的抗菌活性最好,对 5 个菌株(大肠埃希菌、沙门氏菌、枯草芽孢杆菌、金黄色葡萄球菌和白色念珠菌)均有不同程度的抗菌活性,但对大肠埃希菌、沙门氏菌的抗菌活性最强,其 MBC 分别为 93.8 μg/mL、750.0 μg/mL,MIC 分别为 46.9 μg/mL、187.5 μg/mL[75]。

图 9-29 两面针

爵床(*Justicia procumbens* L.)为爵床科爵床属植物。其提取工艺如下:取 250 g 茎叶干粉,平分为 5 份,分别用 400 mL 甲醇、丙酮、氯仿、乙酸乙酯和正己烷超声提取 30 min,过滤,残渣用 200 mL 同种溶剂按上述方法再提取 2 次,合并滤液,分别用旋转蒸发仪浓缩至干,获得平行膏状提取物。当提取物浓度为 8 mg/mL 时,甲醇提取物对亚洲玉米螟、小菜蛾、菜青虫、棉铃虫和斜纹夜蛾的触杀作用最强,药后 72 h 死亡率分别为 26.67%、73.33%、100.00%、23.33%和 36.67%;乙酸乙酯提取物对大豆蚜、桃蚜和萝卜蚜的触杀作用最强,药后 72 h 校正死亡率分别为 100.00%、98.94%和 100.00%;丙酮提取物对柑橘红蜘蛛的触杀作用最强,药后 72 h 校正死亡率为 100.00%。昆虫作用方式测定结果表明,甲醇提取物对亚洲玉米螟、小菜蛾、菜青虫具有一定的触杀活性和显著的拒食、胃毒和生长发育抑制活性,对亚洲玉米螟成虫、小菜蛾成虫、菜粉蝶具有较强的产卵忌避活性。另外,甲醇提取物对柑橘炭疽病菌、芦笋茎枯病菌、辣椒疫病菌、辣椒炭疽病菌和草莓灰霉病菌具有较强的抑菌活性,EC_{50} 分别为 5.91 mg/mL、4.61 mg/mL、5.05 mg/mL、4.23 mg/mL、5.27 mg/mL[76]。

黄细心(*Boerhavia diffusa* L.)(见图 9-30)是紫茉莉科黄细心属植物。其叶提取工艺如下：将叶阴干，粉碎，过 40 目筛；取 20 g 粉末，加入乙醇，索氏提取 6 h，减压浓缩后得到提取物。当提取物浓度为100 mg/mL 时，提取物对印度蚯蚓 *Pheretima posthuma* 有驱虫活性[77]。

可可(*Theobroma Cacao*)(见图 9-31)是梧桐科可可属植物。其茎皮提取工艺如下：取 500 g 干燥茎皮，粉碎，用 2×1000 mL 氯仿浸渍后渗滤 98 h，过滤，收集提取物，蒸发溶剂，干燥得到茎皮提取物。当提取物浓度为 12.5～100 mg/mL 时，提取物对大肠杆菌、铜绿假单胞菌、肺炎链球菌、金黄色葡萄球菌的抑菌圈直径分别为 23～30 mm、22～30 mm、22～31 mm、22～27 mm[78]。

依兰[*Cananga odorata* (Lam.) Hook. F. & Thomson](见图 9-32)是番荔枝科依兰属植物。其叶提取工艺如下：取 50 g 叶粉末，分别加入 200 mL 石油醚、氯仿、甲醇，索氏提取 48 h，分别将提取液浓缩，并挥干溶剂。当甲醇提取物浓度为 2 mg/mL 时，甲醇提取物(石油醚提取物、氯仿提取物)对金黄色葡萄球菌、沙门氏菌、大肠杆菌、霍乱弧菌、絮状表皮癣菌、石膏样小孢子菌、须毛癣菌的抑菌圈直径分别为 16.2(16.2、6.4)mm、9.0(11.0、12.0)mm、9.8(11.2、8.4)mm、10.8(11.8、3.2)mm、12.0(12.0、19.0)mm、21.4(21.2、12.0)mm、16.2(10.6、14.2)mm[79]。

蓟罂粟(*Argemone Mexicana*)(见图 9-34)是罂粟科蓟罂粟属植物。其

图 9-30 黄细心

图 9-31 可可

图 9-32 依兰

叶提取工艺如下:取新鲜叶洗净后,以蒸馏水冲洗,阴干,粉碎;取 250 g 粉末,加入 1000 mL 乙酸乙酯,室温条件下避光浸渍 48 h,定时振摇;过滤,滤液浓缩得乙酸乙酯提取物,残渣以甲醇提取;过滤,滤液浓缩得甲醇提取物,残渣以水提取,得到水提取物。甲醇提取物和水提取物对 G^+ 菌(粪肠球菌、金黄色葡萄球菌)和 G^- 菌(肺炎克雷伯菌、奇异变形杆菌)显示较强的抑菌活性,对烟曲霉、新生隐球菌显示中等强度的抑菌活性;剂量为 75~500 μg/纸片时,其抑菌圈直径为 10.0~25.0 mm[80]。

图 9-33　蓟罂粟

香桃木(*Myrtus communis* Linn.)(见图 9-34)是桃金娘科香桃木属常绿灌木。其叶提取和纳米银颗粒制备工艺如下:将叶晾干,粉碎;取 322 g 粉末,加入 100 mL 热的蒸馏水,80 ℃ 提取 15 min,过滤,得浅绿色提取液;取提取液 10 mL,加入 1.0 mL 20 mmoL 硝酸银溶液,在室温黑暗条件下轻轻摇晃,反应 20 min,溶液由浅绿色变成棕色;离

图 9-34　香桃木

心分离(15000 r/min),取下层固体(纳米银颗粒),用蒸馏水水洗。提取液对金黄色葡萄球菌、耐甲氧西林金黄色葡萄球菌的抑菌圈直径分别为 13 mm、11 mm,MIC 值分别为 0.81 g/L、1.61 g/L。提取液制备的纳米银颗粒对大肠杆菌、枯草芽孢杆菌、铜绿假单胞菌、金黄色葡萄球菌、耐甲氧西林金黄色葡萄球菌、粪肠球菌的抑菌圈直径分别为 13 mm、15 mm、11 mm、14 mm、12 mm、9.5 mm,MIC 值分别为 24.51 μg/mL、12.26 μg/mL、32.68 μg/mL、12.26 μg/mL、16.34μg/mL、24.51 μg/mL,MBC 值分别为 49.02 μg/mL、24.51 μg/mL、65.39 μg/mL、16.34 μg/mL、49.02 μg/mL、65.39 μg/mL。提取液合成纳米银颗粒后抗菌谱扩大,活性增强[81]。

杯菊(*Cythocline lyrata*)是菊科杯菊属植物。其叶提取工艺如下:取干燥叶粉末 20 g,分别用甲醇、蒸馏水、氯仿进行索氏提取,提取温度分别为

60 ℃、100 ℃、55 ℃,过滤,提取液用水浴浓缩。将甲醇提取物转移至培养皿中,室温挥干后加入乙酸乙酯溶解,得到乙酸乙酯提取液。当加入乙酸乙酯提取液 20 μL 时,对铜绿假单胞菌、痤疮丙酸杆菌、肺炎克雷伯菌的抑菌圈直径分别为 11 mm、11 mm、10 mm[82]。

羽芒菊(*Tridax procumbens*)是菊科羽芒菊属植物。其叶提取工艺如下:叶用自来水洗净,再用蒸馏水冲洗,阴干,粉碎成细粉;取 1 g 粉末,加入 10 mL 无菌蒸馏水,-4 ℃离心 20 min(11000 r/min),取上层液。提取物对野油菜黄单胞菌菌株 15 的平均抑菌圈直径最大(22.09 mm),对菌株 16 的平均抑菌圈直径次之(21.68 mm),对菌株 7 的平均抑菌圈直径最小(18.04 mm)[83]。

香蕉(*Musa acuminate colla*)是芭蕉科植物。其叶提取工艺如下:叶阴干,粉碎;取 60 g 粉末,置于索氏提取器中,用甲醇热渗漉 3 d,再用水冷浸渍 3 d,过滤,分别合并提取液,用旋转蒸发仪浓缩。当甲醇叶提取物浓度为 30 mg/mL 时,甲醇提取物可使印度蚯蚓成虫在 45.43 min 后发生痉挛,在 129.83 min 后死亡[84]。

刚毛木蓝(*Indigofera hirsuta* L.)是豆科木蓝属植物。其叶提取工艺如下:将叶阴干,粉碎成细粉,筛出粒径为 50~150 mm 的颗粒;取叶粉末 40 g,分别加入 200 mL 乙醇和甲醇索氏提取液,过滤,滤液浓缩至半固体。取 5 mg、10 mg、15 mg 植物提取物,溶于 25 mL 蒸馏水中。当提取物浓度为 0.2 mg/mL 时,乙醇(甲醇)提取物诱导蚯蚓痉挛和死亡的时间分别为 58.6(68.0)min、90.6(122.0) min,同样浓度的乙醇提取物的作用强度强于阿苯达唑(诱导蚯蚓痉挛用时 90.9 min,死亡用时 110.1 min)[85]。

柚(*Citrus grandis* L.)为芸香科柑橘属乔木。其叶提取工艺如下:将叶切成碎片,阴干,粉碎;取 500 g 叶粉末,分别用石油醚、乙酸乙酯、氯仿、乙醇、水(均按料液比 1∶5 加入)提取,过滤收集滤液,浓缩,干燥。乙酸乙酯提取物对铜绿假单孢菌、白色念珠菌、金黄色葡萄球菌、大肠杆菌、奇异变形杆菌的抑菌圈直径分别为 15.0 mm、11.0 mm、12.1 mm、9.9 mm、9.3 mm。石油醚提取物对铜绿假单孢菌、金黄色葡萄球菌、大肠杆菌、奇异变形杆菌、白色念珠菌、青霉菌、毛霉菌的抑菌圈直径分别为 9.3 mm、11.1 mm、10.2 mm、10.1 mm、9.1 mm、8.0 mm、10.0 mm。氯仿提取物对铜绿假单孢菌、金黄色葡萄球菌、奇异变形杆菌的抑菌圈直径为 12.2 mm、11.0 mm、8.2 mm,对大肠杆菌无效。乙醇提取物对铜绿假单胞菌、金黄色葡萄球菌、大肠杆菌、奇异变形杆菌的抑菌圈直径分别为 11.0 mm、9.3 mm、9.2 mm、8.0 mm。水提取物对铜绿假单胞菌、金黄色葡萄球菌、大肠杆菌、奇异变形杆菌的抑菌圈直径分别为 10.2 mm、12.2 mm、8.2 mm、8.1 mm[86]。

槟榔(*Areca catechu* L.)为棕榈科槟榔属常绿乔木。其叶提取纯化工艺如下：取干燥叶粉末 1 kg，依次加 500 mL 氯仿、乙醚、甲醇进行索氏提取，提取液于 50 ℃浓缩至干，得粗提物，依次用纸色谱、柱色谱和薄层色谱纯化。当提取物浓度为 100 μg/mL 时，其对枯草芽孢杆菌、金黄色葡萄球菌、大肠杆菌、铜绿假单胞菌显示出良好的抑菌活性，抑菌圈直径为 15～24 mm[87]。

散沫花(*Lawsonia inermis* L.)（见图 9-35）是千屈菜科、散沫花属无毛大灌木。其叶提取工艺如下：取干燥叶 20 g 5 份，按料液比 1∶5(*m/V*)分别加入丙酮、乙醇、甲醇、乙酸乙酯和蒸馏水，置于恒温摇床(37 ℃、150 r/min)中振摇提取 24 h，用棉花和纱布过滤，离心（3000 r/min）

图 9-35　散沫花

5 min，取上清液。其中，100%丙酮提取物对铜绿假单胞菌、麦角假单孢菌、变形杆菌、肺炎克雷伯菌和金黄色葡萄球菌的抑菌圈直径分别为 17.33 mm、20.00 mm、19.33 mm、17.66 mm、21.66 mm；对铜绿假单胞菌、麦角假单孢菌的 MIC 值分别为 6 mg/mL、7 mg/mL，对变形杆菌、肺炎克雷伯菌和金黄色葡萄球菌的 MIC 值均为 11 mg/mL[88]。

决明子(*Cassia tora* L.)（见图 9-36）又名草决明、千里光、还瞳子、马蹄子等，是豆科决明属植物。其叶甲醇提取物对尿路感染的病原体（大肠杆菌、铜绿假单胞菌、金黄色葡萄球菌、肺炎克雷伯菌）的 MIC 值为 1.0～2.0 mg/mL，抑菌圈直径为 12～24 mm[89]。

凤凰木(*Delonix elata*)是苏木亚科

图 9-36　决明子

凤凰木属植物。其叶提取工艺如下:叶用去离子水洗净,阴干,粉碎,过40目筛;取250 g叶粉末,加入甲醇,索氏提取48 h,过滤,减压浓缩,水浴加热完全挥干溶剂。提取物对肺炎克雷伯菌、枯草芽孢杆菌的抑菌圈直径分别为18.40 mm、17.60 mm,MIC值均为1 mg/mL。提取物中木犀草素可抑制细菌中葡糖胺-6-磷酸合酶活性,对接能为-10.12 kJ/mol,结合能为-10.07 kJ/mol和抑制常数为4.14×10^{-8},与环丙沙星的抑制常数(4.20×10^{-8})接近[90]。

在生物体内,乙酰胆碱酯酶(AChE)是以一种蛋白质为结构的生物催化剂,在神经传导过程中起关键作用,它能降解乙酰胆碱,使神经递质在突触后膜失去活性,从而保证信号的正常传导。AChE在体内一般有6种不同的分子形式,其中,3种为球形,3种为胶原尾样亚基连接形成的不对称形式;AChE主要在肝脏中合成,在人体的红细胞、内皮细胞、胸腺细胞、肝细胞甚至骨细胞中广泛表达。

萝卜(*Raphanus stativus L.*)叶提取工艺如下:将4 kg干燥的叶置于恒温水浴锅中,设置温度为20 ℃,加8 L蒸馏水,浸泡18 h,提取3次,减压浓缩,得浓缩液4000 mL;取1000 mL浓缩液,分别用石油醚、二氯甲烷、乙酸乙酯、正丁醇各1000 mL萃取3次,合并萃取液,减压浓缩,挥干,得4种不同极性萃取组分的浸膏。二氯甲烷、乙酸乙酯及石油醚组分具有抑制AChE活性作用,IC_{50}值分别为344.02 μg/mL、369.27 μg/mL、371.12 μg/mL[91]。

茜草科植物 *Carphalea glaucescens*(见图9-37)和南香属植物 *Gnidia glauca*(见图9-38)叶提取工艺如下:将叶置于室温晾干,粉碎;分别取500 g粉末,加入5 L蒸馏水,6 ℃水浴提取6 h,冷却,抽滤,滤液冷冻干燥。称取药材(步骤同前),加入5 L二氯甲烷,浸渍提取24 h,抽滤,滤液于40 ℃浓缩至干。当提取物浓度为2.5~75 mg/mL时,*C. glaucescens* 叶水提取物对AChE的抑制率为47.57%~86.67%,二氯甲烷提取物对AChE的抑制率为34.54%~73.64%;*G. glauca* 水提取物对AChE的抑制率为33.63%~90.00%,二氯甲烷提取物对AChE的抑制率为35.09~96.97%[92]。

辣木(*Moringa oleifera*)叶提取工艺如下:将叶阴干,粉碎,分别用水、乙醇浸渍,得提取物;当乙醇提取物浓度为3.75 mg/mL、5.00 mg/mL时,其对捻转血茅线虫卵的抑制率分别为60.3%、92.8%,IC_{50}值均为0.985 mg/mL,对孵化虫卵的抑制率为99.0%,IC_{50}值为1.74 mg/mL;当提取物浓度为5 mg/mL时,其对幼虫的抑制率为98.8%~100%[93]。

第9章 植物茎叶提取物的提取分离及活性研究

图 9-37 *Carphalea glaucescens*

图 9-38 *Gnidia glauca*

麻风树(*Jatropha curcas* L.)为大戟科麻风树属植物,又名青铜木、羔桐、臭油桐、小桐子等。其叶提取工艺如下:叶用甲醇和水进行索氏提取,得提取物。甲醇提取物和水提取物对 HIV 的 IC_{50} 值分别为 0.00073～0.1278 mg/mL、0.0255～0.4137 mg/mL[94]。

Berberis holstii 是小檗科小檗属植物(见图 9-39)。其叶提取工艺如下:取

图 9-39 *Berberis holstii*

135 g 叶粉末,加入 800 mL 二氯甲烷-甲醇(1:1),室温浸渍提取一夜,过滤,滤液于35 ℃减压浓缩;滤渣再加入 800 mL 纯化水,浸渍提取一夜,过滤,将滤液冷冻干燥。水提物对 HIV 病毒有良好的中和活性,IC_{50} 值为5.84 μg/mL[95]。

姜黄(*Curcuma longa* L.)又名郁金、宝鼎香、毫命、黄姜等,是姜科姜黄属多年生草本植物。其叶提取工艺如下:将叶晾干,在 50 ℃烘箱中烘 24 h,粉碎,过 20 目筛;取 10 g 叶粉末,依次用乙醇、乙酸乙酯、氯仿、正己烷进行索氏提取,置于室温中轻轻振摇 24 h,过滤收集滤液,减压浓缩。乙醇提取物对芽孢杆菌有较强的抑制作用,对蜡样芽孢杆菌 Xb21、类芽孢杆菌 BF38、单纯芽孢杆菌 Xb17、巨大芽孢杆菌 Hb42、类芽孢杆菌 L32 的抑菌圈直径分别为 12.50 mm、11.10 mm、10.40 mm、9.15 mm、8.00 mm,对测定菌的 MIC 值接近 1.56 μg/μL;氯仿提取物对单纯芽孢杆菌 Xb17、类芽孢杆菌 BF38 的抑菌圈直径分别为 14.45 mm、12.25 mm[96]。

构树[*Broussonetia papyrifera*（L.）Vent]是桑科构树属落叶乔木。其叶提取工艺如下：将构树叶阴干粉碎，分别用蒸馏水、75%乙醇和50%丙酮浸泡3 h，用纱布过滤，滤液于55 ℃减压浓缩后冷冻干燥。当3种构树提取物终浓度高于10.00 mg/mL时，提取物对鸡胚成纤维细胞（chick embryo fibroblast，CEF）均有一定的毒性作用，表现为CEF增殖速度降低，少数细胞变圆、上浮；当培养时间延长至72 h时，CEF存活率仅为40%左右，这说明构树叶提取物中某些化学成分对CEF具有一定的毒性。当构树叶提取物终浓度低于2.50 mg/mL时，添加构树叶提取物的各组CEF存活率与对照组细胞大致相同。当提取物浓度为1.25 mg/mL时，乙醇提取物和丙酮提取物能提高新城疫病毒（NDV）感染的CEF活性，丙酮提取物能提高传染性喉气管炎病毒（ILTV）和传染性支气管炎病毒（IBV）感染的CEF活性，但对传染性法氏囊病毒（IBDV）诱导的CEF病变无影响。经丙酮提取物预处理的CEF对NDV或ILTV感染的抵抗力呈上升趋势[97]。

对上述植物茎叶提取物的抑菌、杀虫、抗病毒作用的文献调研，如表9-4所示。

表9-4 植物茎叶提取物的抑菌、杀虫、抗病毒作用

序号	植物部位	活性及剂量	阳性对照	文献
1	郁金茎叶	醇提物可抑制油菜菌核菌（EC_{50}为1.6634 mg/mL）、辣椒灰霉菌（EC_{50}为2.1653 mg/mL）、小麦赤霉菌（EC_{50}为2.9687 mg/mL）、山葵墨入菌（EC_{50}为3.3164 mg/mL）	无	[68]
2	薏苡茎	脂溶性成分对表皮葡萄球菌（浓度为5 mg/mL）、金黄色葡萄球菌（浓度为15 mg/mL）、大肠杆菌（浓度为10 mg/mL）的抑制效果强于碘伏	强于碘伏	[69]
3	狭叶十大功劳茎	甲醇提取物可抑制水稻白叶枯病菌、水稻细菌性条斑病病菌、柑橘溃疡病病菌、大豆细菌性斑疹病病菌（浓度为30 mg/mL），强烈抑制玉米大斑病病菌、玉米小斑病病菌、甘蓝黑斑病病菌和香蕉弯孢霉叶斑病病菌，抑菌率均为100%（浓度为0.5 mg/mL）	无	[70]

续表

序号	植物部位	活性及剂量	阳性对照	文献
4	天兰草茎、叶	茎、叶甲醇提取物可抑制金黄色葡萄球菌(抑菌圈直径分别为9.5 mm、13.4 mm,与马缨丹烯A浓度呈正比关系)	无	[71]
5	桃叶	阴干、晒干、先晒后阴和40 ℃热风烘干的60%乙醇提取物可抑制大肠杆菌、金黄色葡萄球菌、枯草芽孢杆菌(抑菌圈直径为14.3～19.3 mm,浓度为10 g/L),40 ℃烘干桃叶的60%乙醇、90%乙醇和蒸馏水提取物的抑菌效果最好(抑菌圈直径为14.4～17.6 mm,浓度为10 g/L)	无	[72]
6	葡萄叶	70%乙醇提取物对4种菌的抑菌作用由强到弱依次为金黄色葡萄球菌、大肠杆菌、白假丝酵母菌、枯草芽孢杆菌,抑菌圈直径分别为13.27 mm、9.85 mm、8.16 mm、7.05 mm	无	[73]
7	大乌泡叶	80%醇提物的乙酸乙酯部位可抑制金黄色葡萄球菌、表皮葡萄球菌、大肠埃希菌、痢疾志贺菌、普通变形杆菌(MIC、MBC分别为6.25～12.5 mg/mL、12.5～25 mg/mL)	氨苄青霉素	[74]
8	两面针茎	70%乙醇提取物的乙酸乙酯部位对大肠埃希菌、沙门氏菌、枯草芽孢杆菌、金黄色葡萄球菌和白色念珠菌的抗菌活性较强,其中对大肠埃希菌、沙门氏菌的抗菌活性最强(MBC分别为93.8 μg/mL、750.0 μg/mL,MIC分别为46.9 μg/mL、187.5 μg/mL)	无	[75]
9	爵床茎叶	甲醇提取物对亚洲玉米螟、小菜蛾、菜青虫、棉铃虫和斜纹夜蛾的触杀作用最强,乙酸乙酯提取物对大豆蚜、桃蚜和萝卜蚜的触杀作用最强,丙酮提取物对柑橘红蜘蛛的触杀作用最强(浓度为8 mg/mL)。甲醇提取物对柑橘炭疽病菌(IC_{50}为5.91 mg/mL)、芦笋茎枯病菌(IC_{50}为4.61 mg/mL)、辣椒疫病菌(IC_{50}为5.05 mg/mL)、辣椒炭疽病菌(IC_{50}为4.23 mg/mL)和草莓灰霉病菌(IC_{50}为5.27 mg/mL)具有较强的抑菌活性	无	[76]

续表

序号	植物部位	活性及剂量	阳性对照	文献
10	黄细心叶	乙醇提取物对印度蚯蚓 Pheretima posthuma 有驱虫活性(浓度为 100 mg/mL)	无	[77]
11	可可茎皮	氯仿提取物对大肠杆菌、铜绿假单胞菌、肺炎链球菌、金黄色葡萄球菌的抑菌圈直径为 23~30 mm、22~30 mm、22~31 mm、22~27 mm(浓度为 12.5~100 mg/mL)	无	[78]
12	依兰叶	甲醇、石油醚、氯仿提取物对金黄色葡萄球菌、沙门氏菌、大肠杆菌、霍乱弧菌、絮状表皮癣菌、石膏样小孢子菌、须毛癣菌的抑菌圈直径为 3.2~21.4 mm(浓度为 2 mg/mL)	接近氨苄青霉素、制霉菌素	[79]
13	蓟罂粟叶	甲醇提取物和水提取物可抑制 G^+(粪肠球菌、金黄色葡萄球菌)、G^- 菌(肺炎克雷伯菌、奇异变形杆菌)及烟曲霉、新生隐球菌(剂量为 75~500 μg/纸片,抑菌圈直径为 10.0~25.0 mm)	弱于环丙沙星、氟康唑	[80]
14	香桃木叶	提取液制备的纳米银颗粒可抑制大肠杆菌、枯草芽孢杆菌、铜绿假单胞菌、金黄色葡萄球菌、耐甲氧西林金黄色葡萄球菌、粪肠球菌(MIC 值为 12.26~32.68 μg/mL,MBC 值为 16.34~65.39 μg/mL)	无	[81]
15	杯菊叶	乙酸乙酯提取液对铜绿假单胞菌、痤疮丙酸杆菌、肺炎克雷伯菌的抑菌圈直径分别为 11 mm、11 mm、10 mm	弱于利福平	[82]
16	羽芒菊叶	水提取物对野油菜黄单胞菌菌株 15、16、7 的平均抑菌圈直径分别为 22.09 mm、21.68 mm、18.04 mm	无	[83]
17	香蕉叶	甲醇提取物可使印度蚯蚓成虫在 45.43 min 后发生痉挛,在 129.83 min 后死亡(浓度为 30 mg/mL)	弱于阿苯达唑	[84]
18	刚毛木蓝叶	乙醇(甲醇)提取物使蚯蚓痉挛和死亡的时间分别为 58.6(68.0)min、90.6(122.0)min,乙醇提取物的作用强度强于阿苯达唑(浓度为 0.2 mg/mL)	强于阿苯达唑	[85]

续表

序号	植物部位	活性及剂量	阳性对照	文献
19	柚叶	乙酸乙酯、石油醚提取物对铜绿假单孢菌、白色念珠菌、金黄色葡萄球菌、大肠杆菌、奇异变形杆菌的抑菌圈直径为9.3～15.0 mm。氯仿提取物对铜绿假单孢菌、金黄色葡萄球菌、变形杆菌的抑菌圈直径为8.2～12.2 mm。乙醇提取物对铜绿假单孢菌、金黄色葡萄球菌、大肠杆菌、奇异变形杆菌的抑菌圈直径为8.0～11.0 mm。水提取物对铜绿假单孢菌、金黄色葡萄球菌、大肠杆菌、奇异变形杆菌的抑菌圈直径为8.1～12.2 mm	无	[86]
20	槟榔叶	氯仿、乙醚、甲醇提取物对枯草芽孢杆菌、金黄色葡萄球菌、大肠杆菌、铜绿假单孢菌具有良好的抑菌活性,抑菌圈直径为15～24 mm(浓度为100 μg/mL)	与环丙沙星相当	[87]
21	散沫花叶	100%丙酮提取物可抑制铜绿假单孢菌、假单孢菌 Pseudomonas oryzihabita、变形杆菌、肺炎克雷伯菌和金黄色葡萄球菌(抑菌圈直径为17.33～21.66 mm)	弱于庆大霉素	[88]
22	决明子叶	甲醇提取物可抑制尿路感染的病原体(大肠杆菌、铜绿假单孢菌、金黄色葡萄球菌、肺炎克雷伯菌)(MIC值为1.0～2.0 mg/mL,抑菌圈直径为12～24 mm)	无	[89]
23	凤凰木叶	甲醇提取物可抑制肺炎克雷伯菌、枯草芽孢杆菌(MIC值为1 mg/mL)。提取物中木犀草素可能抑制细菌中葡糖胺-6-磷酸合酶活性	弱于环丙沙星	[90]
24	萝卜叶	二氯甲烷(IC_{50} 为 344.02 μg/mL)、乙酸乙酯(IC_{50} 为 369.27 μg/mL)及石油醚组分(IC_{50} 为 371.12 μg/mL)具有抑制AChE活性作用	弱于石杉碱甲	[91]
25	C. glaucescens 和 G. glauca	G. glauca 叶水提取物可抑制 AChE(抑制率为33.63%～96.97%,浓度为2.5～75 mg/mL)	弱于Cyclone	[92]

续表

序号	植物部位	活性及剂量	阳性对照	文献
26	辣木叶	乙醇提取物可抑制捻转血茅线虫虫卵(IC_{50}为0.985 mg/mL),抑制孵化虫卵(IC_{50}为1.70 mg/mL),对幼虫的抑制率为98.8%~100%(浓度为5 mg/mL)	无	[93]
27	麻风树叶	甲醇提取物和水提取物对HIV的IC_{50}值分别为0.00073~0.1278 mg/mL、0.0255~0.4137 mg/mL	无	[94]
28	*Berberis holstii* 叶	水提物对HIV病毒有良好的中和活性,IC_{50}值为5.84 μg/mL	与恩福韦肽相当,弱于替诺福韦	[95]
29	姜黄叶	乙醇提取物可抑制蜡样芽孢杆菌Xb21、类芽孢杆菌BF38、单纯芽孢杆菌Xb17、巨大芽孢杆菌Hb42、类芽孢杆菌L32,其抑菌圈直径为8.00~12.50 mm(IC_{50}为1.56 μg/mL)	弱于新霉素	[96]
30	构树叶	水、乙醇和丙酮提取物对CEF均有一定的毒性作用(浓度高于10.00 mg/mL)。乙醇和丙酮提取物能显著提高新城疫病毒(NDV)感染的CEF活性,丙酮提取物能显著提高传染性喉气管炎病毒(ILTV)和传染性支气管炎病毒(IBV)感染的CEF活性(浓度为1.25 mg/mL)	无	[97]

9.5 提取物的提取分离与增强免疫作用

西兰花(*Brassica oleracea* L. var. botrytis L)又名青花菜,为十字花科芸薹属二年生植物,被誉为"蔬菜皇冠",内含丰富的生物活性物质。其茎叶中多肽的酶法制备工艺如下:以新鲜茎叶为原料进行压榨,对所得汁液进行加热(温度为90 ℃),保温10 min,沉淀物经离心、干燥,即得西兰花茎叶蛋白粉;以蛋白粉为原料,按料液比1∶20加入蒸馏水,在温度60 ℃、pH 8.0条件下,加入2.0% Acalase碱性蛋白酶,酶解3 h后,灭酶,冷却,离心,取上清液,浓缩后冷冻干燥,得多肽提取物。用浓度为100 mg/kg、50 mg/kg、25 mg/kg多肽提取物对小鼠连续灌胃30 d后,高剂量组(100 mg/kg)可提高小鼠的淋巴细胞转化能力,增大小鼠的左右耳片重量差异,促进正常小鼠碳粒廓清功能,显著增强小鼠非特异免疫功能[98]。

树参[*Dendropanax dentiger* (Harms) Merr.](见图 9-40)为五加科树参属常绿科研成果木或灌木。其叶提取方法一：取 1000 g 叶粉末，置于双层玻璃反应釜中，加入蒸馏水，100 ℃机械搅拌提取 150～180 min，过滤，收集滤液，滤渣中再加入蒸馏水，继续提取，合并 2 次提取滤液，在压力为 450～500 Pa 的条件下，浓缩至初始体积的 1/10；浓缩液用等体积的石油醚、乙酸乙酯、已丁醇萃取 3 次，每次 30～45 min，正丁醇萃取相在 450～500 Pa 条件下减压浓缩至近干，105 ℃干燥 24 h，得黄色提取物(皂苷)。

图 9-40　树　参

提取方法二：取 1000 g 粉末，置于超声萃取釜中，加入蒸馏水，于 45～50 ℃气升式搅拌条件下，超声提取 60～72 min(120 W，32 kHz)，间隔 2 min 超声 1 次，每次超声 4 min，过滤，得到树参叶提取液。提取液与上述方法一样进行减压浓缩，用石油醚、乙酸乙酯、正丁醇萃取，正丁醇萃取相减压浓缩至近干，105 ℃干燥 24 h，得黄色提取物(皂苷)。提取方法三：取 1000 g 粉末，装入索氏提取器中，加入质量百分浓度为 70％～80％的乙醇溶液 20～40 L，回流提取 4～6 h，过滤，得到树参叶提取液，减压浓缩至无醇味，用石油醚、乙酸乙酯、正丁醇萃取，减压浓缩正丁醇萃取相至近干，105 ℃干燥 24 h，得黄色提取物(皂苷)。3 种黄色提取物的 0.1％水溶液均能提高 1 月龄獭兔的血清总蛋白、抗体、球蛋白、IgG、IgM 含量，比对照组分别提高了 7.15％、5.54％、14.69％、10.92％和 9.43％。随着浓度增加，免疫激活作用下降。0.2％、0.5％水溶液分别对增强 2、3 月龄獭兔血清免疫效果最佳。獭兔试验表明树参提取物作为饲料添加剂可以改善动物的抗病能力[99]。

对上述植物茎叶提取物的增强免疫作用的文献调研，如见表 9-5 所示。

表 9-5　植物茎叶提取物的增强免疫作用

序号	植物部位	活性及剂量	阳性对照	文献
1	西兰花茎叶	高剂量组西兰花多肽可提高小鼠的淋巴细胞转化能力，增大小鼠的左右耳片重量差异，促进正常小鼠碳粒廓清功能，增强小鼠非特异免疫功能(灌胃剂量为 100 mg/kg、50 mg/kg、25 mg/kg，30 d)	无	[98]

续表

序号	植物部位	活性及剂量	阳性对照	文献
2	树参叶	3 种黄色提取物（皂苷）可提高 1 月龄獭兔的血清总蛋白、抗体、球蛋白、IgG、IgM 含量(0.1％水溶液)；0.2％、0.5％水溶液分别对增强 2、3 月龄獭兔血清免疫效果最佳	无	[99]

9.6 提取物的提取分离与保肝作用

肝星状细胞(hepatic stellate cells, HSCs)是肝纤维化时细胞外基质(extracellular matrixc, ECM)的主要来源，HSCs 活化和增殖是肝纤维化形成的关键，与肝纤维化的发展关系密切。α-SMA 是 HSCs 活化的重要标志物。肝损伤后 HSCs 被激活，转变成肌成纤维细胞(myofibroblast, MFB)；后者具有增生活性，可表达 α-SMA 并产生纤维，从而合成大量 ECM。TGF-β1 是促进肝纤维化的关键细胞因子之一。肝细胞受损后，释放的 TGF-β1 可启动和维持 HSCs 的活化，而被激活后增殖的 HSCs 可通过自分泌方式使 TGF-β1 水平持续升高；后者继续参与 HSCs 的活化和增殖，促进 ECM 的合成，抑制胶原酶及基质降解，参与肝纤维化发展过程。另外，TGF-β1 可通过抑制谷氨酰半胱氨酸连接酶的表达，进一步损伤肝细胞，亦可通过抑制肝细胞 DNA 合成来妨碍肝细胞再生。

五味子[*Schisandra chinensis* (Turcz.) Baill.]藤茎的提取工艺如下：将藤茎粉碎成粗粉后烘干，用 80％乙醇浸泡 24 h，超声提取 3 次，每次 30 min，过滤，合并滤液，减压蒸干，贮存备用。当灌胃剂量为 5.0 g/kg、2.5 g/kg、1.25 g/kg 时，提取物可显著降低肝纤维化大鼠的血清 ALT、AST 活性及透明质酸(HA)、层粘蛋白(LN)、Ⅲ型前胶原(PCⅢ)水平。病理组织学检查结果显示，提取物各剂量组可明显改善大鼠肝组织结构，使肝纤维化程度减轻。五味子藤茎提取物各剂量组均可显著降低肝组织 TGF-β1、α-SMA 蛋白表达水平[100]。

剑叶耳草(*Hedyotis caudatifolia* Merr. et Metcalf)(见图 9-41)为茜草科耳草属植物。其茎、叶的提取工艺如下：茎、叶晒干后，加入 12 倍量的新制蒸馏水，浸泡约 1 h 后煎煮，煮沸后文火继续煎煮 2 h，共煎煮 2 次，第 2 次加入 10 倍量的新制蒸馏水;过滤,收集合并 2 次提取液,四层纱布过滤后用旋转蒸发仪减压浓缩至每毫升提取液约含 2 g生药[2 g(生药)/mL]。当灌胃剂量 8 g/kg 和 4 g/kg 时,水提物能显著降低因 ConA 所致的免疫性肝损伤小鼠血清中异常升高的 ALT、AST、ALP 和 TBIL 活性,使免疫性肝损伤小鼠肝匀浆中的 MDA 含量明显降低、GSH 含量明显升高,对升高 GSH-Px、SOD 活性有明显的促进作用[101]。

图 9-41 剑叶耳草

Solanum trilobatum(见图 9-42)是茄科茄属植物。其叶提取工艺如下:叶洗净,10 d 阴干,粉碎;取 100 g 粉末,用氯仿、甲醇、石油醚浸渍过夜,过滤,减压浓缩。当灌胃剂量为 1 g/kg 时,提取物可降低乙酰氨基酚诱导的肝损伤模型大鼠的 AST、ALT、ALP、LDH 活性,具有保肝作用[102]。

图 9-42 *Solanum trilobatum*

脂联素(adiponectin,APN)是一种由脂肪细胞特异性分泌的激素,具有广泛的生物学效应,与受体结合后可以影响糖代谢、肝脏脂肪代谢、炎性因子产生和胰岛素敏感性等,从而抑制非酒精性脂肪性肝病的形成与发展[103]。脂联素受体主要有 AdipoR1 和 AdipoR2。AdipoR2 主要在肝脏中表达,脂联素与 AdipoR2 结后合可有效地抑制脂质在肝脏内的堆积[104]。AdipoR2 与脂联素的亲和力同脂联素敏感性密切相关,因此,肝细胞的 AdipoR2 表达将直接影响脂联素作用的敏感性[105]。

布渣叶是椴树科植物破布叶(*Microcos paniculata* Linn)(见图 9-43)的干燥叶。其提取工艺如下:取叶 0.5 kg,加入 5 倍量的水,冷水浸泡 30 min 后武火煎煮,煮沸后用文火慢煎 20 min,趁热过滤,收集滤液;滤渣加入 4 倍量的水,煎煮第 2 遍,煎法同上,合并滤液,60 ℃旋转蒸发,浓缩为含生药 6 g/mL 的水煎液。布渣叶低、高剂量组(3.5 g/kg、7.0 g/kg)可降低用高糖高脂饲料喂养 12 周制备的非酒精性脂肪性肝病模型小鼠的血清 TC、TG、LDL-C、AST、ALT 水平及肝指数,降低肝组织中 MDA 含量,提高 SOD 活性,提高肝组织中脂联素受体 2（AdipoR2）蛋白表达量,明显减轻肝细胞脂肪变性程度[106]。

图 9-43　破布叶

布渣叶的另一种提取工艺如下:取 400 g 叶,60 ℃干燥,粉碎后用 6000 mL 去离子水煮沸 1 h,滤过,滤液缓慢通过 Diaion HP-20 大孔吸附树脂,依次用去离子水和不同浓度的乙醇洗脱;乙醇洗脱液用旋转蒸发仪低温减压浓缩,冷冻干燥得冻干粉 20.0 g。在灌胃小鼠前,取适量提取物,用 0.5% CMC-Na 溶液配制成相应的布渣叶低剂量、中剂量和高剂量混悬溶液,备用。当灌胃剂量为 100 mg/kg、200 mg/kg、400 mg/kg 时,提取物能明显降低 CCl_4 所致的急性化学性肝损伤,降低小鼠血清 GPT、GSH 活性,提高 GSH 活性及 SOD 活性[107]。

对上述植物茎叶提取物的保肝作用的文献调研,如表 9-6 所示。

表 9-6　植物茎叶提取物的保肝作用

序号	植物部位	活性及剂量	阳性对照	文献
1	五味子藤茎	80%乙醇提取物可显著降低肝纤维化大鼠的血清 ALT、AST 活性及 HA、LN、PCⅢ水平,显著降低肝组织 TGF-β1、α-SMA 蛋白表达水平（灌胃剂量为 5.0 g/kg、2.5 g/kg、1.25 g/kg）	无	[100]
2	剑叶耳草全草	水提物可显著降低因 ConA 所致的免疫性肝损伤小鼠血清中异常升高的 ALT、AST、ALP 和 TBIL 活性,降低 MDA 含量,升高 GSH 含量及 GSH-Px、SOD 活性(灌胃剂量为 8 g/kg 和 4 g/kg)	联苯双酯	[101]
3	Solanum trilobatum 叶	提取物可降低肝损伤模型大鼠的 AST、ALT、ALP、LDH 活性,具有保肝作用（灌胃剂量为 1 g/kg）	无	[102]

续表

序号	植物部位	活性及剂量	阳性对照	文献
4	布渣叶	水提物可降低非酒精性脂肪性肝病模型小鼠的血清 TC、TG、LDL-C、AST、ALT 水平及肝指数,降低肝组织中 MDA 含量,提高 SOD 活性,提高 AdipoR2 蛋白表达量,明显减轻肝细胞脂肪变性程度(灌胃剂量为 3.5 g/kg、7.0 g/kg)	辛伐他汀	[106]
		水提取后的醇洗脱物能明显降低 CCl_4 所致的急性化学性肝损伤,降低小鼠血清 GPT、GSH 活性,提高 GSH 及 SOD 活性(灌胃剂量为 100~400 mg/kg)	无	[107]

9.7 提取物的提取分离与抗炎、镇痛、解热、降低尿酸作用

桔梗[*Pltaycodon grandiflorum*(jacq.) a. dc.](见图 9-44)为桔梗科桔梗属植物。其茎叶提取工艺如下:取茎叶 250 g,粉碎成粗粉,用 70%乙醇回流提取 3 次,合并提取液,回收部分乙醇,冷却,浓缩得浸膏;将所得浸膏溶于 300 mL 水中,用盐酸调 pH 为 2,沉淀过夜,抽滤得滤渣(生物总碱部分),滤液分别用石油醚、氯仿、乙酸乙酯和水饱和的正丁醇萃取,得各部位提取物。当灌胃剂量为 2.703 g/kg 时,不同部位提取

图 9-44 桔梗

物对二甲苯致小鼠耳郭肿胀、鸡蛋清引起的大鼠足跖肿胀有不同程度的抑制作用,可降低急性炎症导致的腹腔毛细血管通透性及鸡蛋清致大鼠肿胀足炎性组织中 PGE2 含量[108]。

痛风伴随着尿酸过多及尿酸排泄减少,尿酸水平升高是痛风的生化基础。肾脏在尿酸排泄过程中起着重要作用,因此,高尿酸症常伴有肾功能损伤。血肌酐和尿素氮是检验肾功能的重要指标,可以反映肾小球滤过功能和肾小管重吸收功能。黄嘌呤氧化酶(xanthine oxidase,XOD)是嘌呤核苷代谢途径的限速酶,可调控尿酸生成的最终环节,在高尿酸血症的发病中占主

导地位。

辣木叶提取工艺如下:取干燥叶 100 g,粉碎后加入 600 mL 70%乙醇,超声提取 2 次,每次 2 h,将提取液合并浓缩至 375 mL,得高剂量组(4.0 g/kg,按生药计,下同);按照同样方法得低、中剂量组(1.0 g/kg、2.0 g/kg)。与模型组比较,低、中、高剂量的提取物均可降低高尿酸血症小鼠的血清尿酸(UA)、肌酐(Cre)、尿素氮(BUN)、腺苷脱氨酶(ADA)以及 XOD 水平[109]。

Hunteria umbellata(HU)(K. Schum)为夹竹桃科植物。其茎皮提取工艺如下:茎皮晒干后粉碎,取 200 g 粉末,加入 2 L 蒸馏水,煮沸提取 30 min,过滤,滤液置于 40 ℃烘箱中浓缩干燥。当灌胃剂量为 150 mg/kg、300 mg/kg 时,提取物可减少醋酸扭体法和热板试验中小鼠扭体次数、舔爪次数,提高痛阈[110]。

调料九里香(*Murraya koenigii*)是芸香科九里香属植物。其叶提取工艺如下:将叶切成小段,一周左右晒干,粉碎成粗粉,用石油醚、乙酸乙酯和甲醇等比例混合溶剂提取。当灌胃剂量为 200 mg/kg、400 mg/kg 时,提取物对醋酸扭体法中小鼠扭体的抑制率为 41.96%、50.48%,可使热辐射甩尾法中小鼠甩尾时间延长 29.75%、38.88%[111]。

裂叶福禄桐(*Polyscias fruticosa*)又称羽叶福禄桐、羽叶南阳森等,为五加科南洋森属多年生木本观叶植物。其叶提取工艺如下:叶洗净,阴干,粉碎成细粉,取 3.0 kg 细粉,加入 1 L 乙醇,置于旋转混合器中浸渍 72 h,过滤收集滤液,浓缩,干燥得提取物。当灌胃剂量为 100～500 mg/kg 时,提取物可使豚鼠痉挛性呼吸困难的发作时间延长 76.1%～180.2%,恢复时间减少 71.9%～78.5%;另外,提取物可降低组胺引起的支气管痉挛率,抑制组胺引起的收缩反应,抑制肥大细胞脱颗粒作用[112]。

硬毛木防己(*Cocculus hirusitus*)和台湾美登木(*Maytenus emarginata*)叶提取工艺如下:取上述叶各 3 kg,切碎,用乙醇浸渍,每隔 24 h 滤出一次提取液,直至提取液无色;合并提取液,减压浓缩,得到黄色稠厚液体。将提取液悬浮在 0.5%羧甲基纤维素中。当灌胃剂量为 100 mg/kg、200 mg/kg 时,提取物可明显降低酵母致热大鼠的体温[113]。

黄钟花(*Tecoma stans*)(见图 9-45)是紫葳科黄钟花属植物。其叶提取工艺如下:取叶粉末 500 g,分别用乙醇、水进行索氏提取,过滤,滤液浓缩至半固体状。当灌胃剂量为 250 mg/kg、500 mg/kg 时,乙醇提取物在 0～5 min

对大鼠舔舐反应的抑制率为 28.48%、37.43%,在 15~30 min 对大鼠舔舐反应的抑制率为 53.41%、74.56%,对小鼠扭体反应的抑制率为 36.5%、53.5%,对角叉菜胶引起水肿的抑制率为 63.3%、76.92%[114]。

纽子花[*Vallaris solanacea*(Roth)O. Ktze.](见图 9-46)是夹竹桃科纽子花属植物。其茎提取工艺如下:将茎阴干(2 周),粉碎,取 1 kg 粉末,加入 95%甲醇 6 L,索氏提取,提取液减压浓缩至干。当灌胃剂量为 3.2~6.4 g/kg 时,甲醇提取物可明显降低幽门结扎和乙醇诱导的大鼠溃疡模型的溃疡指数,同时,可降低模型鼠的胃液量、pH 值、总游离酸度[115]。

图 9-45　黄钟花

图 9-46　纽子花

香椿[*Toona sinensis*(A. Juss.)Roem.]叶提取工艺如下:取 1 kg 叶,加入 4 L 反渗透水,加热煮沸 30 min,提取液低温浓缩,用 70 目筛过滤,滤液浓缩,冻干。当灌胃剂量为 1 g/kg 时,水提取物在 30 d 内可改善盲肠结扎穿孔致脓毒症模型大鼠的生存状况,可能是减轻了脓毒症引起的肺组织损伤,而非减轻炎症细胞浸润作用。研究表明,当水提物浓度为 10 μg/mL、50 μg/mL、100 μg/mL 时,水提取物不影响脂多糖诱导的内毒素释放(如 TNF、IL-1),可抑制 NO 生成和小鼠巨噬细胞 RAW264.7 释放,增加脂多糖诱导的血红素氧合酶-1(HO-1)表达[116]。

山半夏为天南星科犁头尖属植物马蹄犁头尖(*Typhonium trilobatum* L. Schott)的块茎。其叶提取工艺如下:叶阴干,粉碎成粗粉;取 150 g 粉末,加入 900 mL 70%乙醇,55 ℃浸渍 14 d,偶尔振摇,过滤收集滤液,浓缩至干。当灌胃剂量为 250 mg/kg、500 mg/kg 时,提取物可减少醋酸致小鼠扭体次数,抑制率分别为 49.33%、65.33%,对小鼠耳部水肿的抑制率分别为 15.0%、27.5%[117]。

水黄皮[*Pongamia pinnata*(L.)Pierre]为豆科水黄皮属生长快速的乔木植物。其茎皮提取工艺如下:茎皮阴干,粉碎,用无水乙醇室温浸渍 7 d,过滤,滤液于40 ℃烘干,得半固体提取物。当灌胃剂量为100 mg/kg、300 mg/kg、1000 mg/kg时,提取物能明显降低醋酸引起的模型小鼠腹部收缩程度,抑制率分别为 22.70%、56.19%、66.51%;当灌胃剂量为 300 mg/kg 或 1000 mg/kg时,提取物可延长热板试验模型小鼠疼痛反应的潜伏期,抑制大鼠角叉菜胶引起的足跖肿胀(抑制率分别为39.60%、44.55%)、棉球肉芽肿(抑制率分别为34.16%、63.20%),显著降低模型大鼠血浆中 TNF-α、IL-1β 含量[118]。

芭蕉(*Musa basjoo Sied*. et Zucc.)茎、叶提取工艺如下:取茎、叶干燥细粉各1 g,置于100 mL锥形瓶中,各加入蒸馏水25 mL,密塞,静置24 h,过滤收集滤液。当灌胃剂量为1.0 g/kg、0.5 g/kg时,水提取物可抑制二甲苯引起的小鼠耳郭肿胀度,降低棉球肉芽肿干重,降低醋酸所致的小鼠扭体次数;叶的抗炎、镇痛作用强于茎[119]。

对上述植物茎叶提取物的抗炎、镇痛、解热、降低尿酸作用的文献调研,如表9-7所示。

表9-7 植物茎叶提取物的抗炎、镇痛、解热、降低尿酸作用

序号	植物部位	活性及剂量	阳性对照	文献
1	桔梗茎叶	提取物可抑制小鼠耳郭肿胀、大鼠足跖肿胀,降低腹腔毛细血管通透性、PGE2含量(灌胃剂量为2.703 g/kg)	地塞米松	[108]
2	辣木叶	70%乙醇提取物降低高尿酸血症小鼠的UA、Cre、BUN、ADA以及XOD水平(灌胃剂量为1.0~4.0 g/kg,按生药计)	别嘌呤醇	[109]
3	Hunteria umbellata 茎皮	水提取物可减少小鼠扭体次数、舔爪次数,提高痛阈(灌胃剂量为150 mg/kg、300 mg/kg)	吗啡	[110]
4	调料九里香叶	提取物对醋酸扭体法中小鼠扭体的抑制率为41.96%、50.48%,可使热辐射甩尾法中小鼠甩尾时间延长29.75%、38.88%(灌胃剂量为200 mg/kg、400 mg/kg)	氨基比林、吗啡	[111]
5	裂叶福禄桐叶	乙醇提取物可延长豚鼠痉挛性呼吸困难的发作时间,降低恢复时间;另外可降低组胺引起的支气管痉挛率,抑制组胺引起的收缩反应,抑制肥大细胞脱颗粒作用(灌胃剂量为100~500mg/kg)	氯苯吡胺色甘酸钠	[112]

续表

序号	植物部位	活性及剂量	阳性对照	文献
6	印度防己叶和台湾美登木叶	乙醇提取物可明显降低酵母致热大鼠的体温(灌胃剂量为 100 mg/kg、200 mg/kg)	对乙酰氨基酚	[113]
7	黄钟花叶	乙醇提取物可抑制大鼠疼痛反应、大鼠脚趾舔舐反应、小鼠扭体反应和角叉菜胶引起的水肿(灌胃剂为 250 mg/kg、500 mg/kg)	弱于喷他佐辛和双氯芬酸钠	[114]
8	纽子花茎	甲醇提取物可明显降低幽门结扎和乙醇诱导的大鼠溃疡模型的溃疡指数,降低模型鼠的胃液量、pH 值、总游离酸度(灌胃剂量为 3.2~6.4 mg/kg)	雷尼替丁	[115]
9	香椿叶	水提取物可改善盲肠结扎穿孔致脓毒症模型大鼠的生存状况(灌胃剂量为 1 g/kg,30 天),可能是减轻了脓毒症引起的肺组织损伤。水提取物可抑制 NO 生成和巨噬细胞 RAW 264.7 释放,增加 LPS 诱导的血红素 HO-1 表达(浓度为 10 μg/mL、50 μg/mL、100 μg/mL)	无	[116]
10	马蹄犁头尖叶	70%乙醇提取物可减少醋酸致小鼠扭体次数,抑制率分别为 49.33%、65.33%,对小鼠耳部水肿的抑制率分别为 15.0%、27.5%(灌胃剂量为 250 mg/kg、500 mg/kg)	双氯芬酸钠	[117]
11	水黄皮茎皮	乙醇提取物可明显降低模型小鼠腹部收缩程度(灌胃剂量为 100 mg/kg、300 mg/kg、1000 mg/kg);延长模型小鼠疼痛反应的潜伏期,抑制大鼠角叉菜胶引起的足跖肿胀体积、棉球肉芽肿,显著降低模型大鼠血浆中 TNF-α、IL-1β 含量(灌胃剂量为 300 mg/kg、1000 mg/kg)	阿司匹林、喷他佐辛、双氯芬酸	[118]
12	芭蕉茎、叶	水提取物可抑制二甲苯引起的小鼠耳郭肿胀度,降低棉球肉芽肿干重,降低醋酸所致的小鼠扭体次数;叶的抗炎、镇痛作用强于茎(灌胃剂量为 1.0 g/kg、0.5 g/kg)	阿司匹林	[119]

9.8 提取物的提取分离与抗腹泻作用

番石榴（*Psidium guajava* Linn.）为桃金娘科番石榴属乔木。其叶提取工艺如下：叶阴干，粉碎；取 100 g 粉末，加入 250 mL 蒸馏水，煮沸 30 min，用棉布和脱脂棉过滤，将滤液烘干。当灌胃剂量为 50 mg/kg、100 mg/kg 时，提取物对蓖麻油诱导的白鼠腹泻的抑制作用与腹腔注射 5 mg/kg 地芬诺酯相当，可减缓大鼠的肠道蠕动。当灌胃剂量为 100 mg/kg 时，提取物的抗肠液累计作用与腹腔注射 20 mg/kg 氯丙嗪相当[120]。

番石榴叶的另一种提取工艺如下：叶干燥，粉碎；取 50 g 粉末，加入 400 mL 热水，浸渍提取 48 h，过滤，收集滤液。当灌胃剂量为 50 mg/kg、100 mg/kg 时，提取物可抑制蓖麻油诱导的腹泻，使模型小鼠的排便频率降低 75%；当灌胃剂量为 50 mg/kg 时，提取物抗腹泻作用相当于洛哌丁胺（灌胃剂量为 2.5 mg/kg）抗腹泻作用的 50%[121]。

百日青（*Podocarpus neriifolius* D. Don）又名竹叶松、脉叶罗汉松、桃柏松、缨珞柏，为罗汉松科罗汉松属植物。其叶提取工艺如下：叶晒干，粉碎，取 500 g 粉末，加入 3 L 甲醇，密闭浸渍 7 d，中间振摇，用棉花和滤纸过滤，滤液减压浓缩。当灌胃剂量为 200 mg/kg、400 mg/kg 时，甲醇提取物对蓖麻油诱导的白鼠腹泻有明显的抑制作用，抑制率分别为 43.77%、56.23%[122]。

对上述植物茎叶提取物的抗腹泻作用的文献调研，如表 9-8 所示。

表 9-8　植物茎叶提取物的抗腹泻作用

序号	植物部位	活性及剂量	阳性对照	文献
1	番石榴叶	水提取物对蓖麻油诱导的白鼠腹泻的抑制作用与地芬诺酯相当（灌胃剂量为 50 mg/kg、100 mg/kg），可减缓大鼠的肠道蠕动；提取物的抗肠液累计作用与腹腔注射 20 mg/kg 氯丙嗪相当（灌胃剂量为 100 mg/kg）	地芬诺酯、阿托品、氯丙嗪	[120]
		水提取物可抑制蓖麻油诱导的小鼠腹泻作用，使模型小鼠的排便频率降低 75%（灌胃剂量为 50 mg/kg、100 mg/kg）	洛哌丁胺	[121]
2	百日青叶	甲醇提取物可明显抑制蓖麻油诱导的白鼠腹泻，抑制率分别为 43.77%、56.23%（灌胃剂量为 200 mg/kg，400 mg/kg）	洛哌丁胺	[122]

9.9 提取物的提取分离与抗抑郁、焦虑、癫痫作用

九里香(*Murraya paniculata*)(见图 9-47)是芸香科九里香属常绿灌木。其叶提取分离工艺如下:叶阴干,粉碎,取 800 g 叶粉,依次用石油醚、氯仿、乙醇进行索氏提取,残渣用蒸馏水煎煮提取;将所有提取液减压浓缩,干燥;取氯仿提取物 25 g,过硅胶柱,用正己烷、氯仿、甲醇洗脱,得 F1~F5 部分,F5 部分过柱色谱得到 F5.1~F5.4 部分;将乙醇提取物悬浮于 100 mL 蒸馏水中,再加入乙酸乙酯(3×500 mL),50 ℃搅拌 30 min,分出乙酸乙酯液,减压浓缩,得乙酸乙酯部分。F5.3 部分(灌胃剂量

图 9-47 九里香

为25 mg/kg)和乙酸乙酯部分(灌胃剂量为 20 mg/kg)分别表现出明显的抗焦虑、抗抑郁作用。药效与成分分析结果表明香豆素是抗焦虑的活性成分[123]。

石榴(*Punica granatum* L.)叶提取工艺如下:叶阴干,粉碎,过筛;取 100 g 粉末,先加入 1 L 石油醚脱,置于室温脱酯 24 h,残渣干燥后加入 1 L 甲醇,于60 ℃提取 48 h,残渣再用 1 L 蒸馏水于室温提取 48 h,提取液减压浓缩。当灌胃剂量为50 mg/kg、100 mg/kg、200 mg/kg、400 mg/kg 时,甲醇提取物可显著降低 6-Hz 诱导的小鼠癫痫发作,对最大电休克和戊四氮诱导的小鼠癫痫发作有保护作用,可提高小鼠脑内 γ-氨基丁酸水平;当灌胃剂量为 400 mg/kg时,可完全解除小鼠的抽搐症状[124]。

埃及白睡莲(*Nymphaea Lotus* Linn.)为睡莲科睡莲属常见水生观赏植物。其叶提取工艺如下:叶晾干,粉碎;取 5 kg 叶粉末,加入 80%乙醇,于室温浸渍,过滤收集滤液,浓缩,室温真空干燥;取乙醇提取物 380 g,悬浮于水中,加入正己烷、二氯甲烷、乙酸乙酯、正丁醇进行萃取,得不同提取物。当灌胃剂量为 5 mg/kg、25 mg/kg、125 mg/kg、625 mg/kg 时,水提取物可改善模型小鼠的镇静、镇痛和握力丧失症状。当灌胃剂量为 180 mg/kg 时,水提取物可减少模型小鼠的入眠时间,增加睡眠时间;增加不活动时间,减少游泳时间。提取物的抗焦虑作用可能是通过阻止 α-甲基对位酪氨酸和哌唑嗪受体

作用而产生去甲肾上腺素类物质[125]。

对上述植物茎叶提取物的抗抑郁、焦虑、癫痫作用的文献调研,如表9-9所示。

表9-9 植物茎叶提取物的抗抑郁、焦虑、癫痫作用

序号	植物部位	活性及剂量	阳性对照	文献
1	九里香叶	氯仿提取物的 F5.3 部分(灌胃剂量为 25 mg/kg)和乙酸乙酯部分(灌胃剂量为 20 mg/kg)分别表现出明显的抗焦虑、抗抑郁作用	地西泮、丙咪嗪	[123]
2	石榴叶	甲醇提取物可降低 6-Hz 诱导的小鼠癫痫发作,保护最大电休克和戊四氮诱导的癫痫小鼠,提高小鼠脑内 γ-氨基丁酸水平(灌胃剂量为 200～400 mg/kg);灌胃剂量为 400 mg/kg 时,可完全解除小鼠的抽搐症状	地西泮、苯妥英	[124]
3	埃及白睡莲叶	水提取物可改善模型小鼠的镇静、镇痛和握力丧失症状;减少模型小鼠入眠时间,增加睡眠时间;增加不活动时间,减少游泳时间	地西泮	[125]

9.10 提取物的提取分离与降脂、减肥作用

芹菜叶提取工艺如下:叶阴干,手工磨成粗粉,过 10 号筛,用冷蒸馏水浸渍,加入几毫升氯仿以防止霉菌生长,将提取液浓缩(室温),风干。当灌胃剂量为 400 mg/kg 时,水提物在第 30 d、35 d、40 d 内可降低饮食诱导肥胖大鼠的体重,40 d 内可明显降低模型大鼠的肝体比、心体比和肾体比,降低模型大鼠体内的葡萄糖、胆固醇、LDL、VLDL 和甘油三酯水平,提高 HDL 水平[126],如表 9-10 所示。

表9-10 植物茎叶提取物的降脂、减肥作用

序号	植物部位	活性及剂量	阳性对照	文献
1	芹菜叶	水提物可降低饮食诱导肥胖大鼠的体重,降低模型大鼠的肝体比、心体比和肾体比,降低模型大鼠体内的葡萄糖、胆固醇、LDL、VLDL 和甘油三酯水平,提高 HDL 水平(灌胃剂量为 400 mg/kg,40 d)	西布曲明	[126]

9.11 提取物的提取分离与抗突变作用

橄榄[*Canarium album* (Lour.) Raeusch.](见图 9-48)为橄榄科橄榄属乔木植物。其叶提取工艺如下：叶洗净，烘干，粉碎；取 50 g 粉末，加入 1 L 水，放入振动筛中浸渍提取，过滤收集滤液。取 0.5 mL 叶提取物，加入 0.1 mL 过夜培养的鼠伤寒沙门氏菌 TA100 和 0.1 mL 致突变物质叠氮化钠和 2-硝基芴。然后，再分别加入 0.1 mL 组氨酸、0.5 mmol/L 生物素、0.5 mL 肝微粒体提取物溶液(S9)，用葡萄糖基本培养基培养 24 h(37 ℃)。叶水提取物能抑制叠氮化钠和 2-硝基芴的突变作用，其抑制率分别为 54.21%、51.26%[127]，如表 9-11 所示。

图 9-48 橄榄

表 9-11 植物茎叶提取物的抗突变作用

序号	植物部位	活性及剂量	阳性对照	文献
1	橄榄叶	水提取物能抑制叠氮化钠和 2-硝基芴的致突变性，其抑制率分别为 54.21%、51.26%	无	[127]

9.12 提取物的提取分离与促进伤口愈合作用

大蕉(*Musa paradisiaca* Linn.)是芭蕉科芭蕉属植物。其叶提取工艺如下：叶洗净，切片，粉碎；取 25 g 粉末，加入 250 mL 甲醇，在 70 ℃条件下进行索氏提取，将提取液浓缩，室温干燥。提取物可提高 Wistar 大鼠烧伤创面模型的伤口收缩率、闭合率，提高上皮组织增生速度[128]。

黄荆(*Vitex negundo* Linn.)(见图 9-49)是马鞭草科牡荆属灌木或小乔木。其叶提取工艺如下：叶阴干，粉碎；取

图 9-49 黄荆

250 g 粉末,依次用石油醚、甲苯、乙酸乙酯、乙醇、混合溶剂(乙酸乙酯-二氯甲烷-氯仿,1∶1∶1)进行索氏提取。提取液分别用热水、冷水洗涤,浓缩,干燥,得粉末。甲苯和混合溶剂提取物处理组大鼠对大鼠伤口的收缩率接近100%;对照组大鼠的上皮形成时间为 25.9 d,而甲苯和混合溶剂提取物处理组大鼠的上皮形成时间为 18.3 d;对照组的伤口愈合强度为 476 gm,而甲苯和混合溶剂提取物处理组大鼠的伤口愈合强度分别为 552 gm、548 gm[129]。

柚木(*Tectona grandis* L. F.)又称胭脂树、紫柚木、血树,是马鞭草科柚木属植物。其叶提取工艺如下:叶阴干,粉碎,先用 70%乙醇浸渍提取 24 h,再用 70%乙醇提取,将提取液阴干。在使用含 5%叶提取物的软膏 8 d 后,白鼠伤口模型的伤口面积缩小,在使用含 10%叶提取物的软膏 4 d 后,白鼠伤口模型的伤口面积缩小;含 5%、10%叶提取物的软膏可明显增加模型大鼠的皮肤抗拉强度[130]。

Ficus exasperata 是无花果属植物。其叶提取工艺如下:叶阴干,粉碎,加水冷浸渍 24 h,过滤,滤液用冷冻干燥机浓缩;取 100 g 干燥部分过硅胶柱色谱,依次用正己烷、氯仿、乙酸乙酯洗脱,洗脱液于 40 ℃浓缩。使用含 5%提取物的软膏 4 d 后,其对大鼠伤口产生的收缩作用与对照药 Cicatrin 相当,若增加剂量,则伤口收缩作用强于 Cicatrin。氯仿洗脱液对伤口的收缩作用强于其他提取物,弱于水提取物[131]。

对上述植物茎叶提取物的促进伤口愈合作用的文献调研,如表 9-12 所示。

表 9-12 植物茎叶提取物促进伤口愈合作用

序号	植物部位	活性及剂量	阳性对照	文献
1	大蕉叶	甲醇提取物可提高 Wistar 大鼠烧伤创面模型的伤口收缩率、闭合率,提高上皮组织增生速度	无	[128]
2	黄荆叶	甲苯和混合溶剂提取物可提高大鼠伤口的收缩率,缩短大鼠的上皮形成时间,增强其伤口愈合强度	沙弗霉素	[129]
3	柚木叶	含 5%、10%提取物的软膏缩小白鼠伤口模型的伤口面积,增加模型大鼠的皮肤抗拉强度	沙弗霉素	[130]
4	*Ficus exasperata* 叶	含 5%提取物的软膏对大鼠伤口具有收缩作用;氯仿洗脱液伤口收缩作用强于其他提取物,弱于水提取物的作用效果	强于 Cicatrin	[131]

9.13　提取物的提取分离与抑制酪氨酸酶作用

油橄榄是木犀科木犀榄属常绿乔木。其叶提取工艺如下:每月摘取新鲜叶,室温干燥,粉碎;称取叶粉末 50 g,按料液比 1:20(m/V)加水混合,50 ℃浸渍 3 d,重复提取 3 次,过滤,滤液减压浓缩得浸膏;将浸膏分散于水中,过滤,滤液减压浓缩得水提取物;取 10 g 水提取物,过 D101 型大孔树脂柱,分别用水、甲醇洗脱,得到 C1 和 C2 部分。甲醇部分减压回收溶剂,用 Sephadex LH-20 分离(水-甲醇比例为 0.5%、10%、20%、40%、60%、100%,梯度洗脱),TLC 检测将洗脱物分为 C3~C10 部分。10 月份叶的水提取物和甲醇提取物可显著抑制酪氨酸活性,其中甲醇提取物的 IC_{50} 值为 0.2842 mg/mL,水提取物的 IC_{50} 值为 0.4073 mg/mL,C1 部分和 C10 部分的 IC_{50} 值分别为 0.3390 mg/mL、0.2233 mg/mL。该提取物还可用于化妆品和医疗用品[132]。该提取物抑制酪氨酸酶作用如表 9-13 所示。

表 9-13　植物茎叶提取物抑制酪氨酸酶作用

序号	植物部位	活性及剂量	阳性对照	文献
1	油橄榄叶	10 月份叶甲醇提取物(IC_{50} 为 0.2842 mg/mL)、水提取物(IC_{50} 为 0.4073 mg/mL)、C1 部分和 C10 部分(IC_{50} 为 0.3390 mg/mL、0.2233 mg/mL),均可抑制酪氨酸酶活性	无	[132]

9.14　提取物的提取分离与对脑缺血的保护作用

花生(*Arachis hypogaea* L.)茎叶提取工艺如下:取花生茎叶,干燥,粉碎,加适量水,直火煮沸后文火煎煮 1 h,过滤,得滤液一,存放待用;然后在滤渣中加适量水,直火煮沸后文火再煎煮 1 h,过滤,得滤液二;将 2 份滤液合并后再浓缩得茎叶提取液。中剂量(100 g/kg)、高剂量(150 g/kg)茎叶提取物均能显著减轻神经缺损行为体征,缩小脑梗死体积,同时降低脑组织中 MDA 和 ROS 含量,提高 GPx 和 SOD 酶活力[133],如表 9-14 所示。

表9-14 植物茎叶提取物对脑缺血的保护作用

序号	植物部位	活性及剂量	阳性对照	文献
1	花生茎叶	水提取物能显著减轻神经缺损行为体征,缩小脑梗死体积,降低脑组织中MDA、ROS含量,提高GPx、SOD酶活力(灌胃剂量为100 g/kg,150 g/kg)	无	[133]

参考文献

[1] 俞燕芳,杜贤明,黄金枝,等.不同产地桑叶总酚、黄酮含量及抗氧化活性比较[J].蚕桑茶叶通讯,2017(2):1−3.

[2] 陆俊,罗丹,张佳琦,等.三叶木通不同部位多酚、黄酮含量及抗氧化活性比较[J].食品与机械,2016,32(8):132−135,223.

[3] 卫阳飞,刘东花,张宏曦,等.窄叶鲜卑花叶中黄酮和多酚的超声提取工艺及抗氧化性研究[J].中药材,2017,40(1):158−163.

[4] 乔琪.胡桃楸总黄酮和总酚含量时空动态及抗氧化抗肿瘤活性初步研究[D].哈尔滨:东北林业大学,2016.

[5] 袁晓艳,张峰.雪莲果叶提取物的抗氧化活性研究[J].遵义医学院学报,2016,39(5):483−486.

[6] 马婷婷,田呈瑞,李龙柱,等.响应曲面法优化黄参茎叶多酚的提取工艺及其抗氧化活性[J].食品与生物技术学报,2013,32(11):1218−1226.

[7] 裴斐,陶虹伶,蔡丽娟,等.响应面试验优化辣木叶多酚超声辅助提取工艺及其抗氧化活性[J].食品科学,2016,37(20):24−30.

[8] 靳欣欣,田英姿.响应面法优化大叶白麻茎多酚的提取及其抗氧化性研究[J].安徽农业科学,2017,45(7):116−119.

[9] 赵二劳,冯冬艳,武宇芳,等.香椿叶提取物抗氧化及抑菌活性研究[J].河南工业大学学报(自然科学版),2013,34(6):69−72.

[10] 李凤玉,高鹨铭,肖祥希,等.香椿叶醇提取物对果蝇寿命及抗氧化作用的影响[J].福建师范大学学报(自然科学版),2017,33(4):59−64.

[11] 苏凯迪,姚士,李贺然,等.乌饭树叶提取物的化学成分与抗氧化活性研究[J].中国食品添加剂,2017(7):87−95.

[12] 史斌斌,张文娥,李雪,等.铁核桃叶片多酚类物质含量及其抗氧化活性[J].园

艺学报,2017,44(1):23-32.

[13] Lee C, Park GH, Lee SR, et al. Attenuation of β-amyloid-induced oxidative cell death by sulforaphane via activation of NF-E2-related factor 2[J]. Oxid Med Cell Longev, 2013(2):313-510.

[14] Motohashi H, Yamamoto M. Nrf2-Keap1 defines a physiologically important stress response mechanism[J]. Trends Mol Med,2004,10(11):549-557.

[15] Sandberg M, Patil J, D'Angelo B, et al. NRF2-regulation in brain health and disease: implication of cerebral inflammation[J]. Neuropharmacology, 2014, 79(4):298-306.

[16] Schipper HM, Song W. A heme oxygenase-1 transducer model of degenerative and developmental brain disorders[J]. Int J Mol Sci, 2015, 16(3):5400-5419.

[17] Schipper HM, Song W, Zukor H, et al. Heme oxygenase-1 and neurodegeneration: expanding frontiers of engagement[J]. J Neurochem,2009,110(2):469-485.

[18] 吴小凡,马斌,侯训尧,等. 柿叶提取物对 HEK293-APPswe 转基因细胞模型的抗氧化作用及对 Nrf2/HO-1 途径的影响[J]. 中国免疫学杂志,2017,33(6):854-858.

[19] 陈安徽,巫永华,刘恩岐,等. 山楂叶多酚的酶法提取及抗氧化活性研究[J]. 食品科技,2017,42(2):203-208.

[20] 柳梅,任璇,姚玉军,等. 沙棘叶多酚提取物抗氧化及体外降血糖活性研究[J]. 天然产物研究与开发,2017,29(6):1013-1019.

[21] 张树军. 忍冬茎叶抗氧化活性成分研究[D]. 杨凌:西北农林科技大学,2012.

[22] 马飞跃,张秀梅,刘玉革,等. 人心果叶片提取物抗氧化活性评价[J]. 中国南方果树,2016,45(6):79-82.

[23] 张语迟,李赛男,刘春明,等. 人参叶提取物的提取工艺及抗氧化活性评价研究[J]. 中华中医药学刊,2017,35(2):326-329.

[24] 刘贤贤,陈刚,杨起群,等. 青钱柳叶香豆素、黄酮含量测定及抗氧化活性研究[J]. 桂林师范高等专科学校学报,2016,30(6):123-126,130.

[25] 李霄,薛成虎,高立国,等. 芹菜叶中芹菜素的提取工艺优化及其体外抗氧化性研究[J]. 当代化工,2017,46(7):1293-1298.

[26] 闫修瑜,张霞,但汉龙,等. 啤酒花茎多酚的提取优化及其抗氧化活性[J]. 贵州农业科学,2017,45(5):99-104.

[27]陆秋娜,李兆叠,郑鸿娟,等.龙脷叶提取物的抗氧化活性研究[J].湖北农业科学,2017,56(1):89-94.

[28]李春阳,冯进.蓝莓叶多酚与蓝莓果渣多酚提取物抗氧化活性研究[J].食品工业科技,2013,34(7):56-60.

[29]张元.簕菜有效成分提取分离及其抗氧化活性研究[D].广州:广东工业大学,2015.

[30]刘曦,祝连彩,王伯初.蓝莓叶不同溶剂提取物抗氧化活性研究[J].食品工业科技,2013,34(12):101-105.

[31]周伟,刘能,林丽静,等.辣木叶乙醇提取物的抗氧化活性研究[J].现代食品科技,2017,33(10):149-156.

[32]张迪.紫薇茎叶的化学成分与生物活性研究[D].泉州:华侨大学,2016.

[33]杨立芳,刘洪存,冯方权,等.中药毛果鱼藤藤茎HPLC指纹图谱及不同极性部位抑制癌细胞增殖活性研究[J].药物分析杂志,2014,34(12):2112-2118.

[34]刘金娟,杨成流,陈永强,等.鱼腥草地下茎提取物诱导胃癌细胞SGC-7901凋亡机制的研究[J].中国药理学通报,2014,30(2):257-261.

[35]陈永生.杨桐叶酚类物质的抗氧化活性、抗增殖活性及抗增殖作用机理研究[D].广州:华南理工大学,2015.

[36]张严磊,施欢贤,雷莉妍,等.文冠果叶抑制人肝癌细胞HePG2增殖和抗氧化活性部位的筛选[J].中国现代中药,2016,18(11):1451-1453,1469.

[37]Tateya S,Rizzo NO,Handa P,et al. Endothelial NO/cGMP/VASP signaling attenuates kupffer cell activation and hepatic insulin resistance induced by high-fat feeding[J]. Diabetes,2011,60(11):2792-2801.

[38]Lecarpentier E,Claes V,Timbely O,et al. Role of both actin-myosin cross bridges and NO-cGMP pathway modulators in the contraction and relaxation of human placental stem villi[J]. Placenta,2013,34(12):1163-1169.

[39]詹仁雅,潘剑威.一氧化氮对肿瘤血管生成的作用[J].中华神经外科疾病研究杂志,2005,4(1):86-87.

[40]黄辉,吴斌,耿小平.一氧化氮合酶与肝癌血管生成的关系[J].安徽卫生职业技术学院学报,2004,3(3):24,52-54.

[41]温扬敏,万端静,谢永华,等.榄绿粗叶木茎甲醇提取物对人食管癌EC-9706细胞增殖的影响及其机制探讨[J].山东医药,2015,55(40):11-13.

[42]Yaejin Woo, Jisun Oh, Jong-Sang Kim. Suppression of Nrf2 activity by chestnut

leaf extract increases chemosensitivity of breast cancer stem cells to paclitaxel[J]. Nutrients, 2017, 9 (7):1—15.

[43] Kiruthika Balasubramanian, Palghat Raghunathan Padma. Anticancer activity of *Zea mays* leaf extracts on oxidative stress-induced Hep2 cells [J]. Journal of Acupuncture and Meridian Studies, 2013, 6(3):149—158.

[44] Saurabh Pandey, Carina Walpole, Peter J. Cabot, et al. Selective anti-proliferative activities of *Carica papaya* leaf juice extracts against prostate cancer[J]. Biomedicine & Pharmacotherapy, 2017,89:515—523.

[45] Kasipandi Muniyandi, Elizabeth George, Vekataramana Mudili, et al. Antioxidant and anticancer activities of *Plectranthus stocksii* Hook. f. leaf and stem extracts [J]. Agriculture and Natural Resources, 2017, 51 (2):63—73.

[46]肖水平,詹济华,张雨林,等.单面针茎不同极性部位抗菌及对 MCF-7 细胞抑制活性的研究[J].天然产物研究与开发,2016,28(9):1460—1463,1469.

[47]薛璇玑,张新新,罗俊,等. 柿叶与柿皮中黄酮含量及 α-糖苷酶抑制活性比较研究[J]. 中华中医药学刊,2017,35(3):599—601.

[48]陈林妹,王亚军,肖颖梅,等. 壮药金花茶叶的降血糖活性筛选[J]. 现代中药研究与实践,2017,31(2):31—35.

[49]张佳,卜令娜,裴栋,等. 油橄榄叶抗糖尿病活性部位筛选[J]. 中草药,2013,44(13):1807—1810.

[50]田红林,宫海燕,冯易,等. 新疆沙枣树叶提取物对糖尿病小鼠血糖的影响[J]. 湖北农业科学,2017,56(1):103—106.

[51]张丹,姚正颖,侯北伟,等. 霜桑叶提取物对胰脂肪酶活性抑制作用的研究[J]. 食品工业科技,2017,38(3):52—56.

[52]王兴婷,王德萍,李层层,等. 桑叶 DNJ 提取物体外降血糖及抗氧化作用研究[J]. 食品科技,2017,42(8):215—219.

[53] Brownlee M. The pathobiology of diabetic complications:a unifying mechanism [J]. Diabetes,2005,54(6):1615—1625.

[54]胡品端. 糖尿病和糖尿病肾病与 8-羟基脱氧鸟苷酸相关性分析[J]. 中国误诊学杂志,2011,11(16):3866.

[55]任春久,张瑶,崔为正,等.氧化应激在 2 型糖尿病发病机制中的作用研究进展[J]. 生理学报,2013,65(6):664—673.

[56]高飞,王景霞,刘静,等. 青钱柳叶与葛根水提物对糖尿病大鼠模型的降血

糖作用及其机制研究[J].世界中西医结合杂志,2017,12(4):507-512.

[57]李春英,杨彦,李赫,等. 辣椒叶提取物对 α-葡萄糖苷酶的抑制活性[J]. 浙江大学学报(农业与生命科学版),2013,39(2):173-177.

[58]Suman Kumar Mekap, Sabuj Sahoo, Kunja Bihari Satapathy, et al. Evaluation of *Toddalia asiatica* (L.) Lam. leaf extracts for antidiabetic activity[J]. Pharmaceutical and Biological evaluations, 2016, 3(1):115-125.

[59]Yudi Purnomo, Djoko Wahono Soeatmadji, Sutiman Bambang Sumitro, et al. Anti-diabetic potential of *Urena lobata* leaf extract through inhibition of dipeptidyl peptidase IV activity [J]. Asian Pacific Journal of Tropical Biomedicine, 2015, 5(8): 645-649.

[60]Mir Zahoor Gul, Vidya Attuluri, Insaf Ahmed Qureshi, et al. Antioxidant and α-glucosidase inhibitory activities of *Murraya koenigii* leaf extracts [J]. Pharmacognosy Journal, 2012,32(4):65-72.

[61]Sikarwar MS, Patil MB, Kokate CK, et al. Antidiabetic activity of *Nerium indicum* leaf extract in alloxan-induced diabetic rats [J]. Journal of Young Pharmacists, 2009, 1(4):330-335.

[62]Ezeigbo Ihechiluru I, Asuzu Isaac U. Anti-diabetic activities of the methanol leaf extracts of *Hymenocardia acida* (Tul.) in alloxan-induced diabetic rats[J]. Afr J Tradit Complement Altern Med, 2012, 9 (2):204-209.

[63]Julfikar Ali Junejo, Mithun Rudrapal, Lalit Mohan Nainwal, et al. Antidiabetic activity of hydro-alcoholic stem bark extract of *Callicarpa arborea* Roxb. with antioxidant potential in diabetic rats [J]. Biomedicine & Pharmacotherapy, 2017, 95:84-94.

[64]Miyuki Shirosaki, Tomoyuki Koyama, Kazunaga Yazawa. Anti-hyperglycemic activity of kiwifruit leaf (*Actinidia deliciosa*) in mice [J]. Bioscience Biotechnology and Biochemistry, 2018, 72 (4):1099-1102.

[65]S. Mary Jelastin Kala, P. S. Tresina, V. R. Mohan. Evaluation of anti-inflammatory activity of *Eugenia singampattiana* Bedd leaf [J]. International Journal of Advanced Research, 2013, 1(6):248-251.

[66]谭冰心,黄仪有,彭光天,等. 不同产地枇杷叶粗提物抑制磷酸二酯酶4活性研究[J].药物评价研究,2017,40(6):769-772.

[67]邱珊莲,林宝妹,郑开斌,等. 不同品种树葡萄叶片醇提物抗氧化及抑制α-葡萄糖苷酶活性研究[J].果树学报,2017,34(11):1450-1457.

[68]陈琴,刘庆亚,陈次琼,等. 郁金茎叶提取物抑杀植物病原真菌活性研究与 GC/MS 分析[J]. 四川大学学报(自然科学版),2017,54(1):209-214.

[69]李容,覃涛,梁榕珊,等. 薏苡茎脂溶性成分 GC-MS 分析及抑菌活性研究[J]. 化学世界,2015, 56 (1):4-7.

[70]黎芳靖,陈媛媛,周荣金,等. 狭叶十大功劳抑菌活性及其对水稻细菌性条斑病室内防效研究[J]. 中国植保导刊,2017,37 (9):16-20.

[71]朱峰,卢卫红,黄美珍,等. 天兰草茎、叶、果粗提物中马缨丹烯 A 含量测定与抗菌活性研究[J].湖北农业科学,2014,53 (7):1657-1659,1662.

[72]刘丽萍,朱金瑶. 桃叶提取物的抑菌活性[J]. 湖北农业科学,2016,55 (21):5543-5544,5570.

[73]库尔班江·巴拉提. 葡萄叶乙醇提取物的提取工艺及体外抑菌活性研究[J]. 西部林业科学,2016,45 (6):37-42.

[74]刘瑶,蔡进,陈瑞,等. 苗药大乌泡叶提取物的体外抑菌作用考察[J]. 中国药房,2017,28 (1):72-75.

[75]黄依玲,冯洁,王海华,等. 两面针根和茎的抗菌部位研究[J]. 中药药理与临床,2013,29 (1):103-105.

[76]郭明程. 爵床提取物的生物活性研究[D]. 南昌:江西农业大学,2013.

[77]Ramasubramania Raja Rajagopal. Investigation of in-vitro anthelmintic activity of ethanolic leaf extract of *Boerhavia diffusa* (Nyctaginaceae) including pharmacognostical and phytochemical screening [J]. Journal of Pharmacy Research, 2013, 7 (8):774-780.

[78]Nwokonkwo DC, Okeke, GN. The Chemical Constituents and Biological Activities of Stem Bark Extract of *Theobroma Cacao*[J]. Global Journal of Science Frontier Research, 2014, 14(4):35-40.

[79]Isaivani Indrakumar, V Selvi, R Gomathi, et al. Evaluation of antimicrobial activity of *Cananga odorata* (Lam.) Hook. F. & thomoson leaf extract:an in vitro study[J]. Mintage Journal of Pharmaceutical & Medical Sciences, 2012, 1 (1):21-22.

[80]C. Krishna Kumari, C. Shanmuga Reddy, Y. Raja Ratna Reddy, et al. In vitro antimicrobial activity of the leaf extracts of *Argemone mexicana* against selected pathogenic microorganisms[J]. International Journal of Pharma and Bio Sciences, 2013, 4(1):(B) 536-541.

[81]M. R. Ajdari, G. H. Tondro, N. Sattarahmady, et al. Phytosynthesis of silver nanoparticles using *Myrtus communis* L. leaf extract and investigation of

bactericidal activity[J]. Journal of Electronic Materials, 2017, 46(12):6930—6935.

[82] Umesh Khandekar, Rahul Ghongade, Shubhangi Katolkar. Screening on antioxidant activity, antimicrobial activity and phytoconstitutents of *Cythocline lyrata* leaf [J]. International Journal of Chemical and Pharmaceutical Sciences, 2013, 4(3): 59—64.

[83] Pawar B T. Antibacterial activity of leaf extracts of *Tridax procumbens* against *Xanthomonas campestris pv. mangiferaeindicae* [J]. Research Journal of Chemical and Environmental Sciences, 2014, 2(6):69—72.

[84] Dey Prasanta, Bhakta Tejendra. Comparative studies on anthelmintic activity of leaf extract of *Musa acuminate* colla and *Cajanus cajan* (Linn.) leaf extract[J]. Mintage Journal of Pharmaceutical & Medical Sciences, 2013, 2(1):24—25.

[85] A. Suvarnalatha, N. Yasodamma, C. Alekhya. Anthelmintic activity of *Indigofera hirsuta* L. leaf and fruit[J]. Indo American Journal of Pharmaceutical Research, 2013, 3(8):6299—6303.

[86] Anitha Jabamalairaj, Sudarsanam Dorairaj, Sangilimuthu Alagar Yadav, et al. Detection of functional group and antimicrobial activity of leaf extracts of *Citrus grandis* (L.) agaist selected clinical pathogens [J]. Indo American Journal of Pharmaceutical Research, 2015, 5(5):1642—1648.

[87] Pompee Chanda, Shubanjan Mitra, Sukanta. K. Sen. Exploration of betel leaf waste for its antibacterial activity[J]. The Bioscan, 2013, 8(2):611—615.

[88] Alaa Abdul Hussein Kareem Al-Daamy, Ali Abdul Hassan, Ali Mahmood. Study of antibacterial activity of *Lawsonia inermis* leaf extract [J]. J Contemp Med Sci, 2016, 2(7):103—106.

[89] Pinki Raj Sahu, M. P. Sinha. Screening of antibacterial activity of crude leaf extracts of *Cassia tora* on uti pathogens[J]. The Bioscan, 2013, 8(3):735—738.

[90] Pradeepa K, Krishna V, Harish B G, et al. Antibacterial activity of leaf extract of *Delonix elata* and molecular docking studies of luteolin [J]. J Biochem Tech, 2012, 3(5):S193—S197.

[91] 王乐,黄明远,高品一,等. 萝卜叶不同萃取物对乙酰胆碱酯酶抑制活性研究[J]. 安徽农业科学,2017,45(1):120—121,123.

[92] Anne W Njoroge. Anti-acetylcholinesterase activities of leaf extracts of *Carphalea glaucescens* and *Gnidia glauca* from Mbeere north subcounty, Kenya on *Chilo partellus*

larvae[D]. Nairobi: Kenyatta University, 2016.

[93]Gertrude Mbogning Tayo, Josué Wabo Poné, Marie Claire Komtangi, et al. Anthelminthic activity of *Moringa oleifera* leaf Extracts Evaluated in vitro on four developmental stages of *Haemonchus contortus* from goats [J]. American Journal of Plant Sciences, 2014,5(11):1702—1710.

[94]Ritwik Dahake, Soumen Roy, Deepak Patil, et al. Evaluation of anti-viral activity of *Jatropha curcas* leaf extracts against potentially drug-resistant HIV isolates[J]. BMC Infectious Diseases, 2012, 12(Suppl 1):14.

[95]Kennedy J. Ngwiraa, Vinesh J. Maharaj, Quintino A. Mgani. In vitro antiplasmodial and HIV-1 neutralization activities of root and leaf extracts from *Berberis holstii*[J]. Journal of Herbal Medicine, 2015,5 (1):30—35.

[96]Rahman Md Saifur, Hasan K. D. B. Muslima Jahan1, et al. Ethanol extract of *Curcuma longa* leaf, a potential drug candidate against *Bacillus* species mediated infections [J]. International Journal of Biosciences, 2014, 4(7):9—14.

[97]杜柏槐,刘晓军,陈绍红. 构树叶提取物体外抗病毒活性研究[J]. 安徽农业科学,2016,44(29):144—146.

[98]党亚丽,么春艳,周亭屹,等. 西兰花茎叶多肽的酶法提取及其增强免疫力功能研究[J]. 食品工业科技,2017, 38 (11):352—355.

[99]陈云奇,陆志敏,杨丽,等. 树参嫩叶活性成分提取以及对提高獭兔免疫力的试验研究[J]. 林副产品,2017 (1):47—50.

[100]胡彦武,刘凯,闫梦彤,等. 五味子藤茎提取物抗大鼠肝纤维化作用及机制探讨[J]. 中国实验方剂学杂志,2016, 22(17):122—125.

[101]凌健安,陈颖,徐小惠,等. 剑叶耳草对ConA诱导的小鼠免疫性肝损伤的保护作用[J]. 中药药理与临床,2017, 33(3):111—114.

[102]M. Pratheeba, G. Rajalakshmi, B. ramesh. Hepatoprotective and antibacterial activity of leaf extract of *Solanum trilobatum* [J]. International Journal of Pharmaceutical Research and Bio-science,2013, 2(4):17—28.

[103]叶瑶,于健. 脂联素及基因多态性与非酒精性脂肪肝的研究进展[J]. 基础医学与临床,2014,34(9):1285—1288.

[104]Kim NH, Park J, Kim SH, et al. Non-alcoholic fatty liver disease, metabolic syndrome and subclinical cardiovascular changes in the general population[J]. Heart, 2014,100(12):938—943.

[105] Dong Z, Su L, Esmaili S, et al. Adiponectin attenuates liver fibrosis by inducing nitric oxide production of hepatic stellate cells[J]. Journal of Molecular Medicine,2015,93(12):1327-1339.

[106]宿世震,项东宇,刘晓庆,等.布渣叶对非酒精性脂肪性肝病小鼠的作用及机制[J].中国实验方剂学杂志,2018,24(1):130-135.

[107]黄黎月,许雅苹,张岗,等.布渣叶提取物对小鼠急性肝损害的保护作用[J].中国煤炭工业医学杂志,2017,20(9):1068-1071.

[108]欧丽兰,余昕,朱烨,等.桔梗茎叶不同部位提取物的抗炎活性研究[J].安徽农业科学,2013,41(25):10272-10274.

[109]梁文娟,和劲松,田洋,等.辣木叶提取物降低高尿酸血症小鼠尿酸水平及机理研究[J].安徽农业科学,2017,45(17):108-109,112.

[110] Osaze Edosuyi, Ighodaro Igbe, Loretta Oghenekome Iniaghe. Antinociceptive and antioxidant activities of *Hunteria umbellata* stem bark: possible role of the serotonergic, opioidergic and dopaminergic pathways[J]. Journal of Complementary and Integrative Medicine,2017, 15(1):1-15.

[111] Biswa Nath Das, Bishyajit Kumar Biswas. Analgesic activity of the leaf extract of *Murraya koenigii* [J]. International Journal of Comprehensive Pharmacy, 2012, 3 (4):1-3.

[112] George Asumeng Koffuor, Alex Boye, Samuel Kyei, et al. Anti-asthmatic property and possible mode of activity of an ethanol leaf extract of *Polyscias fruticosa*[J]. Pharmaceutical Biology, 2016, 54(8):1354-1363.

[113] Sandhya Sree M, Vineela. P. Evaluation of antipyretic activity of polyphyto leaf extract of *Cocculus hirusitus* and *Maytenus emarginata* [J]. International Journal of Pharmacy & Technology, 2012, 4 (3):4825-4830.

[114] V Lakshmi Prasanna, K Lakshman, Medha M Hegde, et al. Antinociceptive and anti-inflammatory activity of *Tecoma stans* leaf extracts[J]. Indian Journal of Research in Pharmacy and Biotechnology, 2013, 1 (2):156-160.

[115] SK Das, PV Pansuriya, ST Shukla, et al. Preclinical evaluation of *Vallaris solanacea* (roth) kuntze stem for its antiulcer and antioxidant activity in wistar albino rats [J]. Oriental Pharmacy and Experimental Medicine, 2014, 14 (1):7-13.

[116] Chih-Jen Yang, Yung-Chia Chen, Yee-Jean Tsai, et al. *Toona sinensis* leaf aqueous extract displays activity against sepsis in both in vitro and in vivo models [J].

Kaohsiung Journal of Medical Sciences, 2014, 30(6):279-285.

[117]Khadem Ali1, Ayesha Ashraf, Nripendra Nath Biswas. Analgesic, anti-inflammatory and anti-diarrheal activities of ethanolic leaf extract of *Typhonium trilobatum* L. Schott [J]. Asian Pacific Journal of Tropical Biomedicine, 2012, 2 (9):722-726.

[118]Sachin L Badole, Anand A Zanwar, Arvindkumar E Ghule, et al. Analgesic and anti-inflammatory activity of alcoholic extract of stem bark of *Pongamia pinnata* (L.) Pierre [J]. Biomedicine & Aging Pathology, 2012, 2(1):19-23.

[119]梁玉清,杨留波,王远敏,等. 芭蕉根茎叶紫外光谱组与抗炎镇痛的药效比较研究[J]. 时珍国医国药,2017,28(3):544-546.

[120]A. Y. Bala, T. Adamu. Anti-diarrhoeal activity of *Psidium guajava* (Gauva) aqueous leaf extract in experimental animals [J]. Nigerian Journal of Basic and Applied Sciences, 2008, 16 (2):187-192.

[121]Omodamiro OD, Ibeh RC. Evaluation of antidiarrhoeal activities of leaf and fruit of *Sidium guajava* L. (Myrtaceae) in experimental animal model [J]. Peak Journal of Medicinal Plant Research, 2014, 2 (5):58-62.

[122]Md. Rahatullah Razan1, Muhammed Mahfuzur Rahman, Faiza Tahia, et al. Analgesic and Antidiarrheal Activities of Leaf of *Podocarpus neriifolius* D. Don [J]. Bangladesh Pharmaceutical Journal, 2016, 19(2):215-218.

[123]Pragya Sharma, Sonali Batra, Ashwani Kumar, et al. In vivo antianxiety and antidepressant activity of *Murraya paniculata* leaf extracts[J]. Journal of Integrative Medicine, 2017, 15 (4):320-325.

[124]Gollapalle L. Viswanatha, Marikunte V. Venkataranganna, Nunna Bheema Lingeswara Prasad, et al. Evaluation of anti-epileptic activity of leaf extracts of *Punica granatum* on experimental models of epilepsy in mice [J]. Journal of Intercultural Ethnopharmacology, 2016, 5 (4):415-421.

[125]James Fajemiroye Oluwagbamigbe, Keaslingb Adam, Zjawiony Jordan K. et al. Evaluation of anxiolytic and antidepressant-like activity of aqueous leaf extract of *Nymphaea Lotus* Linn. in mice [J]. Iranian Journal of Pharmaceutical Research, 2018,17(2):613-626.

[126]Vasanthkumar R, Jeevitha M. Evaluation of antiobesity activity of *Apium graveolens* stems in rats [J]. International Journal of Chemical and Pharmaceutical

Sciences, 2014, 5 (2):159—163.

[127]Khosro Issazadeh, Morteza Azizollahi Aliabadi. Antimutagenic activity of olive leaf aqueous extract by ames test [J]. Advanced Studies in Biology, 2012, 4 (9):397—405.

[128]K Amutha, U Selvakumari. Wound healing activity of methanolic stem extract of *Musa paradisiaca* Linn. (Banana) in Wistar albino rats[J]. International Wound Journal, 2016, 13 (5):763—767.

[129]Jana S, Sridhar V, Ramakrishna V, et al. Evaluation of wound healing and antimicrobial activities of leaf extracts of *Vitex negundo Linn*. [J]. BioMedRx, 2013, 1(5):493—497.

[130]Sushilkumar B. Varma, Sapna P. Giri. Study of wound healing activity of *Tectona grandis* Linn. leaf extract on rats [J]. Ancient Science of Life , 2014 , 32 (4):241—244.

[131]Victoria Nonyelum Umeh, Emmanuel Emeka Ilodigwe, Daniel Lotanna Ajaghaku, et al. Wound-healing activity of the aqueous leaf extract and fractions of *Ficus exasperata* (Moraceae) and its safety evaluation on albino rats [J]. Journal of Traditional and Complementary Medicine,2014, 4(4):246—252.

[132]Dao-Mao Yang, Ming-An Ouyang. Antioxidant and anti-tyrosinase activity from olea leaf extract depended on seasonal variations and chromagraphy treatment [J]. International Journal of Organic Chemistry, 2012, 2(4):391—397.

[133]冯蓓蕾,王刚,陆逸莹,等. 花生枝叶水煎液对大鼠脑缺血再灌注模型的保护作用及机制研究[J]. 内科理论与实践,2017 ,12(2):115—119.

主要缩略语

缩写	英文名称	中文名称
GSH-Px	Glutathione Peroxidase	谷胱甘肽过氧化物酶
SOD	Superoxide Dismutase	超氧化物歧化酶
POD	Peroxidase	过氧化物酶
CAT	Catalase	过氧化氢酶
FAS	Fatty Acid Synthase	脂肪酸合成酶
CPK	Creatinine Phosphokinase	肌酐磷酸激酶
LDH	Lactate Dehydrogenase	乳酸脱氢酶
BUN	Blood Urea Nitrogen	尿素氮
Cr	Creatinine	肌酐
UPro	Urine Protein	尿蛋白
UA	Uric Acid	尿酸
MDA	Malondialdehyde	丙二醛
Ig	Immunoglobulin	免疫球蛋白
IL	Interleukin	白细胞介素
ALB	Albumin	白蛋白
C	Complement	补体
IFN	Interferon	干扰素
TG	Triglyceride	甘油三酯
DEAE	Diethylaminoethylcellulose	二乙氨基乙基纤维素
LPS	Lipopolysaccharides	脂多糖
Con A	Concanavalin A	伴刀豆球蛋白A
DPPH	1,1-Diphenyl-2-picrylhydrazyl	1,1-二苯基-2-三硝基苯肼
IC_{50}	Median Inhibition Concentration	半数抑制浓度
LC_{50}	Median Lethal Concentration	半数致死浓度
EC_{50}	Median Effective Concentration	半数有效浓度

续表

缩写	英文名称	中文名称
ABTS	2,2′-Azino-Bis-(3-Ethylbenzothiazoline-6-Sulfonic Acid)	2,2′-联氮-双-3-乙基苯并噻唑啉-6-磺酸
Trolox	6-Hydroxy-2,5,7,8-tetramethylchroman-2-carboxylic Acid	水溶性维生素 E
VLDL	Very Low Density Lipoprotein	极低密度脂蛋白
LDL	Low Density Lipoprotein	低密度脂蛋白
HDL	High Density Lipoprotein	高密度脂蛋白
GPT 或 ALT	Glutamic Pyruvic Transaminase	谷丙转氨酶
GOT 或 AST	Glutamic Oxaloacetic Transaminase	谷草转氨酶
ALP 或 APK	Alkaline Phosphates	碱性磷酸酶
TBil	Total Bilirubin	总胆红素
TI	Therapeutic Index	治疗指数
HIV	Human Immunodeficiency Virus	人类免疫缺陷病毒
MAO-A	Monoamine Oxidase-A	单胺氧化酶 A
ORAC	Oxygen Radical Absorption Capacity	氧化自由基吸收能力
ROS	Reactive Oxygen Species	活性氧簇
VC	Vitamin C	维生素 C
VE	Vitamin E	维生素 E
T-AOC	Total Antioxidant Capacity	总抗氧化能力
TLC	Thin Layer Chromatography	薄层色谱
PTLC	Preparative Thin Layer Chromatography	制备型薄层色谱
HPLC	High Performance Liquid Chromatography	高效液相色谱
GC-MS	Gas Chromatography-Mass Spectrometer	气相色谱-质谱联用仪
BHT	2,6-Ditertbutyl-4-Methylphenol	2,6-二叔丁基-4-甲基苯酚
TBHQ	Tert-Butylhydroquinone	特丁基对苯二酚
MIC	Minimum Inhibitory Concentration	最低抑菌浓度
MBC	Minimum Bactericidal Concentration	最低杀菌浓度

缩写	英文名称	中文名称
MVD	Microvessel Density	微血管密度
CVB3	Coxsackievirus B3	柯萨奇病毒 B3
AdⅢ	Adenovirus Ⅲ	腺病毒Ⅲ型
RSV	Respiratory Syncytial Virus	呼吸道合胞病毒
PRV	Pseudorabies Virus	伪狂犬病病毒
HSV	Herpes Simplex Virus	单纯疱疹病毒
AChE	Acetylcholinesterase	乙酰胆碱酯酶
c-GMP	Cyclic Guanosine Monophosphate	环磷鸟苷
5-HT	5-Hydroxytryptamine	5-羟色胺
DA	Dopamine	多巴胺
HIF-1	Hypoxia Inducible Factor-1	缺氧诱导因子-1
d	Day	天
t_R	Retention Time	保留时间
h	Hour	小时
s	Second	秒
R_f	Rate of Flow	比移值
OD	Optical Density	吸光值